"十二五"上海重点图书

环 境 监 测

汪 葵 吴 奇 主编

华东理工大学出版社
EAST CHINA UNIVERSITY OF SCIENCE AND TECHNOLOGY PRESS

·上海·

图书在版编目(CIP)数据

环境监测/汪葵,吴奇主编. —上海:华东理工大学出版社,
2013.1

ISBN 978 - 7 - 5628 - 3410 - 6

Ⅰ. ①环… Ⅱ. ①汪…②吴… Ⅲ. ①环境监测 Ⅳ. ①X83

中国版本图书馆 CIP 数据核字(2012)第 276609 号

"十二五"上海重点图书

环境监测

主　　编／汪　葵　吴　奇
责任编辑／李国平
责任校对／金慧娟
封面设计／裴幼华
出版发行／华东理工大学出版社有限公司
　　　　　地　　址：上海市梅陇路 130 号,2002137
　　　　　电　　话：(021)64250306(营销部)
　　　　　　　　　　(021)6425　　(编辑室)
　　　　　传　　真：(021)64252707
　　　　　网　　址：press. ecust. edu. cn
印　　刷／上海展强印刷有限公司
开　　本／787mm×1092mm　1/16
印　　张／13.25
字　　数／321 千字
版　　次／2013 年 1 月第 1 版
印　　次／2013 年 1 月第 1 次
书　　号／ISBN 978 - 7 - 5628 - 3410 - 6
定　　价／29.80 元

联系我们：电子邮箱：press@ecust. edu. cn
　　　　　官方微博：e. weibo. com/ecustpress

前　　言

环境监测是高职高专环境类专业的一门实践性很强的专业核心课程。按照高职高专环境类专业人才培养目标的要求,本教材以实际环境监测工作任务为引领,以工作过程为主线,以职业能力为基础设计课程,知识和技能以任务为载体,根据学生的认知特点,从易到难,从单项到综合,安排典型的环境监测任务,使学生在完成任务的同时,训练实际工作能力,并获取相关知识。

本教材选取水质监测、大气监测、噪声监测、土壤污染监测和生物监测等五个典型工作任务为学习情境,涉及的主要内容有环境监测基础知识,环境样品的采集、保存、制备及预处理,监测项目的测定,环境监测的质量保证,环境监测的新技术等。编写内容结合了我国环境监测现有的仪器、设备、技术水平及实验室条件,并一律采用法定计量单位。本教材充分体现科学性、先进性,重点突出,深浅适度,便于学生阅读和自学。

本教材由江西环境工程职业学院汪葵、西安航空学院吴奇主编。参加编写的还有江西环境工程职业学院胡方凡、刘青龙、周丽娜、欧阳献,西安航空学院李瑞娟。西安航空学院吴奇编写情境一,李瑞娟编写情境四,江西环境工程职业学院胡方凡编写情境二、江西环境工程职业学院刘青龙、周丽娜、欧阳献编写情境三,江西环境工程职业学院汪葵编写情境五并负责全书统稿。

本书邀请江西省环境监测中心部分专家对书稿进行审阅,提出了许多宝贵意见。在此一并表示感谢。本书配有电子课件,有需要的教师请联系。E-mail:1241695379@qq.com 或 1443299158@qq.com

由于时间和编者水平有限,书中难免有不妥之处,敬请广大读者批评指正,并将使用中意见反馈给我们,以便再版时修正。

编　者

2012 年 7 月

目　　录

水 质 监 测

教学目标

知识目标

1. 了解水质监测的对象和内容；
2. 掌握水样采集和保存的一般方法；
3. 重点掌握水中悬浮物、浊度、色度、六价铬、氨氮、生化需氧量、化学需氧量的测定方法。

能力目标

1. 具有水环境调查、监测计划设计、采样点布设、样品采集、选择保存、分析测试等能力；
2. 初步具有依据测试数据结果进行水环境现状评价的能力。

学习情境

1. 学习地点：实训室；
2. 主要仪器：分光光度计等；
3. 学习内容：水质监测是环境监测的重点。首先通过单个污染因子（悬浮物、浊度、色度、六价铬、氨氮、生化需氧量、化学需氧量）为载体带领学生学习，通过校园生活污水指导学生完成，最后以电镀废水让学生独立完成监测任务。通过学习使学生能够完成对各种水体的监测。

任务一　污水中悬浮物的测定

学习目标

1. 了解水样的类型；
2. 掌握水样采集和保存的一般方法；
3. 了解水质环境标准；
4. 掌握常见的水样预处理的方法；
5. 熟练使用分析天平和烘箱；
6. 巩固称量分析法的操作要点；
7. 掌握污水悬浮物的测定原理和操作。

任务分析

本任务是悬浮物(SS)的测定,烘干时间和温度对结果有重要的影响。悬浮物测定在实际中应用最多,在水和废水处理悬浮物中具有特定意义。

 ## 基础知识

一、水样的采集

(一) 水样的类型

1. 瞬时水样
瞬时水样是指在某一时间和地点从水体中随机采集的分散水样。
2. 混合水样
混合水样是指在同一采样点于不同时间所采集的瞬时水样的混合水样,有时称"时间混合水样",以与其他混合水样相区别。
3. 综合水样
把不同采样点同时采集的各个瞬时水样混合后所得到的样品称综合水样。

(二) 水样的采集

从水体中取出的反映水体水质状况的水就是水样;将水样从水体中分离出来的过程就是采样;采样地点的选择和监测网点的建立就是布点。

1. 采样前的准备
采样前应提出采样计划,确定采样断面、垂线和采样点,采样时间和路线,人员分工,采样器材、样品的保存和交通工具等。

（1）容器的准备　通常使用的容器有聚乙烯塑料容器、硬质玻璃容器和惰性材料容器。塑料容器常用于金属和无机物的监测项目；玻璃容器常用于有机物和生物等的监测项目；惰性材料常用于特殊监测项目。目的是避免引入干扰组分，因为各类材质与水样可能发生如下作用：

① 容器材质可溶于水样。从塑料容器溶解下来的有机质和从玻璃容器溶解下来的钠、硅和硼。

② 容器材质可吸附水样中某些组分，如玻璃吸附痕量金属，塑料吸附有机质和痕量金属。

③ 水样与容器直接发生化学反应，如水样中的氟化物与玻璃容器间的反应等。

容器在使用前必须经过洗涤，盛装测金属类水样的容器，先用洗涤剂清洗、自来水冲洗，再用 10% 的盐酸或硝酸浸泡 8 h，用自来水冲洗，最后用蒸馏水清洗干净；盛装测有机物水样的容器先用洗涤剂冲洗，再用自来水冲洗，最后用蒸馏水清洗干净。

（2）采样器的准备　采样器与水样接触，材质常采用聚乙烯塑料、有机玻璃、硬质玻璃和金属铜、铁等。清洗时，先用自来水冲去灰尘等杂物，用洗涤剂去除油污，自来水冲洗后，再用 10% 的盐酸或硝酸洗涮，再用自来水冲洗干净备用。

（3）交通工具的准备　最好有专用的监测船和采样船，或其他适合船只，根据交通条件准备合适的陆上交通工具。

2. 采样量

采样量与监测方法和水样组成、性质、污染物浓度有关。按监测项目计算后，再适当增加 20%～30% 作为实际采样量。供一般物理与化学监测用水样量约 2～3 L，待测项目很多时采集 5～10 L，充分混合后分装于 1～2 L 储样瓶中。采集的水样除一部分做监测，还有一部分保存备用。正常浓度水样的采样量（不包括平行样和质控样），见表 1-1。

表 1-1　水样采集量

监测项目	水样采集量/mL	监测项目	水样采集量/mL	监测项目	水样采集量/mL
悬浮物	100	氯化物	50	溴化物	100
色度	50	金属	1 000	碘化物	100
嗅	200	铬	100	氰化物	500
浊度	100	硬度	100	硫酸盐	50
pH 值	50	酸度、碱度	100	硫化物	250
电导率	100	溶解氧	300	COD	100
凯氏氮	500	氨氮	400	苯胺类	200
硝酸盐氮	100	BOD$_5$	1 000	硝基苯	100
亚硝酸盐氮	50	油	1 000	砷	100
磷酸盐	50	有机氯农药	2 000	显影剂类	100
氟化物	300	酚	1 000		

3. 采集水样注意事项

（1）测定悬浮物、pH、溶解氧、生化需氧量、油类、硫化物、余氯、放射性、微生物等项目需要单独采样。其中，测定溶解氧、生化需氧量和有机污染物等项目的水样必须充满容器；pH、电导率、溶解氧等项目宜在现场测定。另外，采样时还需同步测量水文参数和气象参数。

（2）采样时必须认真填写采样登记表；每个水样瓶都应贴上标签（填写采样点编号、采样日期和时间、测定项目等）；要塞紧瓶塞，必要时还要密封。

（三）地表水的采集

1. 基础资料的收集

（1）水体的水文、气候、地质和地貌资料。如水位、水量、流速及流向的变化；降雨量、蒸发量及历史上的水情；河流的宽度、深度、河床结构及地质状况；湖泊沉积物的特性、间温层分布、等深线等。

（2）水体沿岸城市分布、工业布局、污染源及其排污情况、城市给排水情况等。

（3）水体沿岸的资源现状和水资源的用途；饮用水源分布和重点水源保护区；水体流域土地功能及近期使用计划等。

（4）历年水质监测资料。

2. 监测断面和采样点的设置

（1）监测断面的设置原则

断面在总体和宏观上应能反映水系或区域的水环境质量状况；各断面的具体位置应能反映所在区域环境的污染特征；尽可能以最少的断面获取有足够代表性的环境信息；应考虑实际采样时的可行性和方便性。根据上述总体原则，对水系可设背景断面、控制断面（若干）和入海断面。对行政区域可设背景断面（对水系源头）或入境断面（对过境河流）、控制断面（若干）和入海河口断面或出境断面。在各控制断面下游，如果河段有足够长度（至少10 km），还应设消减断面。

环境管理除需要上述断面外，还有许多特殊要求，如了解饮用水源地、水源丰富区、主要风景游览区、自然保护区、与水质有关的地方病发病区、严重水土流失区及地球化学异常区等水质的断面。

断面位置应避开死水区、回水区、排污口处，尽量选择顺直河段、河床稳定、水流平稳、水面宽阔、无急流、无浅滩处。

监测断面力求与水文测流断面一致，以便利用其水文参数，实现水质监测与水量监测的结合。

监测断面的布设应考虑社会经济发展，监测工作的实际状况和需要，要具有相对的长远性。

流域同步监测中，根据流域规划和污染源限期达标目标确定监测断面。

局部河道整治中，监视整治效果的监测断面，由所在地区环境保护行政主管部门确定。

入海河口断面要设置在能反映入海河水水质并临近入海的位置。

其他如突发性水环境污染事故，洪水期和退水期的水质监测，应根据现场情况，布设能反映污染物进入水环境和扩散、消减情况的采样。

（2）监测断面和采样点的设置

监测断面可分为以下几种。

采样断面：指在河流采样时，实施水样采集的整个剖面。分背景断面、对照断面、控制断面和消减断面等。

背景断面：指为评价某一完整水系的污染程度，未受人类生活和生产活动影响，能够提供水环境背景值的断面。

对照断面：指具体判断某一区域水环境污染程度时，位于该区域所有污染源上游处，能够提供这一区域水环境本底值的断面。

控制断面：指为了解水环境受污染程度及其变化情况的断面。

消减断面：指工业废水或生活污水在水体内流经一定距离而达到最大限度混合，污染物受到稀释、降解，其主要污染物浓度有明显降低的断面。

管理断面：为特定的环境管理需要而设置的断面。

（3）采样点位的设置

设置监测断面后，应根据水面的宽度确定断面上的采样垂线，再根据采样垂线的深度确定采样点位置和数目。

· 采样垂线的布设

在确定采样断面后，应根据河水的缓急及河道的宽度来确定采样垂线。

表 1-2　采样垂线数的设置

河　宽	采样垂线	说　　明
≤50 m	一条（中泓）	1. 垂线布设要避开污染带，若没污染带应另加垂线； 2. 确能证明该断面水质均匀时，可仅设中泓线； 3. 凡在该断面要计算污染物通量时，必须按本表设置断面
50～100 m	二条（近左、右岸有明显水流处）	
>100 m	三条（左、中、右）	

对于河流湍急的，其混合均匀，可少设垂线；河水流动缓慢，河心与两侧水质相差较大时，应考虑多设垂线。

· 采样点的布设

在一条垂线上，水深不同，设点不同：

表 1-3　采样垂线上采样点数的设置

水　深	采　样　点	
≤5 m	上层一点	1. 上层指水面下 0.5 m 处； 2. 中层指 1/2 水深处； 3. 下层指河底上 0.5 m 处； 4. 封冻时在冰下 0.5 m 处采样，水深不到 0.5 m 时，在 1/2 水深处采样； 5. 凡在该断面要计算污染物通量时，必须按本表设置采样点
5～10 m	上、下层两点	
>10 m	上、中、下层三点	

总之,对于一条河流,布设采样点需遵循以下布设过程:

采样断面→采样垂线→采样点

（4）采样时间和采样频率的确定

依据不同的水体功能、水文要素和污染源、污染物排放等实际情况,力求以最低的采样频次,取得最有时间代表性的样品,既能反映水质状况,又切实可行。

① 饮用水源地、省(自治区、直辖市)交界断面中需要重点控制的监测断面每月至少采样一次。

② 国控水系、河流、湖、库上的监测断面,逢单月采样一次,全年六次。

③ 水系的背景断面每年采样一次。

④ 受潮汐影响的监测断面的采样,分别在大潮期和小潮期进行。每次采集涨、退潮水样分别测定。涨潮水样应在断面处水面涨平时采样,退潮水样应在水面退平时采样。

⑤ 如某必测项目连续三年均未检出,且在断面附近确定无新增排放源,而现有污染源排污量未增的情况下,每年可采样一次进行测定。一旦检出,或在断面附近有新的排放源或现有污染源有新增排污量时,即恢复正常采样。

⑥ 国控监测断面(或垂线)每月采样一次,在每月 5 日—10 日内进行采样。

⑦ 遇有特殊自然情况,或发生污染事故时,要随时增加采样频次。

⑧ 在流域污染源限期治理、限期达标排放的计划中和流域受纳污染物的总量削减规划中,以及为此所进行的同步监测。

⑨ 为配合局部水流域的河道整治,及时反映整治的效果,应在一定时期内增加采样频次,具体由整治工程所在地的环境保护行政主管部门制定。

（四）水污染源的采集

1. 采样点的设置

（1）工业废水

工业废水的采样必须考虑废水的性质和每个采样点所处的位置。通常,用管道或者明沟把工业废水排放到远而偏僻、人们很难接近或达到的地方。在厂区内,排放点虽容易接近,但有时需使用专门的采样工具,通过很深的入孔采样。为了安全起见,最好把入孔设计成无需人进入的采样点。从工厂排出的废水中可能含有生活污水,选择采样点时,应避开这类污水。

① 在车间或车间处理设施的废水排放口设置采样点,监测一类污染物。包括汞、镉、砷、铅、六价铬、有机氯和强致癌物质。

在工厂废水总排放口布设采样点,监测二类污染物。包括悬浮物、硫化物、挥发酚、氰化物、有机磷、石油类、铜、锌、氟及其它们的无机化合物、硝基苯类、苯胺类。

② 已有废水处理设施的工厂,在处理设施的总排放口布设采样点。如需了解废水处理效果,还要在处理设施进口设采样点。

（2）城市污水

① 城市污水管网的采样点设在:非居民生活排水支管接入城市污水干管的检查井;城市污水干管的不同位置;污水进入水体的排放口等。

② 城市污水处理厂:在污水进口和处理后的总排口布设采样点。如需监测各污水处理单元处理效率,应在各处理设施单元的进、出口分别设采样点。另外,还需设污泥采样点。

2. 采样时间和采样频率

工业废水和城市污水的排放量和污染物浓度随工厂生产及居民生活情况发生变化,采样时间和频率应根据实际情况确定。

(五)采样记录和水样标签

1. 水质采样记录

(1)水质采样记录

在地表水和污水监测技术规范要求的水质采样现场数据表中(表1-4),一般包括采样现场描述与现场测定项目两部分内容,均应认真填写。现场测定项目有以下几方面:

表1-4　水质采样记录表

	编　号	
	河流(湖库)名称	
	采样月日	
	断面名称	
采样位置	断面号	
	垂线号	
	点位号	
	水深(m)	
气象参数	气温(℃)	
	气压(kPa)	
	风向	
	风速(m/s)	
	相对湿度(%)	
	流速(m/s)	
	流量(m³/s)	
现场测定记录	水温(℃)	
	pH	
	溶解氧(mg/L)	
	透明度(cm)	
	电导率(μS/cm)	
	感观指标描述	
备　注		

采样人:＿＿＿＿＿＿　　　　　记录人员:＿＿＿＿＿＿

① 水温

② pH 值

③ DO

④ 透明度

⑤ 电导率

⑥ 氧化还原电位

⑦ 浊度

⑧ 水感观的描述 a. 颜色(用相同的比色管,分取等体积的水样和蒸馏水作比较,进行定性描述);b. 水的气味(嗅)、水面有无油膜等均应作现场记录。

⑨ 水文参数 水文测定应按《河流流量测量规范》(GB 50179—93)进行。潮汐河流各点仓位采样时,还应同时记录潮位。

⑩ 气象参数 气象参数有气温、气压、风向、风速、相对湿度等。

(2)污水采样记录表

污水采样记录表见表1-5。

表1-5 污水采样记录表

序号	企业名称	行业名称	采样口	采样口位置车间或出厂口	采样口流量(m³/s)	采样时间(月、日)	颜色	嗅	备 注

现场情况描述:

治理设施运行状况:

采样人员:＿＿＿＿＿＿＿ 企业接待人员:＿＿＿＿＿＿＿ 记录人员:＿＿＿＿＿＿＿

(3)水样送检表

水样送检表见表1-6。

表1-6 水样送检表

样品编号	采样河流(湖、库)	采样断面及采样点	采样时间(月、日)	添加剂种类	数量	分析项目	备 注

送样人员:＿＿＿＿＿＿＿ 接样人员:＿＿＿＿＿＿＿ 送检时间:＿＿＿＿＿＿＿

（4）污水送检表

污水送检表见表1-7。

表1-7　污水送检表

样品编号	企业名称	行业名称	采样口名称	采样时间(月、日)	备　注

送样人员：＿＿＿＿＿＿　接样人员：＿＿＿＿＿＿　送检时间：＿＿＿＿＿＿

2. 水样标签

每个水样瓶均需贴上标签,内容有采样点编号、采样日期和时间、测定项目、保存方法,并写明用何种保存剂。

（六）水质采样的质量保证

（1）采样人员必须通过岗前培训,切实掌握采样技术,熟知水样固定、保存、运输条件。

（2）采样断面应有明显的标志物,采样人员不得擅自改动采样位置。

（3）用船只采样时,采样船应位于下游方向,逆流采样,避免搅动底部沉积物造成水样污染。采样人员应在船前部采样,尽量使采样器远离船体。在同一采样点上分层采样时,应自上而下进行,避免不同层次水体混扰。

（4）采样时,除细菌总数、大肠菌群、油类、DO、BOD_5、有机物、余氯等有特殊要求的项目外,要先用采样水荡洗采样器与水样容器 2～3 次,然后再将水样采入容器中,并按要求立即加入相应的固定剂,贴好标签。应使用正规的不干胶标签。

（5）同批水样,应选择部分项目加采现场空白样,与样品一起送实验室分析。

（6）每次分析结束后,除必要的留存样品外,样品瓶应及时清洗。水环境例行监测水样容器和污染源监测水样容器应分架存放,不得混用。各类采样容器应按测定项目与采样点位,分类编号,固定专用。

二、水样的保存与预处理

（一）水样的保存

微生物的新陈代谢活动和化学作用的影响,能引起水样组分的变化,如：

（1）生物引起 CO_2 含量变化、从空气中吸收或放出 $CO_2 \rightarrow pH$、总碱度发生变化——生物、化学作用；

（2）某些物质聚合、分解 $\rightarrow$ 水样发生变化——化学作用；

（3）胶体絮凝、沉淀物吸附 $\rightarrow$ 水样发生变化——物理作用；

（4）容器吸附、溶出 $\rightarrow$ 水样发生变化——物理作用。

以上这些都会引起水样组分变化，这些变化有快有慢，为将这些变化减少到最低限度，需尽可能地缩短运输时间，尽快分析测定和采取必要的保护措施。

表 1-8 水样的预处理方法

监测项目	预处理方法	说明
溶解态金属	应在采样后立即用 $0.45~\mu m$ 滤膜过滤	可溶态金属过滤后不损失，不影响测定；过滤可以防止被水中悬浮物吸附
酸可溶金属	采样后每升水加入 5 mL HNO_3	
金属总量（可溶、颗粒的、无机态、有机态）	不过滤、加 HNO_3	
不可溶态金属	过滤后，保留残渣进行测定	

总之，水样保存的目的是尽量减缓水样组分的变化，使样品更真实地反映水质情况，为此尽可能做到：

（1）减缓生物作用（生物降解）；

（2）减缓化学作用（化学降解）；

（3）减少组分挥发。

水样最好进行现场测定，清洁水可保存 72 h，污水在 12 h 内测定。

通常采取以下方法保存水样：

① 加保护剂 一般为防腐剂，应注意监测项目不同，使用不同的保护剂，加入 $HgCl_2$（防腐剂）、H_2SO_4（强酸介质中细菌不易生长）可抑制细菌的生长，加入 HNO_3 可减少重金属在器壁上的吸附，但加 HNO_3 不适宜检测 $NO_3^- - N$、$NO_2^- - N$ 等项目。

② 控制 pH

表 1-9 水样控制 pH 的方法

水样加 HNO_3 或 H_2SO_4	适于保存含重金属的样品，因为硝酸盐一般为可溶，且溶解度大
水样加 H_2SO_4	可以控制有机碱，使之形成盐，如测胺类、NH_3 等
水样加 NaOH	适于测定挥发酸、有机弱酸

③ 冷藏 4 ℃时，细菌繁殖能力最弱，化学反应在低温时速度减慢，吸附力差。

以上三种方法可以单独使用或混合使用。

（二）水样的预处理

水样的预处理要考虑到测定项目的要求，一般应考虑以下几个方面：

（1）根据监测对象是吸附态、溶解态还是总量来选择水样处理的方法。如测定 Cr(Ⅵ)，若测吸附态，就应过滤，取滤渣进行测定；若测溶解态，应弃去滤渣，取滤液进行测定；若测总 Cr，则不需过滤，直接取水样测定。

（2）根据引起干扰的物质，选择分离方法。

（3）若待测物低于检出限，就应进行浓缩。

常用的预处理方法有以下几种：悬浮物的去除、有机物的分解、干扰物的分离、蒸发与冷冻浓缩。

1. 悬浮物的去除

目的：测定溶解态的待测物质。

方法：① 过滤，滤纸、砂芯过滤器、0.45 μm、0.22 μm 微孔滤膜；② 离心分离。

滤器选择：

① 在选择滤器时，应根据悬浮物的情况而定，以沉淀物不穿滤为原则，选择滤速快的过滤器。

② 中性、弱酸、弱碱性溶液可用滤纸过滤，对于强酸、强碱、强氧化性溶液不可以用砂芯漏斗过滤。

③ 当悬浮物颗粒极微小时，过滤易穿滤，此时应考虑用离心分离方法。

为加快过滤速度，可采取如下措施：

① 对性质稳定的沉淀物，可加热滤液，并趁热过滤。

② 减压抽滤。

③ 滤纸应紧贴漏斗，利用水柱加快滤速。

④ 采用滤纸浆，当过滤受阻时，只需用玻璃棒轻轻拨动纤维上层，过滤速度就会好转。

2. 有机物的分解

一般用于金属项目测定。

当有机物干扰金属测定或有机物与金属形成化合物时，需要分解有机物。分解方法见表 1-10。

表 1-10　有机物的分解方法

方　法		操　作	备　注
湿法	HNO_3-H_2SO_4 法	水样＋ HNO_3-H_2SO_4→△→无色→容量瓶定容→测定	可分解多种有机物，是常用方法，比较温和，不适合测定 Pb，因为生成 $PbSO_4$↓
	HNO_3-$HClO_4$ 法	水样＋ HNO_3-H_2SO_4→△→无色→容量瓶定容→测定	反应条件激烈，适合难分解的有机物的消化
	碱解法	$NaOH$-H_2O_2 或 $NH_3 \cdot H_2O$（易挥发）-H_2O_2＋水样→蒸干→加水溶解→容量瓶定容→测定	适于酸性条件下易挥发组分的测定
干法	灰化法	500～550 ℃下蒸干，使有机物灰化，尔后用 1：1 HCl 溶解	适于高温下不蒸发、不升华的成分，而且分解的有机物易灰化；对于 Hg、As、Zn 等低沸点化合物不适用

3. 干扰物的分离

当测定水样中某组分时，若有共存干扰组分存在，需采取分离或掩蔽措施。常用的分离措施有：蒸馏、萃取、离子交换、层析分离。

三、残渣

残渣的测定通常采用称量法。残渣一般分为总残渣、总可滤残渣和总不可滤残渣，反映水中溶解性物质和不溶性物质含量的指标。

表 1-11 残渣的测定方法

分 类	测 定 方 法
过滤性残渣	过滤→蒸干滤液→过滤性残渣
非过滤性残渣	过滤→滤纸上的残渣→非过滤性残渣
总残渣	不经过滤,直接蒸干水样→总残渣

总残渣=过滤性残渣+非过滤性残渣,但后两者之间没有严格界限,它们与滤器的孔径有关。

残渣在称量之前,应烘干至恒重,烘干温度控制在 105 ℃左右,温度过高,挥发性物质损失,还可能产生分解反应;温度过低,结晶水及吸附水不易失去。

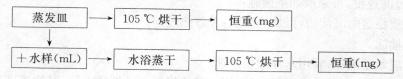

工作步骤

1. 采样

用聚乙烯或硬质玻璃瓶按采样要求采集具有代表性水样 500~1 000 mL。

2. 测定

(1) 将滤膜放在称量瓶中,打开瓶盖,在 103~105 ℃烘干 2 h,取出冷却后盖好瓶盖称重,直至恒重(两次称量相差不超过 0.000 5 g)。

(2) 去除漂浮物后振荡水样,量取均匀适量水样(使悬浮物大于 2.5 mg),通过上面称至恒重的滤膜过滤;用蒸馏水洗残渣 3~5 次。如样品中含油脂,用 10 mL 石油醚分两次淋洗残渣。

(3) 小心取下滤膜,放入原称量瓶内,在 103~105 ℃烘箱中,打开瓶盖烘 2 h,冷却后盖好盖称重,直至恒重为止。

3. 数据处理

$$悬浮固体(mg/L) = \frac{(A-B) \times 1\,000 \times 1\,000}{V} \tag{1-1}$$

式中　A——悬浮固体+滤膜及称量瓶重,g;
　　　B——滤膜及称量瓶重,g;
　　　V——水样体积,mL。

知识拓展

一、水体监测项目

监测项目依据水体功能和污染源的类型不同而异,水质监测的项目包括物理、化学和生物三个方面,其数量繁多,但受人力、物力、经费等各种条件的限制,不可能也没有必要一一监测,而应根据实际情况,选择环境标准中要求控制的危害大、影响范围广,并已建立可靠分析测定方法的项目。根据该原则,发达国家相继提出优先监测污染物。我国环境监测总站提出了 68 种水环境优先监测污染物黑名单。

我国《环境监测技术规范》中对地表水和废水规定的监测项目:

(1) 生活污水化学需氧量、生化需氧量、悬浮物、氨氮、总氮、总磷、阴离子洗涤剂、细菌总数、大肠菌群等;

(2) 医院废水监测项目包括 pH、色度、浊度、悬浮物、余氯、化学需氧量、生化需氧量、致病菌、细菌总数、大肠菌群等;

(3) 地表水监测项目见表 1-12;

表 1-12　地表水监测项目

	必 测 项 目	选 测 项 目
河流	水温、pH、溶解氧、高锰酸盐指数、化学需氧量、BOD5、氨氮、总氮、总磷、铜、锌、氟化物、硒、砷、汞、镉、铬(六价)、铅、氰化物、挥发酚、石油类、阴离子表面活性剂、硫化物和粪大肠菌群	总有机碳、甲基汞,其他项目参照表 1-13,根据纳污情况由各级相关环境保护主管部门确定
集中式饮用水源地	水温、pH、溶解氧、悬浮物、高锰酸盐指数、化学需氧量、BOD5、氨氮、总磷、总氮、铜、锌、氟化物、铁、锰、硒、砷、汞、镉、铬(六价)、铅、氰化物、挥发酚、石油类、阴离子表面活性剂、硫化物、硫酸盐、氯化物、硝酸盐和粪大肠菌群	三氯甲烷、四氯化碳、三溴甲烷、二氯甲烷、1,2-二氯乙烷、环氧氯丙烷、氯乙烯、1,1-二氯乙烯、1,2-二氯乙烯、三氯乙烯、四氯乙烯、氯丁二烯、六氯丁二烯、苯乙烯、甲醛、乙醛、丙烯醛、三氯乙醛、苯、甲苯、乙苯、二甲苯、异丙苯、氯苯、1,2-二氯苯、1,4-二氯苯、三氯苯、四氯苯、六氯苯、硝基苯、二硝基苯、2,4-二硝基甲苯、2,4,6-三硝基甲苯、硝基氯苯、2,4-二硝基氯苯、2,4-二氯苯酚、2,4,6-三氯苯酚、五氯酚、苯胺、联苯胺、丙烯酰胺、丙烯腈、邻苯二甲酸二丁酯、邻苯二甲酸二(2-乙基己基)酯、水合肼、四乙基铅、吡啶、松节油、苦味酸、丁基黄原酸、活性氯、滴滴涕、林丹、环氧七氯、对硫磷、甲基对硫磷、马拉硫磷、乐果、敌敌畏、敌百虫、内吸磷、百菌清、甲萘威、溴氰菊酯、阿特拉津、苯并(a)芘、甲基汞、多氯联苯、微囊藻毒素-LR、黄磷、钼、钴、铍、硼、锑、钡、钒、钛、铊
湖泊水库	水温、pH、溶解氧、高锰酸盐指数、化学需氧量、BOD5、氨氮、总磷、总氮、铜、锌、氟化物、硒、砷、汞、镉、铬(六价)、铅、氰化物、挥发酚、石油类、阴离子表面活性剂、硫化物和粪大肠菌群	总有机碳、甲基汞、硝酸盐、亚硝酸盐,其他项目参照表 1-13,根据纳污情况由各级相关环境保护主管部门确定
排污河(渠道)	根据纳污情况,参照表 1-13 中工业废水监测项目	

（4）污水监测项目见表1-13。

表1-13　工业废水监测项目

类　型		必　测　项　目	选　测　项　目
黑色金属矿山（包括磷铁矿、赤铁矿、锰矿等）		pH、悬浮物、重金属	硫化物、锑、铋、锡、氯化物
钢铁工业（包括选矿、烧结、炼焦、炼铁、炼钢、轧钢等）		pH、悬浮物、COD、挥发酚、氰化物、油类、六价铬、锌、氨氮	硫化物、氟化物、BOD_5、铬
选矿药剂		COD、BOD_5、悬浮物、硫化物、重金属	
有色金属矿山及冶炼（包括选矿、烧结、电解、精炼等）		pH、COD、悬浮物、氰化物、重金属	硫化物、铍、铝、钒、钴、锑、铋
非金属矿物制品业		pH、悬浮物、COD、BOD_5、重金属	油类
火力发电（热电）		pH、悬浮物、硫化物、COD	BOD_5
医药生产		pH、COD、BOD_5、油类、总有机碳、悬浮物、挥发酚	苯胺类、硝基苯类、氯化物、铝
染料		COD、苯胺类、挥发酚、总有机碳、色度、悬浮物	硝基苯类、硫化物、氯化物
颜料		COD、硫化物、悬浮物、总有机碳、汞、六价铬	色度、重金属
油漆		COD、挥发酚、油类、总有机碳、六价铬、铅	苯系物、硝基苯类
合成洗涤剂		COD、阴离子合成洗涤剂、油类、总磷、黄磷、总有机碳	苯系物、氯化物、铝
合成脂肪酸		pH、COD、悬浮物、总有机碳	油类
聚氯乙烯		pH、COD、BOD_5、总有机碳、悬浮物、硫化物、总汞、氯乙烯	挥发酚
化肥	磷肥	pH、COD、BOD_5、悬浮物、磷酸盐、氟化物、总磷	砷、油类
	氮肥	COD、BOD_5、悬浮物、氨氮、挥发酚、总氮、总磷	砷、铜、氰化物、油类
农药	有机磷	COD、BOD_5、悬浮物、挥发酚、硫化物、有机磷、总磷	总有机碳、油类
	有机氯	COD、BOD_5、悬浮物、硫化物、挥发酚、有机氯	总有机碳、油类
除草剂工业		pH、COD、悬浮物、总有机碳、百草枯、阿特拉津、吡啶	除草醚、五氯酚、五氯酚钠、2,4-D、丁草胺、绿麦隆、氯化物、铝、苯、二甲苯、氨、氯甲烷、联吡啶
电镀		pH、碱度、重金属、氰化物	钴、铝、氯化物、油类

类　型	必　测　项　目	选　测　项　目
烧碱	pH、悬浮物、汞、石棉、活性氯	COD、油类
电气机械及器材制造业	pH、COD、BOD$_5$、悬浮物、油类、重金属	总氮、总磷
普通机械制造	COD、BOD$_5$、悬浮物、油类、重金属	氰化物
电子仪器、仪表	pH、COD、BOD$_5$、氰化物、重金属	氟化物、油类
造纸及纸制品业	酸度（或碱度）、COD、BOD$_5$、可吸附有机卤化物、pH、挥发酚、悬浮物、色度、硫化物	木质素、油类
纺织染整业	pH、色度、COD、BOD$_5$、悬浮物、总有机碳、苯胺类、硫化物、六价铬、铜、氨氮	总有机碳、氯化物、油类、二氧化氯
皮革、毛皮、羽绒服及其制品	pH、COD、BOD$_5$、悬浮物、硫化物、总铬、六价铬、油类	总氮、总磷
水泥	pH、悬浮物	油类
油毡	COD、BOD$_5$、悬浮物、油类、挥发酚	硫化物、苯并(a)芘
玻璃、玻璃纤维	COD、BOD$_5$、悬浮物、氰化物、挥发酚、氟化物	铅、油类
陶瓷制造	pH、COD、BOD$_5$、悬浮物、重金属	
石棉(开采与加工)	pH、石棉、悬浮物	挥发酚、油类
木材加工	COD、BOD$_5$、悬浮物、挥发酚、pH、甲醛	硫化物
食品加工	pH、COD、BOD$_5$、悬浮物、氨氮、硝酸盐氮、动植物油	总有机碳、铝、氯化物、挥发酚、铅、锌、油类、总氮、总磷
屠宰及肉类加工	pH、COD、BOD$_5$、悬浮物、动植物油、氨氮、大肠菌群	石油类、细菌总数、总有机碳
饮料制造业	pH、COD、BOD$_5$、悬浮物、氨氮、粪大肠菌群	细菌总数、挥发酚、油类、总氮、总磷
制糖工业	pH、COD、BOD$_5$、色度、油类	硫化物、挥发酚
电池	pH、重金属、悬浮物	酸度、碱度、油类
发酵和酿造工业	pH、COD、BOD$_5$、悬浮物、色度、总氮、总磷	硫化物、挥发酚、油类、总有机碳
货车洗刷和洗车	pH、COD、BOD$_5$、悬浮物、油类、挥发酚	重金属、总氮、总磷
管道运输业	pH、COD、BOD$_5$、悬浮物、油类、氨氮	总氮、总磷、总有机碳
宾馆、饭店、游乐场所及公共服务业	pH、COD、BOD$_5$、悬浮物、油类、挥发酚、阴离子洗涤剂、氨氮、总氮、总磷	粪大肠菌群、总有机碳、硫化物
生活污水	pH、COD、BOD$_5$、悬浮物、氨氮、挥发酚、油类、总氮、总磷、重金属	氯化物
医院污水	pH、COD、BOD$_5$、悬浮物、油类、挥发酚、总氮、总磷、汞、砷、粪大肠菌群、细菌总数	氟化物、氯化物、醛类、总有机碳

二、水质监测分析方法

选择分析方法应遵循的原则是：灵敏度能满足定量要求；方法成熟、准确；操作简便，易于普及；抗干扰能力好。

1. 国家标准分析方法

我国已编制多项包括采样在内的标准分析方法，这是一些比较经典、准确度较高的方法，是环境污染纠纷法定的仲裁方法，也是用于评价其他分析方法的基准方法。

2. 统一分析方法

有些项目的监测方法尚不够成熟，但这些项目又急需测定，因此经过研究作为统一方法予以推广，在使用中积累经验，不断完善，为制定国家标准分析方法创造条件。

3. 等效方法

与以上两类方法的灵敏度、准确度具有可比性的分析方法称为等效方法。这类方法可能采用新的技术，应鼓励有条件的单位先用起来，以推动监测技术的进步。但是，新方法必须经过方法验证和对比实验，证明其与标准方法或统一方法是等效的才能使用。

按照监测方法所依据的原理，水质监测常用的方法有化学法、电化学法、原子吸收分光光度法、离子色谱法、气相色谱法、等离子体发射光谱（ICP-AES）法等，其中，化学法（包括重量法、容量滴定法和分光光度法）目前在国内外水质常规监测中还普遍被采用，占各项目测定方法总数的 50% 以上。各种方法测定的组分列于表 1-14。

表 1-14 常用水质监测方法测定项目

方 法	测 定 项 目
重量法	ss、过滤残渣、矿化度、油类、SO_4^{2-}、Cl^-、Ca^{2+}
容量滴定法	酸度、碱度、CO_2、总硬度、Ca^{2+}、Mg^{2+}、氨氮、Cl^-、F^-、CN^-、S^{2-}、Cl_2、COD、BOD_5、挥发酚等
分光光度法	Ag、Al、As、Be、Bi、Ba、Cd、Co、Cr、Cu、Hg、Mn、Ni、Pb、Sb、Se、Th、U、Zn、NH_3、As、氨氮、$NO_2^- - N$、$NO_3^- - N$、凯氏氮、PO_4^{3-}、F^-、Cl^-、C、S^{2-}、SO_4^{2-}、BO_3^{2-}、SiO_3^{2-}、Cl_2、挥发酚、甲醛、三氯乙醛、苯胺类、硝基苯类、阴离子洗涤剂等
荧光法光度法	Se、Be、U、油类、BaP 等
原子吸收法	Ag、Al、Ba、Be、Bi、Ca、Cd、Co、Cr、Cu、Fe、Hg、K、Na、Mg、Mn、Ni、Pb、Sb、Se、Sn、Te、Tl、Zn 等
氢化物及冷原子吸收法	As、Sb、Bi、Ge、Sn、Pb、Se、Te、Hg
原子荧光法	As、Sb、Bi、Se、Hg 等
火焰光度法	Li、Na、K、Sr、Ba 等
电极法	Eh、pH、DO、F^-、Cl^-、CN^-、S^{2-}、NO_3^-、K^+、Na^+、NH_3 等
离子色谱法	F^-、Cl^-、Br^-、NO_2^-、NO_3^-、SO_3^{2-}、SO_4^{2-}、$H_2PO_4^-$、K^+、Na^+、NH_4^+ 等
气相色谱法	Be、Se、苯系物、挥发性卤代烃、氯苯类、六六六、DDT、有机磷农药类、三氯乙醛、硝基苯类、PCB 等
液相色谱法	多环芳烃类
ICP-AES	用于水中基体金属元素、污染重金属以及底质中多种元素的同时测定

任务二　浊度色度的测定

学习目标

1. 掌握色度的测定方法和操作技能；
2. 掌握浊度的测定方法和操作技能；
3. 了解水的物理指标检测方法。

任务分析

　　测定浊度时应将水样置于具塞玻璃瓶内，取样后应尽快测定。如需保存，可在4℃冷暗处保存24 h，测试前要激烈振摇水样并恢复到室温。同时，器皿应清洁，水中无溶解的空气气泡、碎屑及易沉颗粒。浊度标准贮备液配制时一定要在(25±3)℃下反应24 h。标准浊度贮备液的浊度为400度，可保存一个月。

　　色度的测定要注意水样的代表性。所取水样应为无树叶、枯枝等杂物，将水样盛于清洁、无色的玻璃瓶内，尽快测定。否则应保存于4℃，在48 h内测定。测定较清洁的、带有黄色色调的天然水或饮用水的色度时，用铂钴标准比色法，以度数表示结果。此法操作简便，标准色列的色度稳定，易保存。对受工业污水污染的地面水和工业废水，可用文字描述颜色的种类和深浅程度，并以稀释倍数法测定色度。

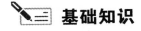 ## 基础知识

一、色度

天然水颜色的主要来源：

(1) 水生植物和浮游生物。小球藻、硅藻使水带亮绿色或浅棕色。

(2) 水经过沼泽或森林地区，带入了有机物分解过程中产生的腐殖酸，呈黄褐色。

(3) 天然的金属离子或矿物质。

$$Fe^{2+} \longrightarrow 淡蓝绿色$$

$$Fe^{3+} \longrightarrow 橙黄色$$

$$H_2S \xrightarrow{氧化} S \downarrow \longrightarrow 水呈浅蓝色$$

(4) 悬浮于水中的泥沙，其细微颗粒可使水呈红、黄色。

(5) 工业废水、生活污水的污染。

工业废水——以印染、化工、造纸废水为主；

生活污水——新鲜：暗灰色；陈腐：黑褐色。

水的颜色分类：

表 1 - 15 水的颜色分类

水的颜色	定 义	备 注
真色	水体去除悬浮物后的颜色	1. 去除悬浮物可以用静置和离心分离的方法，不可用滤纸过滤(滤纸对颜色有吸附作用)；
表色	水体的实际颜色	2. 一般水体颜色常指真色

1. 铂钴比色法

用氯铂酸钾与氯化钴配成标准色列，与水样进行目视比色。每升水中含有 1 mg 铂和 0.5 mg 钴时所具有的颜色，称为 1 度，作为标准色度单位。

如水样浑浊，则放置澄清，亦可用离心法或用孔径为 0.45 μm 滤膜过滤以去除悬浮物，但不能用滤纸过滤，因滤纸可吸附部分溶解于水的颜色。

2. 稀释倍数法

将有色工业废水用无色水稀释到接近无色时，记录稀释倍数，以此表示该水样的色度，并辅以文字描述颜色性质，如深蓝色、棕黄色等。

二、浊度

浊度是表现水中悬浮物对光线透过时所发生的阻碍程度。水中含有泥土、粉砂、微细有机物、无机物、浮游动物和其他微生物等悬浮物和胶体物都可使水样呈现浊度。水的浊度和水中颗粒物含量与性质(粒径、形状、颗粒表面对光散射特性等)密切相关。

水样浑浊的程度可用浑浊度表示，是指水中不溶解物质对光线透射时所产生的阻碍程度。也就是说，由于水中有不溶解物的存在，使通过水样的部分光线被吸收或散射，而不是直线穿透。因此，浑浊现象是一种光学现象。

浊度标准：一升蒸馏水中含有 1 mg SiO_2 为一个浊度单位。

测定方法：目视比浊法、光度比浊法。

工作步骤

1. 色度测定

取 100～150 mL 澄清水样置烧杯中，以白色瓷板为背景，观察并描述其颜色种类。分取澄清的水样，用水稀释成不同倍数，分取 50 mL 分别置于 50 mL 比色管中，管底部衬一白瓷板，由上向下观察稀释后水样的颜色，并与蒸馏水相比较，直至刚好看不出颜色，记录此时的稀释倍数。

2. 浊度测定

(1) 浊度低于 10 度的水样

① 吸取浊度为 100 度的标准液 0 mL、1.0 mL、2.0 mL、3.0 mL、4.0 mL、5.0 mL、6.0 mL、7.0 mL、8.0 mL、9.0 mL 及 10.0 mL 于 100 mL 比色管中，加水稀释至标线，混匀。

其浊度依次为 0 度、1.0 度、2.0 度、3.0 度、4.0 度、5.0 度、6.0 度、7.0 度、8.0 度、9.0 度、10.0 度的标准液。

② 取 100 mL 摇匀水样置于 100 mL 比色管中，与浊度标准液进行比较。可在黑色底板上，由上往下垂直观察。选出与水样产生视觉效果相近的标准液，记下其浊度值。

（2）浊度为 10 度以上的水样

① 吸取浊度为 250 度的标准液 0 mL、10 mL、20 mL、30 mL、40 mL、50 mL、60 mL、70 mL、80 mL、90 mL 及 100 mL 置于 250 mL 的容量瓶中，加水稀释至标线，混匀。即得浊度为 0 度、10 度、20 度、30 度、40 度、50 度、60 度、70 度、80 度、90 度和 100 度的标准液，移入成套的 250 mL 具塞玻璃瓶中，每瓶加入 1 g 氯化汞，以防菌类生长，加塞密封保存。

② 取 250 mL 摇匀水样，置于成套的 250 mL 具塞玻璃瓶中，瓶后放一有黑线的白纸作为判别标志，从瓶前向后观察，根据目标清晰程度，选出与水样产生视觉效果相近的标准液，记下其浊度值。

③ 水样浊度超过 100 度时，用水稀释后测定。

· **注意事项**

如测定水样的真色，应放置澄清取上清液，或用离心法去除悬浮物后测定；如测定水样的表色，待水样中的大颗粒悬浮物沉降后，取上清液测定。

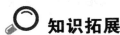

知识拓展

一、物理性质

（一）温度

温度是最常用的水质指标之一，水的许多物理性质、化学性质以及生物化学反应都与温度有关。

（1）水温影响着水生生物的生命活动过程。水生生物对于温度的耐受力远不如陆生生物，温度过高，可使鱼类死亡或不能正常产卵或孵化。如：金鱼的致死温度为30.8 ℃，鲤鱼为 31～34 ℃。水温过高，还可使一些藻类的繁殖速度增加，污水真菌也会大量生长。

（2）水温影响着反应和反应速率。一般情况下，化学反应速度随温度升高而加快，温度每升高 10 ℃，化学反应速度增加 1 倍。

（3）水温影响水利用的适应性。温度不同的水，其用途也受到影响，冷却水要求水温低，锅炉用水希望水温高，水温较高的矿泉水可用于疗养。

（4）水温影响氧在水中的溶解度。温度升高，氧在水中的溶解度下降；另外，温度升高，水中有机物分解能力增强，好氧速率升高，也造成 O_2 减少。氧的减少，可造成水的厌氧状态，影响鱼类和其他生物的生存。

天然水的温度因水源不同而有差异。

地下水：温度较稳定，深层地下水，变化幅度更小，通常为 8～12 ℃。

地面水：温度变化大，随季节、气候而不同，变化范围 0～30 ℃。

热污染的主要来源是工厂排放的冷却水，在所有工业中，以电力工业所用冷却水最多，占一半以上。有人认为,热污染将成为水体污染中最为严重的问题之一。

水温的测定:现场进行。测表层水时,将温度计插入水中,3 分钟读数;测深层水时,用热敏电阻温度计或深水温度计进行。

(二) 电导率

电导率是以数字表示溶液传导电流的能力。纯水电导率很小,当水中含无机酸、碱或盐时,电导率增加。电导率常用于间接推测水中离子成分的总浓度。水溶液的电导率取决于离子的性质和浓度、溶液的温度和黏度等。

不同类型的水有不同的电导率。新鲜蒸馏水电导率为 $0.5\sim2\ \mu S/cm$,存放一段时间后,由于空气中的二氧化碳或氨的溶入,电导率可上升至 $2\sim4\ \mu S/cm$;饮用水电导率在 $5\sim1\ 500\ \mu S/cm$ 之间;海水电导率大约为 $30\ 000\ \mu S/cm$;清洁河水电导率约为 $100\ \mu S/cm$。

电导率的大小反映了水体中电解质的含量。在水监测中,电导率的测定常用于:

(1) 检查蒸馏水和去离子水的纯度;

(2) 快速检验水中溶解矿物质的浓度变化;

(3) 指示某些沉淀反应和中和反应的终点;

(4) 估计水样中溶解的离子化物质的数量。

电导率随温度变化而变化,温度每升高 1 ℃,电导率增加约 2%,通常规定 25 ℃为测定电导率的标准温度。如果温度不是 25 ℃,必须进行温度校正,经验公式为:

$$K_t = K_s[1 + \alpha(t - 25)] \tag{1-2}$$

式中　K_s——25 ℃电导率;

　　　K_t——温度 t 时的电导率;

　　　α——各种离子电导率的平均温度系数,定为 0.022。

电导的计算式为:

$$G = K/C \tag{1-3}$$

式中　K——电导率,是电阻率的倒数;

　　　C——电导池常数。

电导率的测定方法常采电导率仪法。它的基本原理是:已经标准 KCl 溶液的电导率,用电导率仪测某一浓度 KCl 溶液的电导值,根据电导的计算公式求得电导池常数 C。用电导率仪测待测水样的电导,即可求得水样的电导率。

(三) 嗅

清洁水不应有任何嗅味,而被污染的水往往会有一些不正常的嗅味,其主要来源:

(1) 水中动植物、微生物的大量繁殖、死亡和腐败;

(2) 溶解气体,如 H_2S、沼气等;

(3) 工业废水,如酚、煤焦油;

(4) 氯,饮用水进行氯消毒时,如用氯过多,也会产生不愉快的气味,尤其当水中含酚时,产生的氯酚味更大。

人的嗅觉对某些物质十分敏感,即使含量极少,也能辨出,所以水的嗅味是水质标准中的一项重要感官指标,但嗅觉受许多心理因素的影响,很难用严格的物理量来表示。

(1) 文字描述:正常,芳香气味,氯气味,石油气味,H_2S气味,鱼腥味,泥土味,霉烂味等;

(2) 嗅阈值:水样经用无嗅稀释水稀释,而刚能觉察的稀释倍数就叫做嗅阈值。

水样用无嗅稀释水稀释成不同的倍数,然后由至少五个人闻,直到刚刚能觉察到有味的这个样品,它的稀释倍数就是嗅阈值。

$$嗅阈值 = \frac{水样体积 + 无嗅水体积}{水样体积} \tag{1-4}$$

应注明温度,因为温度不同时,人所闻到的味也不同。

定性描述:将嗅味强度分为六级,然后用冷法和热法来检验水的嗅味。

冷法:室温下闻味。

热法:将水加热至沸,闻味。

按嗅味强度分为:无、微弱、弱、明显、强、极强六级。

(四) 透明度

透明度是指水样的澄清程度。洁净的水是透明的;水中存在悬浮物和胶体时,透明度便降低,水中悬浮物越多,其透明度就越低。透明度与浊度相反。

透明度的测定方法有铅字法、塞氏盘法、十字法等。

1. 铅字法

根据检验人员的视力观察水样的澄清程度。从透明度计筒口垂直向下观察,清楚见到透明度计底部标准铅字印刷符号时,水柱高度用厘米表示的透明度。透明度计是一种长33 cm、内径2.5 cm的玻璃筒,上面有厘米为单位的刻度,筒底有一磨光的玻璃片。筒与玻璃片之间有一个胶皮圈,用金属夹固定。距玻璃筒底部1～2 cm处有一放水侧管,底部有标准印刷符号。测定时将振荡均匀的水样立即倒入筒内至30 cm处,从筒口垂直向下观察,如不能清楚地看见印刷符号,慢慢放出水样,直到刚好能辨认出符号为止。记录此时水柱高度,估读至0.5 cm。

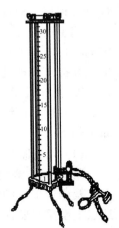

图1-1 透明度计

铅字法适用于天然水和处理水透明度的测定。本法受检验人员的主观影响较大,照明等条件应尽可能一致,最好取多次或数人测定结果的平均值。

2. 塞氏盘法

这是一种现场测定透明度的方法,利用一个白色圆盘沉入水中后,观察到不能看见它时的深度。透明度盘(又称塞氏圆盘):以较厚的白铁片剪成直径200 mm的圆板,在板的一面从中心平分为四个部分,以黑白漆相间涂布。正中心开小孔,穿一铅丝,下面加一铅锤,上面系小绳,在小绳上每10 cm处用有色丝线或漆做上一个标记即成,如图1-2所示。

测定时将塞氏盘在船的背光处放入水中,逐渐下沉,至恰好不能看见盘面的白色时,记录其刻度,观察时需反复2～3次。

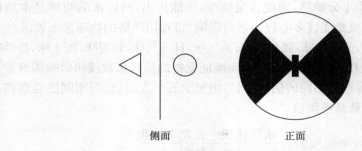

侧面　　　　　　　　正面

图 1 - 2　透明度盘

二、水质应急监测

突发性水环境污染事故,尤其是有毒有害化学品的泄漏事故,往往会对水生生态环境造成极大的破坏,并直接威胁人民群众的生命安全。因此,突发性环境污染事故的应急监测与环境质量监测和污染源监督监测具有同样的重要性,是环境监测工作的重要组成部分。

1. 应急监测的目的与原则

应急监测的主要目的是在已有资料的基础上,迅速查明污染物的种类、污染程度和范围以及污染发展趋势,及时、准确地为决策部门提供处理处置的可靠依据。

事故发生后,监测人员应携带必要的简易快速检测器材和采样器材及安全防护装备尽快赶赴现场。根据事故现场的具体情况立即布点采样,利用检测管和便携式监测仪器等快速检测手段鉴别、鉴定污染物的种类,并给出定量或半定量的监测结果。现场无法鉴定或测定的项目应立即将样品送回实验室进行分析。根据监测结果,确定污染程度和可能污染的范围并提出处理处置建议,及时上报有关部门。

2. 采样

突发性水环境污染事故的应急监测一般分为事故现场监测和跟踪监测两部分,其采样原则如下。

(1) 现场监测采样

① 现场监测的采样地点主要在事故发生地及其附近,根据现场的具体情况和水体特性布点及确定采样频次。对江河的监测应在事故地点及其下游布点采样,同时要在事故发生地点上游采对照样。对湖(库)的采样点布设以事故发生地点为中心,按水流方向在一定间隔的扇形或圆形布点采样,同时采集对照样品。

② 事故发生地点要设立明显标志,如有必要则进行现场录像和拍照。

③ 现场要采平行双样,一份供现场快速测定,一份供送回实验室测定。如有需要,同时采集污染地点的底质样品。

(2) 跟踪监测采样

污染物质进入水体后,随着稀释、扩散和沉降作用,其浓度会逐渐降低。为掌握污染程度、范围及变化趋势,在事故发生后,往往要进行连续的跟踪监测,直至水体环境恢复正常。

① 对江河污染的跟踪监测要根据污染物质的性质和数量及河流的水文要素等,沿河段设置数个采样断面,并在采样点设立明显标志。采样频次根据事故程度确定。

② 对湖(库)污染的跟踪监测,应根据具体情况布点,但在出水口和饮用水取水口处必

须设置采样点。由于湖(库)的水体较稳定,要考虑不同水层采样。采样频次每天不得少于两次。

现场记录:

要绘制事故现场的位置图,标出采样点位,记录发生时间,事故原因,事故持续时间,采样时间,以及水体感观性描述,可能存在的污染物,采样人员等事项。

3. 监测方法

由于事故的突发性和复杂性,当我国颁布的标准监测分析方法不能满足要求时,可等效采用 ISO、美国 EPA 或日本 JIS 的相关方法,但必须用加标回收、平行双样等指标检验方法的适用性。

现场监测可使用水质检测管或便携式监测仪器等快速检测手段,鉴别鉴定污染物的种类,并给出定量、半定量的测定数据。现场无法监测的项目和平行采集的样品,应尽快将样品送回实验室进行检测。

跟踪监测一般可在采样后及时送回实验室进行分析。

4. 应急监测报告

根据现场情况和监测结果,编写现场监测报告并迅速上报有关单位,报告的主要内容有:

(1)事故发生的时间,接到通知的时间,到达现场监测时间;

(2)事故发生的具体位置;

(3)监测实施,包括采样点位、监测频次、监测方法;

(4)事故发生的性质、原因及伤亡损失情况;

(5)主要污染物的种类、流失量、浓度及影响范围;

(6)简要说明污染物的有害特性及处理处置建议;

(7)附现场示意图及录像或照片;

(8)应急监测单位及负责人盖章签字。

任务三　六价铬的测定

学习目标

1. 掌握六价铬测定的方法和操作技能；
2. 熟练运用所学采样知识，采集代表性的水样；
3. 学会水样预处理的方法；
3. 熟练掌握分光光度计的使用；
4. 学会校准曲线的绘制和数据处理；
5. 了解常见金属化合物汞、镉、铅、铜、锌的测定方法。

任务分析

　　铬的测定可采用二苯碳酰二肼分光光度法、原子吸收分光光度法、等离子发射光谱法和滴定法。清洁的水样可直接用二苯碳酰二肼分光光度法测六价铬。如测总铬，用高锰酸钾将三价铬氧化成六价铬，再用二苯碳酰二肼分光光度法测定。水样含铬量较高时，用硫酸亚铁铵滴定法。

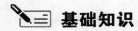 **基础知识**

六价铬的测定

　　铬(Cr)的化合物常见的价态有三价和六价。在水体中，六价铬一般以 CrO_4^{2-}、$Cr_2O_7^{2-}$、$HCrO_4^-$ 三种阴离子形式存在，受水中 pH 值、有机物、氧化还原物质、温度及硬度等条件影响，三价铬和六价铬的化合物可以互相转化。

　　铬是生物体所必需的微量元素之一。铬的毒性与其存在价态有关，通常认为六价铬的毒性比三价铬高 100 倍，六价铬更易为人体吸收而且在体内蓄积，导致肝癌。因此我国已把六价铬规定为实施总量控制的指标之一。但即使是六价铬，不同化合物的毒性也不相同。当水中六价铬浓度为 1 mg/L 时，水呈淡黄色并有涩味；三价铬浓度为 1 mg/L 时，水的浊度明显增加，三价铬化合物对鱼的毒性比六价铬大。

　　铬的污染来源主要是含铬矿石的加工、金属表面处理、皮革鞣制、印染等行业。

　　下面主要介绍二苯碳酰二肼分光光度法和硫酸亚铁铵滴定法。

　　水样应用瓶壁光洁的玻璃瓶采集。如测总铬，水样采集后，加入硝酸调节 pH 值小于 2；如测六价铬，水样采集后，加入氢氧化钠调节 pH 约为 8。均应尽快测定，如放置，不得超过 24 h。

1．二苯碳酰二肼分光光度法

（1）六价铬的测定

在酸性溶液中，六价铬与二苯碳酰二肼反应，生成紫红色化合物，其最大吸收波长为540 nm。

本法适用于地表水和工业废水中六价铬的测定。当取样体积为 50 mL，使用 30 mm 比色皿，方法的最小检出量为 0.2 μg 铬，方法的最低检出浓度为 0.004 mg/L；用 10 mm 比色皿，测定上限浓度为 1 mg/L。

铁含量大于 1 mg/L 水样显黄色。六价钼和汞也和显色剂反应生成有色化合物，但在本方法的显色酸度下反应不灵敏。钼和汞达 200 mg/L 不干扰测定。钒有干扰，其含量高于 4 mg/L 即干扰测定。但钒与显色剂反应后 10 min，可自行褪色。氧化性及还原性物质，如：ClO^-、Fe^{2+}、SO_3^{2-}、$S_2O_3^{2-}$ 等，以及水样有色或混浊时，对测定均有干扰，须进行预处理。

（2）总铬的测定

在酸性溶液中，首先，将水样中的三价铬用高锰酸钾氧化成六价铬，过量的高锰酸钾用亚硝酸钠分解，过量的亚硝酸钠用尿素分解；然后，加入二苯碳酰二肼显色，于 540 nm 处进行分光光度测定。其最低检测浓度同六价铬。

清洁地表水可直接用高锰酸钾氧化后测定；水样中含大量有机物时，用硝酸－硫酸消解。

2．硫酸亚铁铵滴定法

本法适用于总铬浓度大于 1 mg/L 的废水。其原理为在酸性介质中，以银盐作催化剂，用过硫酸铵将三价铬氧化成六价铬。加少量氯化钠并煮沸，除去过量的过硫酸铵和反应中产生的氯气。以苯基代邻氨基苯甲酸作指示剂，用硫酸亚铁铵标准溶液滴定，至溶液呈亮绿色。根据硫酸亚铁铵溶液的浓度和进行试剂空白校正后的用量，可计算出水样中总铬的含量。

工作步骤

1．水样预处理

（1）对不含悬浮物、低色度的清洁地面水，可直接进行测定。

（2）如果水样有色但不深，可进行色度校正。即另取一份试样，加入除显色剂以外的各种试剂，以 2 mL 丙酮代替显色剂，用此溶液为测定试样溶液吸光度的参比溶液。

（3）对浑浊、色度较深的水样，应加入氢氧化锌共沉淀剂并进行过滤处理。

（4）水样中存在次氯酸盐等氧化性物质时，干扰测定，可加入尿素和亚硝酸钠消除。

（5）水样中存在低价铁、亚硫酸盐、硫化物等还原性物质时，可将 Cr^{6+} 还原为 Cr^{3+}，此时，调节水样 pH 值至 8，加入显色剂溶液，放置 5 min 后再酸化显色，并以同法作标准曲线。

2．标准曲线的绘制

取 9 支 50 mL 比色管，依次加入 0 mL、0.20 mL、0.50 mL、1.00 mL、2.00 mL、4.00 mL、6.00 mL、8.00 mL 和 10.00 mL 铬标准使用液，用水稀释至标线，加入 1＋1 硫酸 0.5 mL 和 1＋1 磷酸 0.5 mL，摇匀。加入 2 mL 显色剂溶液，摇匀。5～10 min 后，于 540 nm 波长处，用 1 cm 或 3 cm 比色皿，以水为参比，测定吸光度并作空白校正。以吸光度为纵坐

标,相应六价铬含量为横坐标绘出标准曲线。

3. 水样的测定

取适量(含 Cr^{6+} 少于 $50\ \mu g$)无色透明或经预处理的水样于 50 mL 比色管中,用水稀释至标线,测定方法同标准溶液。进行空白校正后根据所测吸光度从标准曲线上查得 Cr^{6+} 含量。

4. 计算

$$c(Cr^{6+},mg/L)=\frac{m}{V} \tag{1-5}$$

式中　m——从标准曲线上查得的 Cr^{6+} 量,μg;

　　　V——水样的体积,mL。

·注意事项

(1)用于测定铬的玻璃器皿不应用重铬酸钾洗液洗涤。

(2)Cr^{6+} 与显色剂的显色反应一般控制酸度在 $0.05\sim0.3\ mol/L\left(\frac{1}{2}H_2SO_4\right)$ 范围,以 $0.2\ mol/L$ 时显色最好。显色前,水样应调至中性。显色温度和放置时间对显色有影响,在 $15\ ℃$ 时,$5\sim15\ min$ 颜色即可稳定。

(3)如测定清洁地面水样,显色剂可按以下方法配制:溶解 0.2 g 二苯碳酰肼于 100 mL 95%的乙醇中,边搅拌边加入 1+9 硫酸 400 mL。该溶液在冰箱中可存放一个月。用此显色剂,在显色时直接加入 2.5 mL 即可,不必再加酸。但加入显色剂后,要立即摇匀,以免 Cr^{6+} 可能被乙酸还原。

 知识拓展

金属污染物的测定

金属以不同形态存在时其毒性大小不同,分别测定。

(1)可过滤金属:通过孔径 $0.45\ \mu m$ 滤膜;

(2)不可过滤金属:不能通过 $0.45\ \mu m$ 微孔滤膜;

(3)金属总量:是不经过滤的水样经消解后测得的金属含量,应是可过滤金属与不可过滤的金属之和。

测定水体中金属元素广泛采用的方法有分光光度法、原子吸收分光光度法、阳极溶出伏安法及容量法,尤以前两种方法用得最多;容量法用于常量金属的测定。

下面介绍几种代表性的有害金属的测定。

(一)汞的测定

汞(Hg)及其化合物属于剧毒物质,可在体内蓄积。进入水体的无机汞离子可转变为毒性更大的有机汞,经食物链进入人体,引起全身中毒。天然水中含汞极少,一般不超过 $0.1\ \mu g/L$。仪表厂、食盐电解、贵金属冶炼、温度计及军工等工业废水中可能存在汞。汞是我国实施排放总量控制的指标之一。

冷原子吸收法、冷原子荧光法和原子荧光法是测定水中微量、痕量汞的特效方法,干扰因素少,灵敏度较高。双硫腙分光光度法是测定多种金属离子的通用方法,如能掩蔽干扰离子和严格掌握反应条件,也能得到满意的结果,但手续繁杂,为了防止废水测定中大量稀释引入的误差可采用这种方法。

1. 冷原子吸收法

汞原子蒸气对波长 253.7 nm 的紫外光具有选择性吸收作用,在一定范围内,吸收值与蒸气浓度成正比。在硫酸-硝酸介质和加热条件下,用高锰酸钾和过硫酸钾将试样消解,或用溴酸钾和溴化钾混合试剂,在 20 ℃以上室温和 0.6～2 mol/L 的酸性介质中产生溴,将试样消解,使所含汞全部转化为二价汞。用盐酸羟胺将过剩的氧化剂还原,再用氯化亚锡将二价汞还原成金属汞。在室温下通入空气或氮气,将金属汞汽化,载入冷原子吸收测汞仪,测量吸收值,求得试样中汞的含量。

碘离子浓度高于或等于 3.8 mg/L 时,明显影响高锰酸钾-过硫酸钾消解法的回收率与精密度。当阴离子洗涤剂浓度高于或等于 0.1 mg/L 时,采用溴酸钾-溴化钾消解法,汞的回收率小于 67.7%。若有机物含量较高,规定的消解试剂最大用量不足以氧化样品中有机物时,则本法不适用。

视仪器型号与试样体积不同而异,本方法最低检出浓度为 0.1～0.5 μg/L 汞;在最佳条件下(测汞仪灵敏度高,基线噪声极小及空白试验值稳定),当试样体积为 200 mL 时,最低检出浓度可达 0.05 μg/L 汞。本方法适用于地表水、地厂水、饮用水、生活污水及工业废水中汞的测定。

冷原子吸收测汞仪,主要由光源、吸收管、试样系统、光电检测系统等主要部件组成。国内外一些不同类型的测汞仪差别主要在吸收管和试样系统的不同。

光源:光源的作用是产生供吸收的辐射。多数仪器用低压汞灯作为光源,也有的使用空心阴极灯。

吸收管:吸收管的作用相当于分光光度计的比色皿,盛放汞原子蒸气。

试样系统:试样系统是指将试样引入吸收管的这部分装置,常用的有循环泵法、通气法、注射器法和直接加热汞汽法。

光电检测系统:光电检测系统的作用是将光信号转换成电信号,过去常用真空或充气光电管,现在多用硫化镉光敏电阻和光电倍增管。

显示系统:显示系统多为机械表头式或数字直读式,可显示水样和标准系列的吸光度。

2. 冷原子荧光法

水样中的汞离子被还原剂还原为单质汞,再汽化成汞蒸气。其基态汞原子受到波长 253.7 nm 的紫外光激发,当激发态汞原子去激发时便辐射出相同波长的荧光。在给定的条件下和较低的浓度范围内,荧光强度与汞的浓度成正比。

激发态汞原子与其他分子,如 O_2、CO_2、CO 等碰撞而发生能量传递,造成荧光猝灭,从而降低汞的测定灵敏度,本方法采用高纯氩气和氮气作载气。为避免在测量操作过程中进入空气,采用密封式还原瓶进样技术。

本方法检出限为 1.5 mg/L,测定上限为 1 μg/L,适用于地表水、地下水和含氯离子较低的其他水样。

3. 双硫腙分光光度法

在 95 ℃用高锰酸钾和过硫酸钾将试样消解,把所含汞全部转化为二价汞。用盐酸羟胺将过剩的氧化剂还原,在酸性条件下,汞离子与双硫腙生成橙色螯合物,用有机溶剂萃取,再用碱溶液洗去过剩的双硫腙,分光光度计测量。

在酸性条件下测定,常见干扰物主要是铜离子。在双硫腙洗脱液中加入 1‰EDTA 二钠盐,至少可掩蔽 300 μg 铜离子的干扰。

本方法适用于生活污水、工业废水和受污染的地表水测定。取 250 mL 水样测定,汞的最低检出浓度为 2 μg/L,测定上限为 40 μg/L。

(二)镉的测定

镉(Cd)不是人体的必需元素。镉的毒性很大,可在人体内积蓄,主要积蓄在肾脏,引起泌尿系统功能的变化。镉是我国实施排放总量控制的指标之一。绝大多数淡水含镉量低于 1 μg/L,海水中镉的平均浓度为 0.15 μg/L。镉的主要污染源有电镀、采矿、冶炼、染料、电池和化学工业等排放的废水。

直接吸入火焰原子吸收分光光度法测定镉快速、干扰少,适合分析废水和受污染的水。萃取或离子交换浓缩火焰原子吸收分光光度法,适用于分析清洁水和地表水。石墨炉原子吸收分光光度法灵敏度高,但基体干扰比较复杂,适合分析清洁水。不具备原子吸收分光光度仪的单位,可选用双硫腙分光光度法、阳极溶出伏安法或示波极谱法。等离子发射光谱法是镉及多种元素同时测定的方法,简便、快速、干扰较少,适合于地表水和废水的测定。

1. 原子吸收分光光度法

原子吸收分光光度法是基于被测元素基态原子在蒸气状态对其原子共振辐射的吸收进行元素定量分析的方法。符合朗伯-比耳定律。原子吸收分析过程见图 1 - 3。

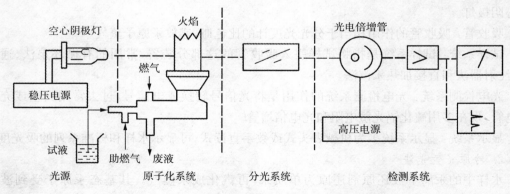

图 1 - 3 原子吸收分析过程示意图

直接吸入火焰原子吸收法是将水样或消解处理好的试样直接吸入火焰,火焰中形成的原子蒸气对光源发射的特征电磁辐射产生吸收。将测得的样品吸光度和标准溶液的吸光度进行比较,确定样品中被测元素的含量。本法适用于测定地下水、地表水和废水中镉、铅、铜和锌。适用范围 0.05~1 mg/L。适用浓度范围与仪器的特性有关。

萃取火焰原子吸收法是被测金属离子与吡咯烷二硫代氨基甲酸铵或碘化钾络合后,用甲基异丁基甲酮萃取后吸入火焰进行原子吸收分光光度测定。采用吡咯烷二硫代氨基甲酸铵-甲基异丁基甲酮萃取体系时,如果样品的化学需氧量超过 500 mg/L,可能影响萃取效率。含铁量低于 5 mg/L 时不干扰测定。当水样中的铁量较高时,采用碘化钾-甲基异丁基甲酮(KI-MIBK)萃取体系的效果更好。如果样品中存在的某类络合剂与被测金属离子形成络合物,比与吡咯烷二硫代氨基甲酸铵或碘化钾形成的络合物更稳定,则必须在测定前将其氧化分解。本法适用于地下水和清洁地表水。分析生活污水、工业废水和受污染的地表水时,样品需预先消解。适用范围 1~50 μg/L,适用浓度范围与仪器的特性有关。

石墨炉原子吸收法是将样品注入石墨管,用电加热方式使石墨炉升温,样品蒸发离解形成原子蒸气,对来自光源的特征电磁辐射产生吸收。将测得的样品吸光度和标准吸光度进行比较,确定样品中被测金属的含量。本法适用于地下水和清洁地表水。分析样品前要检查是否存在基体干扰并采取相应的校正措施。适用范围 0.1~2 μg/L,测定浓度范围与仪器的特性有关。

2. 阳极溶出伏安法

阳极溶出伏安法又称反向溶出伏安法,其基本过程分为两步:先将待测金属离子在比其峰电位更负一些的恒电位下,在工作电极上预电解一定时间使之富集。然后,将电位由负向正的方向扫描,使富集在电极上的物质氧化溶出,并记录其氧化波。根据溶出峰电位确定被测物质的成分,根据氧化波的高度确定被测物质的含量。其全过程可表示为:

$$M^{n+} + ne(+Hg) \underset{溶出}{\overset{富集}{\rightleftharpoons}} M(Hg) \tag{1-6}$$

电解还原是缓慢的富集,溶出是突然的释放,因而作为信号的法拉第电流大大增加,从而使方法的灵敏度大为提高。采用差分脉冲伏安法,可进一步消除干扰电流,提高方法的灵敏度。

Fe(Ⅲ)干扰测定,加入盐酸羟胺或抗坏血酸使其还原为 Fe(Ⅱ)以消除其干扰。氰化物亦干扰测定,可加酸消除,加酸应在通风橱中进行(因氰化物剧毒)。

适用于测定饮用水、地表水和地下水。方法的适用范围为 1~1 000 μg/L,在 300 s 的富集时间条件下,检测下限可达 0.5 μg/L。

3. 双硫腙分光光度法

在强碱性溶液中,镉离子与双硫腙生成红色螯合物,用三氯甲烷萃取分离后,于 518 nm 处测其吸光度,与标准溶液比较定量。适用于受镉污染的天然水和各种污水。

方法的最低检出浓度(取 100 mL 水样,20 mm 比色皿时)为 0.001 mg/L,测定上限为 0.06 mg/L。

应注意镁离子浓度达 20 mg/L 时,需多加酒石酸钾钠掩蔽;水样中含铅 20 mg/L、镁 30 mg/L、铜 40 mg/L、锰 4 mg/L、铁 4 mg/L 时,不干扰测定;水样中镉含量高于 10 μg 时取样量改为 25 mL 或 50 mL;双硫腙必须提纯,同时注意光线对有色螯合物的影响。

(三) 铅的测定

铅(Pb)是可在人体和动物组织中蓄积的有毒金属。铅的主要毒性效应是导致贫血症、神经机能失调和肾损伤。铅对水生生物的安全浓度为 0.16 mg/L。用含铅 0.1~4.4 mg/L 的水灌溉水稻和小麦时,作物中含铅量明显增加。世界范围内,淡水中含铅 0.06~

120 μg/L,中值为 3 μg/L;海水含铅 0.03～13 μg/L,中值为 0.03 μg/L。铅的主要污染源是蓄电池、冶炼、五金、机械、涂料和电镀工业等排放的废水。铅是我国实施排放总量控制的指标之一。

铅的测定方法主要有双硫腙比色法、原子吸收分光光度法、示波极谱法等。

双硫腙分光光度法是在 pH 为 8.5～9.5 的氨性柠檬酸盐-氰化物的还原性介质中,铅与双硫腙形成可被三氯甲烷(或四氯化碳)萃取的淡红色的双硫腙铅螯合物,有机相可于最大吸光波长 510 nm 处测量。

当使用 10 mm 比色皿、试样体积为 100 mL,用 10 mL 双硫腙-三氯甲烷溶液萃取时,铅的最低检出浓度可达 0.01 mg/L,测定上限为 0.3 mg/L。本方法适用于测定地表水和废水中痕量铅。

(四)铜的测定

铜(Cu)是人体必需的微量元素,成人每日的需要量估计为 20 mg。水中铜达 0.01 mg/L时,对水体自净有明显的抑制作用。铜对水生生物的毒性与其在水体中的形态有关,游离铜离子的毒性比络合态铜要大得多。在世界范围内,淡水平均含铜 3 μg/L,海水平均含铜0.25 μg/L。铜的主要污染源有电镀、冶炼、五金、石油化工和化学工业等企业排放的废水。

直接吸入火焰原子吸收分光光度法快速、干扰少,适合分析废水和受污染的水。分析清洁水可选用萃取或离子交换浓缩火焰原子吸收分光光度法,也可选用石墨炉原子吸收分光光度法。但后一种方法基体干扰比较复杂,要注意干扰的检验和校正。没有原子吸收分光光度计的单位可选用二乙氨基二硫代甲酸钠萃取光度法、新亚铜灵萃取光度法、阳极溶出伏安法或示波极谱法。等离子发射光谱法是简便、快速、干扰少、准确度高的新方法,但仪器比较昂贵。

1. 二乙氨基二硫代甲酸钠萃取光度法

在氨性溶液中(pH9～10),铜与二乙氨基二硫代甲酸钠作用,生成摩尔比为 1:2 的黄棕色络合物。该络合物可被四氯化碳或三氯甲烷萃取,其最大吸收波长为 440 nm。在测定条件下,有色络合物可稳定 1 h。

在测定条件下,二乙氨基二硫代甲酸钠也能与铁、锰、镍、钴和铋等离子生成有色络合物,干扰铜的测定,除铋外均可用 EDTA 和柠檬铵掩蔽消除。

本方法的测定范围为 0.02～0.60 mg/L,最低检出浓度为 0.01 mg/L,经适当稀释测定上限可达 2.0 mg/L。已用于地表水、各种工业废水中铜的测定。

2. 新亚铜灵萃取分光光度法

用盐酸羟胺将水样中的二价铜离子还原为亚铜离子,在中性或微酸性溶液中,亚铜离子与新亚铜灵(2,9-二甲基-1,10-菲啰啉)反应生成物质的量比为 1:2 的黄色配合物,用三氯甲烷-甲醇混合溶剂萃取,于 457 nm 波长处测定吸光度,求出水样中铜含量。在测定条件下,黄色配合物的颜色可稳定数日。适用于地表水、生活污水和工业废水。

本方法的最低检出浓度(用 10 mm 比色皿)为 0.06 mg/L,测定上限为 3 mg/L。

(五)锌的测定

锌(Zn)是人体必不可少的有益元素。碱性水中锌的浓度超过 5 mg/L 时,水有苦涩味,并出现乳白色。水中含锌 1 mg/L 时,对水体的生物氧化过程有轻微抑制作用。锌的主要污染源是电镀、冶金、颜料及化工等部门排放的废水。

直接吸入火焰原子吸收分光光度法测定锌,具有较高的灵敏度,干扰少,适合测定各类水中的锌。不具备原子吸收光谱仪的单位,可选用双硫腙比色法、阳极溶出伏安法或示波极谱法。对污水中高含量的锌,为了避免高倍稀释引入的误差,可选用双硫腙法。高盐度的废水或海水中微量锌的测定可选用阳极溶出伏安法或示波极谱法,这两种方法抗干扰能力较强。

锌是极易受沾污的元素之一,采样瓶必须用酸荡洗,采样时须做现场空白。地表水可酸化至 pH <2 保存,污水应加入酸,使酸度达到约 1%。

双硫腙分光光度法是在在 pH 为 4.0~5.5 的乙酸盐缓冲介质中,锌离子与双硫腙形成红色螯合物,该螯合物可被四氯化碳(或三氯甲烷)定量萃取,以混色法完成测定。用四氯化碳萃取,锌-双硫腙螯合物的最大吸收波长为 535 nm。

在本法规定的实验条件下,天然水中正常存在的金属离子不干扰测定。水中存在少量铋、镉、钴、铜、金、铅、汞、镍、钯、银和亚锡等金属离子时,对本法均有干扰,但可用硫代硫酸钠掩蔽剂和控制溶液的 pH 值消除这些干扰。三价铁、余氯和其他氧化剂会使双硫腙变成棕黄色。由于锌普遍存在于环境中,而锌与双硫腙反应又非常灵敏,因此需要采取特殊措施防止污染。

当使用 20 mm 比色皿,试样体积为 100 mL 时,锌的最低检出浓度为 0.005 mg/L。本法适用于测定天然水和轻度污染的地表水中的锌。

任务四　氨氮的测定

学习目标

1. 掌握氨氮测定的方法；
2. 掌握氨氮测定时水样预处理的方法；
3. 进一步熟练分光光度计的使用；
4. 熟练掌握校准曲线的绘制和数据处理；
5. 了解 pH 值、酸度、溶解氧、硫化物、氟化物、氰化物的测定方法。

任务分析

　　氨氮的测定方法，通常有纳氏比色法、气相分子吸收法、苯酚-次氯酸盐（或水杨酸-次氯酸盐）比色法和电极法等。纳氏试剂比色法具操作简便、灵敏等特点，水中钙、镁和铁等金属离子、硫化物、醛和酮类、颜色，以及混浊等均干扰测定，需作相应的顶处理。苯酚-次氯酸盐比色法具有灵敏、稳定等优点，干扰情况和消除方法同纳氏试剂比色法。电极法具有通常不需要对水样进行预处理和测量范围宽等优点，但电极的寿命和再现性尚存在一些问题。气相分子吸收法比较简单，使用专用仪器或原子吸收仪都可达到良好的效果。氨氮含量较高时，可采用蒸馏-酸滴定法。本次任务采用纳氏试剂分光光度法。

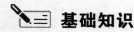 基础知识

氨氮的测定

　　含氮化合物包括无机氮和有机氮。生活污水和工业废水中大量含氮化合物进入水体，氮的自然平衡遭到破坏，水质恶化，是产生水体富营养化的主要原因。有机氮在微生物作用下，逐渐分解变成无机氮，以氨氮、亚硝酸盐氮形式存在，因此测定水样中各种形态的含氮化合物，有助于评价水体被污染和自净的情况。

（一）氨氮

　　氨氮（NH_3-N）以游离氨（NH_3）或铵盐（NH_4^+）形式存在于水中，两者的组成比取决于水的 pH 值和水温。当 pH 值偏高时，游离氨的比例较高。反之，则铵盐的比例高，水温则相反。

　　水中氨氮的来源主要为生活污水中含氮有机物受微生物作用的分解产物，某些工业废水，如焦化废水和合成氨化肥厂废水等，以及农田排水。此外，在无氧环境中，水中存在的亚

硝酸盐亦可受微生物作用,还原为氨。在有氧环境中,水中氨亦可转变为亚硝酸盐,甚至继续转变为硝酸盐。测定水中各种形态的氮化合物,有助于评价水体被污染和"自净"状况。鱼类对水中氨氮比较敏感,当氨氮含量高时会导致鱼类死亡。

1. 水样的预处理

水样带色或浑浊以及含其他一些干扰物质,影响氨氮的测定。为此,在分析时需作适当的预处理。对较清洁的水,可采用絮凝沉淀法;对污染严重的水或工业废水,则用蒸馏法消除干扰。

(1)絮凝沉淀法　加适量的硫酸锌于水样中,并加氢氧化钠使呈碱性,生成氢氧化锌沉淀,再经过滤除去颜色和浑浊等。

(2)蒸馏法　调节水样的 pH 使在 6.0～7.4 的范围,加入适量氧化镁使呈微碱性,蒸馏释放出的氨被吸收于硫酸或硼酸溶液中。采用纳氏比色法或酸滴定法时,以硼酸溶液为吸收液;采用水杨酸-次氯酸盐比色法时,则以硫酸溶液作吸收液。

2. 纳氏试剂光度法

碘化汞和碘化钾的碱性溶液与氨反应生成淡红棕色胶态化合物,此颜色在较宽的波长内具有强烈吸收。通常测量用波长在 410～425 nm 范围。

脂肪胺、芳香胺、醛类、丙酮、醇类和有机氯胺类等有机化合物,以及铁、锰、镁和硫等无机离子,因产生异色或浑浊而引起干扰。水中颜色和浑浊亦影响比色。为此,须经絮凝沉淀过滤或蒸馏预处理,易挥发的还原性干扰物质,还可在酸性条件下加热以除去。对金属离子的干扰,可加入适量的掩蔽剂加以消除。

本法最低检出浓度为 0.025 mg/L(光度法),测定上限为 2 mg/L。采用目视比色法,最低检出浓度为 0.02 mg/L。水样作适当的预处理后,可适用于地表水、地下水、工业废水和生活污水中氨氮的测定。

3. 滴定法

滴定法仅适用于已进行蒸馏预处理的水样。调节水样至 pH6.0～7.4 范围,加入氧化镁使呈微碱性。加热蒸馏,释出的氨被硼酸溶液吸收,以甲基红-亚甲蓝为指示剂,用酸标准溶液滴定馏出液中的铵。当水样中含有在此条件下可被蒸馏出并在滴定时能与酸反应的物质,如挥发性胺类等,则将使测定结果偏高。

4. 水杨酸-次氯酸盐光度法

在亚硝基铁氰化钠存在下,铵与水杨酸盐和次氯酸离子反应生成蓝色化合物,在波长 697 nm 具最大吸收。氯铵在此条件下均被定量地测定。钙、镁等阳离子的干扰,可加酒石酸钾钠掩蔽。本法最低检出浓度为 0.01 mg/L,测定上限为 1 mg/L。适用于饮用水、生活污水和大部分工业废水中氨氮的测定。

5. 电极法

氨气敏电极是一种复合电极。它以平板型 pH 玻璃电极为指示电极,银-氯化银电极为参比电极。将此电极对置于盛有 0.1 mol/L 氯化铵内充液的塑料套管中,在管端 pH 电极敏感膜处紧贴一疏水半渗透薄膜(如聚四氟乙烯薄膜),使内充液与外部被测液隔开,并在 pH 电极敏感膜与半透膜间形成一层很薄的液膜。当将其插入 pH 值已调至 11 的水样时,则生成的氨将扩散通过半透膜(水和其他离子不能通过),使氯化铵电解质液膜层内 $NH_4^+ \rightleftharpoons NH_3 + H^+$ 的反应向左移动,引起氢离子浓度的变化,由 pH 玻璃电极测定此变化。在恒定的离子强度下,测得的电动势与水样中氨浓度的对数呈线性关系。因此,用高阻抗输入的晶体管毫伏计或 pH 计测其电位值便可确定水样中氨氮的浓度。如果使用专用离子活度计,经用氨氮标准溶液校准后,可直接指示测定结果。

该方法不受水样色度和浊度的影响,水样不必进行预蒸馏;最低检出浓度为 0.03 mg/L,测定上限可达 1 400 mg/L。

6. 气相分子吸收光谱法

水样中加入次溴酸钠氧化剂,将氨及铵盐氧化成亚硝酸盐。然后按亚硝酸盐氮的气相分子吸收光谱法测定水样中氨氮的含量。由于本法是将氨和铵盐氧化成亚硝酸盐进行测定的,故水样中所含亚硝酸盐,应事先测定出结果进行扣除。另外次溴酸钠氧化能力极强,水中有机胺也将全部或部分被氧化成亚硝酸盐,故水样含有机胺时,应根据需要进行蒸馏予以分离。本法最低检出浓度为 0.005 mg/L,测定上限为 100 mg/L。可用于地表水、地下水、海水等样品的测定。

(二) 亚硝酸盐氮

亚硝酸盐是氮循环的中间产物,不稳定。根据水环境条件,可被氧化成硝酸盐,也可被还原成氨。亚硝酸盐可使人体正常的血红蛋白(低铁血红蛋白)氧化成为高铁血红蛋白,发生高铁血红蛋白症,失去血红蛋白在体内输送氧的能力,出现组织缺氧的症状。亚硝酸盐可与仲胺类反应生成具致癌性的亚硝胺类物质,在 pH 值较低的酸性条件下,有利于亚硝胺类的形成。

水中亚硝酸盐的测定方法通常采用重氮-偶联反应,使生成红紫色染料。方法灵敏、选择性强。所用重氮和偶联试剂种类较多,最常用的,前者为对氨基苯磺酰胺和对氨基苯磺酸,后者为 N-(1-萘基)-乙二胺和 α-萘胺。此外,还有目前国内外普遍使用的离子色谱法和新开发的气相分子吸收法。这两种方法虽然需使用专用仪器,但方法简便、快速、干扰较少。

亚硝酸盐在水中可受微生物等作用而很不稳定,在采集后应尽快进行分析,必要时冷藏以抑制微生物的影响。

1. 离子色谱法

离子色谱法(IC)是利用离子交换原理,连续对共存多种阴离子或阳离子进行分离、定性和定量的方法,其分析系统由输液泵、进样阀、分离柱、抑制柱和电导检测装置等组成(见图 1-4)。分析阳离子时,分离柱为低容量的阳离子交换树脂,用盐酸溶液作淋洗液。注入样品溶液后,被测离子随淋洗液进入分离柱,基于各种阳离子对低容量阳离子交换树脂的亲和力不同而彼此分开,在不同时间内随盐酸淋洗液进入抑制柱,在此盐酸被强碱性树脂中和,变成低电导的去离子水,使待测阴离子得以依次进入电导池被测定。分析阴离子时,分离柱用低容量的阴离子交换树脂,抑制柱用强酸性阳离子交换树脂,淋洗液用氢氧化钠溶液或碳酸钠与碳酸氢钠的混合溶液。淋洗液载带试液在分离柱中将待测阴离子分离后,进入抑制柱被中和或抑制变成低电导的去离子水或碳酸,使待测阴离子得以依次进入电导池被测定。

用离子色谱法测定水样中 F^-、Cl^-、NO_2^-、PO_4^{3-}、Br^-、NO_3^-、SO_4^{2-} 的色谱图示于图 1-5。在此,分离柱选用 $R-N^+ HCO_3^-$ 型阴离子交换树脂,抑制柱选用 RSO_3H 型阳离子交换树脂。

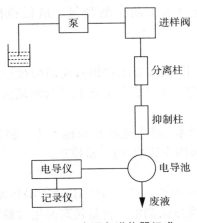

图 1-4 离子色谱仪器组成

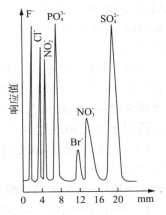

图 1-5 离子色谱图

2. N-(1-萘基)-乙二胺光度法

在磷酸介质中,pH 值为 1.8 ± 0.3 时,亚硝酸盐与对一氨基苯磺酰胺反应,生成重氮盐,再与 N-(1-萘基)-乙二胺偶联生成红色染料。在 540 nm 波长处有最大吸收。氯胺、氯、硫代硫酸盐、聚磷酸钠和高铁离子有明显干扰。水样呈碱性($pH \geqslant 11$)时,可加酚酞溶液为指示剂,滴加磷酸溶液至红色消失。水样有颜色或悬浮物,可加氢氧化铝悬浮液并过滤。

本法适用于饮用水、地表水、地下水、生活污水和工业废水中亚硝酸盐的测定。最低检出浓度为 0.003 mg/L;测定上限为 0.20 mg/L 亚硝酸盐氮。

(三) 硝酸盐氮

硝酸盐是在有氧环境中最稳定的含氮化合物,也是含氮有机化合物经无机化作用最终阶段的分解产物。清洁的地面水硝酸盐氮($NO_3^- $-N)含量较低,受污染水体和一些深层地下水中($NO_3^- $-N)含量较高。制革、酸洗废水,某些生化处理设施的出水及农田排水中常含大量硝酸盐。人体摄入硝酸盐后,经肠道中微生物作用转变成亚硝酸盐而呈现毒性作用。

水中硝酸盐的测定方法有酚二磺酸分光光度法、镉柱还原法、戴氏合金还原法、离子色谱法、紫外分光光度法和离子选择电极法等。

酚二磺酸法测量范围较宽,显色稳定。镉柱还原法适用于测定水中低含量的硝酸盐。戴氏合金还原法对严重污染并带深色的水样最为适用。离子色谱法需有专用仪器,但可同时和其他阴离子联合测定。紫外法和电极法常作为在线快速方法使用,尤其是将电极法改为流通池后可保证电极性能良好,不易受检测水体的沾污和损坏。目前的自动在线监测仪多使用紫外法或电极法。由于镉柱还原法和戴氏合金法操作复杂,这里暂不作推荐。

水样采集后应及时进行测定。必要时,应加硫酸使 pH<2,保存在 4 ℃以下,在 24 h 内进行测定。

1. 酚二磺酸光度法

硝酸盐在无水情况下与酚二磺酸反应,生成硝基二磺酸酚,在碱性溶液中生成黄色化合物,进行定量测定。

水中含氯化物、亚硝酸盐、铵盐、有机物和碳酸盐时,可产生干扰。含此类物质时,应作适当的预处理。

本法适用于测定饮用水、地下水和清洁地表水中的硝酸盐氮。最低检出浓度为 0.02 mg/L；测定上限为 2.0 mg/L。

2. 镉柱还原法

在一定条件下，将水样通过镉还原柱（铜-镉、汞-镉或海绵状镉），使硝酸盐还原为亚硝酸盐，然后以 N-(1-萘基)-乙二胺分光光度法测定。由测得的总亚硝酸盐氮减去不经还原水样所含亚硝酸盐氮即为硝酸盐氮含量。

该方法适用于测定硝酸盐氮含量较低的饮用水、清洁地面水和地下水。测定范围为 0.01~0.4 mg/L。但应注意，镉柱的还原效果受多因素影响，应经常校正。

3. 戴氏合金法

在热碱性介质中，水样中的硝酸盐被戴氏合金（含 50%Cu、45%Al、5%Zn）还原为氨，经蒸馏，馏出液以硼酸溶液吸收后，用纳氏试剂分光光度法测定。含量较高时用酸碱滴定法测定。水样中含氨及铵盐、亚硝酸盐干扰测定。氨及铵盐可在加戴氏合金前，于碱性介质中先蒸出；亚硝酸盐可在酸性条件下加入氨基磺酸，使之反应除去。

该方法操作较繁琐，适用于测定硝酸盐氮大于 2 mg/L 的水样。其最大优点是可以测定带深色的严重污染的水及含大量有机物或无机盐的废水中的硝酸盐氮。

4. 紫外分光光度法

方法原理基于：硝酸根离子对 220 nm 波长光有特征吸收，与其标准溶液对该波长光的吸收程度比较定量。因为溶解性有机物在 220 nm 处也有吸收，故根据实践，一般引入一个经验校正值。该校正值为在 275 nm 处（硝酸根离子在此没有吸收）测得吸光度的二倍。在 220 nm 处的吸光度减去经验校正值即为净硝酸根离子的吸光度。这种经验校正值大小与有机物的性质和浓度有关，不宜分析对有机物吸光度需作准确校正的样品。

该方法适用于清洁地表水和未受明显污染的地下水中硝酸盐氮的测定。其最低检出浓度为 0.08 mg/L；测定上限为 4 mg/L。方法简便、快速，但对含有机物、表面活性剂、亚硝酸盐、六价铬、溴化物、碳酸氢盐和碳酸盐的水样，需进行预处理。如用氢氧化铝絮凝共沉淀和大孔中性吸附树脂可除去浊度、高价铁、六价铬和大部分常见有机物。

（四）凯氏氮

凯氏氮是指以凯氏法测得的含氮量。它包括氨氮和在此条件下能转化为铵盐而被测定的有机氮化合物。此类有机氮化合物主要有蛋白质、氨基酸、肽、胨、核酸、尿素以及合成的氮为负三价形态的有机氮化合物，但不包括叠氮化合物、硝基化合物等。由于一般水中存在的有机氮化合物多为前者，故可用凯氏氮与氨氮的差值表示有机氮含量。测定凯氏氮或有机氮，主要是为了了解水体受污染状况，尤其是在评价湖泊和水库的富营养化时，是一个有意义的指标。

凯氏氮的测定要点是取适量水样于凯氏烧瓶中，加入浓硫酸和催化剂(K_2SO_4)，加热消解，将有机氮转变成氨氮，然后在碱性介质中蒸馏出氨，用硼酸溶液吸收，以分光光度法或滴定法测定氨氮含量，即为水样中的凯氏氮。

（五）总氮

水体总氮含量也是衡量水质的重要指标之一。其测定方法，一般采用分别测定有机氮和无机氮化合物(氨氮、亚硝酸盐氮和硝酸盐氮)后进行加和的方法。也可以用过硫酸钾氧化-紫外分光光度法测定。该方法的原理是在水样中加入碱性过硫酸钾溶液,于过热水蒸气中将大部分有机氮化合物及氨氮、亚硝酸盐氧化成硝酸盐,用前面介绍的紫外分光光度法测定硝酸盐氮含量,即为总氮含量。

工作步骤

1. 水样预处理

取 250 mL 水样(如氨氮含量较高,可取适量并加水至 250 mL,使氨氮含量不超过 2.5 mg),移入凯氏烧瓶中,加数滴溴百里酚蓝指示液,用氢氧化钠溶液或盐酸溶液调节至 pH7 左右。加入 0.25 g 轻质氧化镁和数粒玻璃珠,立即连接氮球和冷凝管,导管下端插入吸收液液面下。加热蒸馏,至馏出液达 200 mL 时,停止蒸馏。定容至 250 mL。

采用酸滴定法或纳氏比色法时,以 50 mL 硼酸溶液为吸收液;采用水杨酸-次氯酸盐比色法时,改用 50 mL 0.01 mol/L 硫酸溶液为吸收液。

2. 标准曲线的绘制

吸取 0 mL、0.50 mL、1.00 mL、3.00 mL、5.00 mL、7.00 mL 和 10.0 mL 铵标准使用液于 50 mL 比色管中,加水至标线,加 1.0 mL 酒石酸钾钠溶液,混匀。加 1.5 mL 纳氏试剂,混匀。放置 10 min 后,在波长 420 nm 处,用光程 20 mm 比色皿,以水为参比,测定吸光度。

由测得的吸光度,减去零浓度空白管的吸光度后,得到校正吸光度,绘制以氨氮含量 (mg)对校正吸光度的标准曲线。

3. 水样的测定

(1) 分取适量经絮凝沉淀预处理后的水样(使氨氮含量不超过 0.1 mg),加入 50 mL 比色管中,稀释至标线,加 0.1 mL 酒石酸钾钠溶液。

(2) 分取适量经蒸馏预处理后的馏出液,加入 50 mL 比色管中,加一定量 1 mol/L 氢氧化钠溶液以中和硼酸,稀释至标线。加 1.5 mL 纳氏试剂,混匀。放置 10 min 后,同标准曲线步骤测量吸光度。

4. 空白试验

以无氨水代替水样,作全程序空白测定。

5. 计算

由水样测得的吸光度减去空白试验的吸光度后,从标准曲线上查得氨氮含量(mg)。

$$氨氮(N, mg/L) = \frac{m}{V} \times 1\,000 \tag{1-7}$$

式中　m——由校准曲线查得的氨氮量,mg;

　　　V——水样体积,mL。

- **注意事项**

1. 纳氏试剂中碘化汞与碘化钾的比例,对显色反应的灵敏度有较大影响。静置后生成的沉淀应除去。

2. 滤纸中常含痕量铵盐,使用时注意用无氨水洗涤。所用玻璃器皿应避免实验室空气中氨的沾污。

知识拓展

非金属无机物的监测

(一) pH 值

pH 值是溶液中氢离子活度的负对数，即 $pH = -\lg a_{H^+}$，pH 值是最常用的水质指标之一。天然水的 pH 值多在 6～9 之间；饮用水 pH 值要求在 6.5～8.5 之间；某些工业用水的 pH 值必须保持在 7.0～8.5 之间，以防止金属设备和管道被腐蚀。此外，pH 值在废水生化处理、评价有毒物质的毒性等方面也具有指导意义。pH 值和酸度、碱度既有联系又有区别。pH 值表示水的酸碱性的强弱，而酸度或碱度是水中所含酸或碱物质的含量。同样酸度的溶液，如 0.1 mol 盐酸和 0.1 mol 乙酸，二者的酸度都是 100 mmol/L，但其 pH 值却大不相同。盐酸是强酸，在水中几乎 100% 电离，pH 为 1；而乙酸是弱酸，在水中的电离度只有 1.3%，其 pH 为 2.9。

测定水的 pH 值的方法有玻璃电极法和比色法。

1. 玻璃电极法

以玻璃电极为指示电极，饱和甘汞电极为参比电极组成电池。在 25 ℃理想条件下，氢离子活度变化 10 倍，使电动势偏移 59.16 mV，根据电动势的变化测量出 pH 值。许多 pH 计上有温度补偿装置，用以校正温度对电极的影响，用于常规水样监测可准确和再现至 0.1 pH 单位。较精密的仪器可准确到 0.01pH。为了提高测定的准确度，校准仪器时选取的标准缓冲溶液的 pH 位应与水样的 pH 值接近。

2. 比色法

比色法基于各种酸碱指示剂在不同 pH 的水溶液中显示不同的颜色，而每种指示剂都有一定的变色范围。将系列已知 pH 值的缓冲溶液加入适当的指示剂制成标准色液并封装在小安瓿瓶内，测定时取与缓冲溶液同量的水样，加入与标准系列相同的指示剂，然后进行比较，以确定水样的 pH 值。

该方法不适用于有色、浑浊或含较高游离氯、氧化剂、还原剂的水样。如果粗略地测定水样 pH 值，可使用 pH 试纸。

(二) 酸度

酸度是指水中所含能与强碱发生中和作用的物质的总量。这类物质包括无机酸、有机酸、强酸弱碱盐等。

地面水中，由于溶入二氧化碳或被机械、选矿、电镀、农药、印染、化工等行业排放的含酸废水污染，使水体 pH 值降低，破坏了水生生物和农作物的正常生活及生长条件，造成鱼类死亡，作物受害。所以，酸度是衡量水体水质的一项重要指标。

测定酸度的方法有酸碱指示剂滴定法和电位滴定法。

1. 酸碱指示剂滴定法

用标准氢氧化钠溶液滴定水样至一定 pH 值，根据其所消耗的量计算酸度。随所用指示剂不同,通常分为两种酸度:一是用酚酞作指示剂(其变色 pH 为 8.3)测得的酸度称为总酸度(酚酞酸度),包括强酸和弱酸;二是用甲基橙作指示剂(变色 pH 约 3.7)测得的酸度称强酸酸度或甲基橙酸度。酸度的单位在《水和废水监测分析方法》中规定用 $CaCO_3 mg/L$ 表示。

2. 电位滴定法

以 pH 玻璃电极为指示电极,甘汞电极为参比电极,与被测水样组成原电池并接入 pH 计,用氢氧化钠标准溶液滴定至 pH 计指示 4.5 和 8.3,据其相应消耗的氢氧化钠溶液量分别计算两种酸度。

本方法适用于各种水体酸度的测定,不受水样有色、浑浊的限制。测定时应注意温度、搅拌状态、响应时间等因素的影响。

(三) 氰化物

氰化物包括简单氰化物、络合氰化物和有机氰化物(腈)。简单氰化物易溶于水、毒性大;络合氰化物在水体中受 pH 值、水温和光照等影响离解为毒性强的简单氰化物。氰化物进入人体后,主要与高铁细胞色素氧化酶结合,生成氰化高铁细胞色素氧化酶而失去传递氧的作用,引起组织缺氧窒息。

地面水一般不含氰化物,其主要污染源是电镀、焦化、造气、选矿、洗印、石油化工、有机玻璃制造、农药等工业废水。

水中氰化物的测定方法通常有硝酸银滴定法、异烟酸-吡唑啉酮光度法,吡啶-巴比妥酸光度法和电极法。滴定法适用于含高浓度的水样,电极法具有较大的测定范围,但由于电极本身的不稳定性,目前较少使用。由于吡啶本身的恶臭气味对人的神经系统产生影响,目前也使用较少。异烟酸-巴比妥酸分光光度法灵敏度高,是易于推广应用的方法。

测定之前,通常先将水样在酸性介质中进行蒸馏,把能形成氰化氢的氰化物(全部简单氰化物和部分络合氰化物)蒸出,使之与干扰组分分离。常用的蒸馏方法有以下两种:

(1) 向水样中加入酒石酸和硝酸锌,调节 pH 值为 4,加热蒸馏,则简单氰化物及部分络合氰化物,如 $Zn(CN)_4^{2-}$,以氰化氢形式被蒸馏出来,用氢氧化钠溶液吸收。取此蒸馏液测得的氰化物为易释放的氰化物。

(2) 向水样中加入磷酸和 EDTA,在 pH<2 的条件下加热蒸馏,此时可将全部简单氰化物和除钴氰络合物外的绝大部分络合氰化物以氰化氢的形式蒸馏出来,用氢氧化钠溶液吸收。取该蒸馏液测得的结果为总氰化物。

1. 容量滴定法

经蒸馏得到的碱性馏出液,用硝酸银标准溶液滴定,氰离子与硝酸银作用形成可溶性的银氰络合离子,过量的银离子与试银灵指示液反应,溶液由黄色变为橙红色,即为终点。

当水样中氰化物含量在 1 mg/L 以上时,可用硝酸银滴定法进行测定。检测上限为 100 mg/L。本方法适用于受污染的地表水、生活污水和工业废水。

2. 异烟酸-吡唑啉酮分光光度法

在中性条件下,样品中的氰化物与氯胺 T 反应生成氯化氰,再与异烟酸作用,经水解后生成戊烯二醛,最后与吡唑啉酮缩合生成蓝色染料。其色度与氰化物的含量成正比,在 638 nm 波长进行光度测定。

异烟酸-吡唑啉酮光度法,最低检出浓度为 0.004 mg/L;测定上限为 0.25 mg/L。本方法适用于饮用水、地表水、生活污水和工业废水中氰化物的测定。

3. 吡啶-巴比妥酸分光光度法

取一定量蒸馏馏出液,调节 pH 为中性,氰离子与氯胺 T 反应生成氯化氰,氯化氰与吡啶反应生成戊烯二醛,戊烯二醛再与巴比妥酸发生缩合反应,生成红紫色染料,于 580 nm 波长处比色定量。

本方法最低检测浓度为 0.002 mg/L;检测上限为 0.45 mg/L。

(四) 氟化物

氟是人体必需的微量元素之一,缺氟易患龋齿病。饮用水中含氟的适宜浓度为 0.5~1.0 mg/L。当长期饮用含氟量高于 1.5 mg/L 的水时,则易患斑齿病。如水中含氟高于 4 mg/L 时,则可导致氟骨病。

氟化物广泛存在于天然水中。有色冶金、钢铁和铝加工、玻璃、磷肥、电镀、陶瓷、农药等行业排放的废水和含氟矿物废水是氟化物的人为污染源。

测定水中氟化物的主要方法有:氟离子选择电极法、氟试剂分光光度法、茜素磺酸锆目视比色法、离子色谱法和硝酸钍滴定法。以前两种方法应用最为广泛。对于污染严重的生活污水和工业废水,以及含氟硼酸盐的水均要进行预蒸馏。清洁的地面水、地下水可直接取样测定。

1. 水样的预蒸馏

(1) 水蒸气蒸馏法 水中氟化物在含高氯酸(或硫酸)的溶液中,通入水蒸气,氟化物以氟硅酸或氢氟酸形式而被蒸出。

(2) 直接蒸馏法 在沸点较高的酸溶液中,氟化物以氟硅酸或氢氟酸被蒸出,使与水中干扰物分离。

2. 氟离子选择电极法

氟离子选择电极是一种以氟化镧单晶片为敏感膜的传感器。当氟离子电极与含氟的试液接触时,与参比电极构成的电池的电动势随溶液中氟离子活度的变化而改变。用晶体管毫伏计或电位计测量上述原电池的电动势,并与用氟离子标准溶液测得的电动势相比较,即可求得水样中氟化物的浓度。

氟离子选择电极法测氟化物的最低检出浓度为 0.05 mg/L,测定上限为 1 900 mg/L。适用于测定地下水、地面水和工业废水中的氟化物。

3. 氟试剂分光光度法

氟试剂即茜素络合剂(ALC),化学名称为 1,2-二羟基蒽醌-3-甲胺-N,N-二乙酸。在 pH 为 4.1 的乙酸盐缓冲介质中,它与氟离子和硝酸镧反应,生成蓝色的三元络合物,颜色深度与氟离子浓度成正比,于 620 nm 波长处比色定量。

该方法最低检出浓度为 0.05 mg/L(F$^-$);测定上限为 1.80 mg/L。如果用含有有机胺的醇溶液萃取后测定,检测浓度可低至 5 g/L。适用于地面水、地下水和工业废水中氟化物的测定。

4. 茜素磺酸锆目视比色法

在酸性介质中,茜素磺酸钠与锆盐生成红色络合物,当有氟离子存在时,能夺取络合物中的锆离子,生成无色的氟化锆络离子$(ZrF_6)^{2-}$,释放出黄色的茜素磺酸钠,根据溶液由红退至黄色的程度不同,与标准色列比较定量。

5. 硝酸钍滴定法

在以氯乙酸为缓冲剂,pH 为 3.2~3.5 的酸性介质中,以茜素磺酸钠和亚甲蓝作指示剂,用硝酸钍标准溶液滴定氟,当溶液由翠绿色变为灰蓝色,即为终点。根据硝酸钍标准溶液的用量即可算出氟离子的浓度。本法适用于含氟量大于 50 mg/L 的废水中氟化物的测定。

(五) 硫化物

地下水(特别是温泉水)及生活污水常含有硫化物,其中一部分是在厌氧条件下,由于微生物的作用,使硫酸盐还原或含硫有机物分解而产生的。焦化、造气、选矿、造纸、印染、制革等工业废水中亦含有硫化物。水中硫化物包括溶解性的 H_2S、HS^- 和 S^{2-},酸溶性的金属硫化物,以及不溶性的硫化物和有机硫化物。通常所测定的硫化物系指溶解性的及酸溶性的硫化物。硫化氢毒性很大,可危害细胞色素、氧化酶,造成细胞组织缺氧,甚至危及生命;它还腐蚀金属设备和管道,并可被微生物氧化成硫酸,加剧腐蚀性,因此,是水体污染的重要指标。

测定水中硫化物的方法有对氨基二甲基苯胺分光光度法、碘量法、电位滴定法、离子色谱法、极谱法、库仑滴定法、比浊法等,以前三种方法应用较广泛。

水样有色,含悬浮物、某些还原性物质(如亚硫酸盐、硫代硫酸钠等)及溶解的有机物均对碘量法或光度法测定有干扰,需进行预处理。常用的预处理方法有乙酸锌沉淀-过滤法、酸化-吹气法或过滤-酸化-吹气法,视水样具体状况选择。

1. 水样的预处理

(1) 乙酸锌沉淀-过滤法 当水样中只含有少量硫代硫酸盐、亚硫酸盐等干扰物质时,可将现场采集并已固定的水样,用中速定量滤纸或玻璃纤维滤膜进行过滤,然后按含量高低选择适当方法,直接测定沉淀中的硫化物。

(2) 酸化-吹气法 若水样中存在悬浮物或浑浊度高、色度深时,可将现场采集固定后的水样加入一定量的磷酸,使水样中的硫化锌转变为硫化氢气体。利用载气将硫化氢吹出,用乙酸锌-乙酸钠溶液或 2%氢氧化钠溶液吸收,再行测定。

(3) 过滤-酸化-吹气分离法 若水样污染严重,不仅含有不溶性物质及影响测定的还原性物质,并且浊度和色度都高时,宜用此法。即将现场采集且固定的水样,用中速定量滤纸或玻璃纤维滤膜过滤后,按酸化吹气法进行预处理。

预处理操作是测定硫化物的一个关键性步骤。应注意既消除干扰物的影响,又不致造成硫化物的损失。

2. 对氨基二甲基苯胺分光光度法

在含高铁离子的酸性溶液中,硫离子与对氨基二甲基苯胺反应,生成蓝色的亚甲蓝染料,颜色深度与水样中硫离子浓度成正比,于 665 nm 波长处比色定量。该方法最低检出浓度为 0.02 mg/L(S^{2-});测定上限为 0.8 mg/L。

3. 碘量法

适用于测定硫化物含量大于 1 mg/L 的水样。其原理基于水样中的硫化物与乙酸锌生成白色硫化锌沉淀,将其用酸溶解后,加入过量碘溶液,则碘与硫化物反应析出硫,用硫代硫酸钠标准溶液滴定剩余的碘,根据硫代硫酸钠溶液消耗量,间接计算硫化物的含量。反应式如下:

$$Zn^{2+} + S^{2-} \longrightarrow ZnS \downarrow （白色）$$

$$ZnS + 2HCl \longrightarrow H_2S + ZnCl_2$$

$$H_2S + I_2 \longrightarrow 2HI + S \downarrow$$

$$I_2 + 2Na_2S_2O_3 \longrightarrow Na_2S_4O_6 + 2NaI$$

测定结果按式(1-8)计算:

$$硫化物（S^{2-}, mg/L） = \frac{(V_0 - V_1)c \times 16.03 \times 1\,000}{V} \tag{1-8}$$

式中 V_0——空白试验硫代硫酸钠标准溶液用量,mL;

V_1——滴定水样消耗硫代硫酸钠标准溶液量,mL;

V——水样体积,mL;

c——硫代硫酸钠标准溶液浓度,mol/L。

4. 电位滴定法

以硫离子选择电极作指示电极,双盐桥饱和甘汞电极作参比电极,与被测水样组成原电池。用硝酸铅标准溶液滴定硫离子,生成硫化铅沉淀 $Pb^{2+} + S^{2-} = PbS \downarrow$。用晶体管毫伏计或酸度计测量原电池电动势的变化,根据滴定终点电位突跃,求出硝酸铅标准溶液用量(用一阶微分或二阶微分法),即可计算出水样中硫离子的含量。

该方法不受色度、浊度的影响。但硫离子易被氧化,常加入抗氧缓冲溶液(SAOB)予以保护。SAOB 溶液中含有水杨酸和抗坏血酸。水杨酸能与 Fe^{3+}、Fe^{2+}、Cu^{2+}、Cd^{2+}、Zn^{2+}、Cr^{3+} 等多种金属离子生成稳定的络合物;抗坏血酸能还原 Ag^+、Hg^{2+} 等,消除它们的干扰。该方法适宜测定硫离子浓度范围 $10^{-3} \sim 10^{-1}$ mol/L;最低检出浓度为 0.2 mg/L。

任务五　生化需氧量的测定

学习目标

1. 学习水样稀释的方法,熟悉水样培养的步骤和要求;
2. 学会溶解氧的测定;
3. 掌握生化需氧量 BOD_5 的测定原理和方法;
4. 了解高锰酸盐指数、总有机碳(TOC)、总需氧量(TOD)、挥发酚类的测定方法。

任务分析

　　BOD 能相对表示微生物可分解的有机物量,比较客观地反映水体自净状况和利于废水处理的实际利用。需经稀释水样的测定、水样培养,是本次任务的重点内容,必须掌握。玻璃器皿应彻底洗净,先用洗涤剂浸泡清洗,然后用稀 HCl 浸泡,最后依次用自来水、蒸馏水洗净。稀释水样进行搅拌时,应防止产生气泡。水样培养的培养瓶中要注意加封口水。将培养温度设定为 20 ℃。

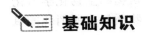 **基础知识**

一、溶解氧

　　溶解于水中的分子态氧称为溶解氧。水中溶解氧的含量与大气压力、水温及含盐量等因素有关。大气压力下降、水温升高、含盐量增加,都会导致溶解氧含量降低。

　　清洁地表水溶解氧接近饱和。当有大量藻类繁殖时,溶解氧可能过饱和;当水体受到有机物质、无机还原物质污染时,会使溶解氧含量降低,甚至趋于零,此时厌氧细菌繁殖活跃,水质恶化。水中溶解氧低于 3～4 mg/L 时,许多鱼类呼吸困难;继续减少,则会窒息死亡。一般规定水体中的溶解氧至少在 4 mg/L 以上。在废水生化处理过程中,溶解氧也是一项重要控制指标。

　　测定水中溶解氧常采用碘量法及其修正法、膜电极法和现场快速溶解氧仪法。清洁水可直接采用碘量法测定。水样中有色或含有氧化性及还原性物质、藻类、悬浮物等影响测定。氧化性物质可使碘化物游离出碘,产生正干扰;某些还原性物质可把碘还原成碘化物,产生负干扰;有机物(如腐殖酸、丹宁酸、木质素等)可能被部分氧化产生负干扰。所以大部分受污染的地表水和工业废水,必须采用修正的碘量法或膜电极法测定。膜电极法和快速溶氧仪法是根据分子氧透过薄膜的扩散速率来测定水中溶解氧。方法简便、快速、干扰少,可用于现场测定。

1. 碘量法

在水样中加入硫酸锰和碱性碘化钾,水中的溶解氧将二价锰氧化成四价锰,并生成氢氧化物沉淀。加酸后,沉淀溶解,四价锰又可氧化碘离子而释放出与溶解氧量相当的游离碘。以淀粉为指示剂,用硫代硫酸钠标准溶液滴定释放出的碘,可计算出溶解氧含量。

当水中含有氧化性物质、还原性物质及有机物时,会干扰测定,应预先消除并根据不同的干扰物质采用修正的碘量法。

2. 膜电极法

本方法所采用的电极由一小室构成,室内有两个金属电极并充有电解质,用选择性薄膜将小室封闭住。实际上水和可溶解物质离子不能透过这层膜,但氧和一定数量的其他气体及亲水性物质可透过这层薄膜。将这种电极浸入水中进行溶解氧测定。

因原电池作用或外加电压使电极间产生电位差。这种电位差,使金属离子在阳极进入溶液,而透过膜的氧在阴极还原。由此所产生的电流直接与通过膜与电解质液层的氧的传递速度成正比,因而该电流与给定温度下水样中氧的分压成正比。

因膜的渗透性明显地随温度而变化,所以必须进行温度补偿。可采用数学方法(使用计算图表、计算机程序);也可使用调节装置;或者利用在电极回路中安装热敏元件加以补偿。某些仪器还可对不同温度下氧的溶解度的变化进行补偿。

本方法适用于天然水、污水和盐水,如果用于测定海水或港湾水这类盐水,须对含盐量进行校正。本方法不仅可以用于实验室内测定,还可用于现场测定和自动在线连续监测。

二、生化需氧量的测定

生化需氧量是指在有溶解氧的条件下,好氧微生物在分解水中有机物的生物化学氧化过程中所消耗的溶解氧量。同时亦包括如硫化物、亚铁等还原性无机物质氧化所消耗的氧量,但这部分通常占很小比例。

有机物在微生物作用下好氧分解大体上分两个阶段。第一阶段称为含碳物质氧化阶段,主要是含碳有机物氧化为二氧化碳和水;第二阶段称为硝化阶段,主要是含氮有机化合物在硝化菌的作用下分解为亚硝酸盐和硝酸盐。然而这两个阶段并非截然分开,而是各有主次。对生活污水及性质与其接近的工业废水,硝化阶段大约在 5～7 日,甚至 10 日以后才显著进行,故目前国内外广泛采用的 20 ℃五天培养法(BOD$_5$法)测定 BOD 值一般不包括硝化阶段。

BOD 是反映水体被有机物污染程度的综合指标,也是研究废水的可生化降解性和生化处理效果,以及生化处理废水工艺设计和动力学研究中的重要参数。

(一) 五天培养法(20 ℃)

此法也称标准稀释法。其测定原理是水样经稀释后,在 20±1 ℃条件下培养 5 天,求出培养前后水样中溶解氧含量,二者的差值为 BOD$_5$。如果水样五日生化需氧量未超过 7 mg/L,则不必进行稀释,可直接测定。很多较清洁的河水就属于这一类水。

对于不含或少含微生物的工业废水,如酸性废水、碱性废水、高温废水或经过氯化处理的废水,在测定 BOD$_5$ 时应进行接种,以引入能降解废水中有机物的微生物。当废水中存在着难被一般生活污水中的微生物以正常速度降解的有机物或有剧毒物质时,应将驯化后的微生物引入水样中进行接种。

1. 稀释水

对于污染的地面水和大多数工业废水,因含较多的有机物,需要稀释后再培养测定,以保证在培养过程中有充足的溶解氧。其稀释程度应使培养中所消耗的溶解氧大于 2 mg/L,而剩余溶解氧在 1 mg/L 以上。

稀释水一般用蒸馏水配制,先通入经活性炭吸附及水洗处理的空气,曝气 2～8 h,使水中溶解氧接近饱和,然后再在 20 ℃下放置数小时。临用前加入少量氯化钙、氯化铁、硫酸镁等营养盐溶液及磷酸盐缓冲溶液,混匀备用。稀释水的 pH 值应为 7.2,BOD$_5$ 应小于 0.2 mg/L。

如水样中无微生物,则应于稀释水中接种微生物,即在每升稀释水中加入生活污水上层清液 1～10 mL,或表层土壤浸出液 20～30 mL,或河水、湖水 10～100 mL。这种水称为接种稀释水。

为检查稀释水和接种液的质量,以及化验人员的操作水平,将每升含葡萄糖和谷氨酸各 150 mg 的标准溶液以 1∶50 稀释比稀释后,与水样同步测定 BOD$_5$,测得值应在 180～230 mg/L 之间,否则,应检查原因,予以纠正。

2. 水样稀释倍数

水样稀释倍数应根据实践经验进行估算。表 1-16 列出地面水稀释倍数估算方法。

表 1-16　由高锰酸盐指数估算稀释倍数乘以的系数

高锰酸盐指数/mg・L^{-1}	系　数	高锰酸盐指数/mg・L^{-1}	系　数
<5	—	10～20	0.4,0.6
5～10	0.2,0.3	>20	0.5,0.7,1.0

工业废水的稀释倍数由 COD$_{Cr}$ 值分别乘以系数 0.075、0.15、0.25 获得。通常同时作三个稀释比的水样。

3. 测定结果计算

对不经稀释直接培养的水样:

$$BOD_5 (mg/L) = c_1 - c_2 \tag{1-9}$$

式中　c_1——水样在培养前溶解氧的浓度,mg/L;

　　　c_2——水样经 5 天培养后,剩余溶解氧浓度,mg/L。

对稀释后培养的水样:

$$BOD_5 (mg/L) = \frac{(c_1 - c_2) - (B_1 - B_2) f_1}{f_2} \tag{1-10}$$

式中　B_1——稀释水(或接种稀释水)在培养前的溶解氧的浓度,mg/L;

　　　B_2——稀释水(或接种稀释水)在培养后的溶解氧的浓度,mg/L;

　　　f_1——稀释水(或接种稀释水)在培养液中所占比例;

　　　f_2——水样在培养液中所占比例。

水样含有铜、铅、锌、镉、铬、砷、氰等有毒物质时,对微生物活性有抑制,可使用经驯化微生物接种的稀释水,或提高稀释倍数,以减小毒物的影响。如含少量氯,一般放置 1～2 h 可自行消失;对游离氯短时间不能消散的水样,可加入亚硫酸钠除去之,加入量由实验确定。

本方法适用于测定 BOD_5 大于或等于 2 mg/L,最大不超过 6 000 mg/L 的水样;大于 6 000 mg/L,会因稀释带来更大误差。

(二) 其他方法

目前测定 BOD 值常采用 BOD 测定仪,具有操作简单,重现性好,并可直接读取 BOD 值。

(1) 检压库仑式 BOD 测定仪　在密封系统中氧气量的减少可以用电解来补给,从电解所需电量来求得氧的消耗量,仪器自动显示测定结果。

(2) 测压法　测定密封系统中由于氧量的减少而引起的气压变化,来直接读取测定结果。

(3) 微生物电极法　用薄膜式溶解氧电极来求得生化过程中氧的消耗量,用标准 BOD 物质溶液校准后,直接显 BOD 值。

此外还有活性污泥法、相关估算法、亚甲基蓝脱色法。

🔲 工作步骤

1. 水样的预处理

(1) 水样的 pH 值若超出 6.5～7.5 范围时,可用盐酸或氢氧化钠稀溶液调节至近于 7,但用量不要超过水样体积的 0.5％。若水样的酸度或碱度很高,可改用高浓度的碱或酸液进行中和。

(2) 水样中含有铜、铅、锌、镉、铬、砷、氰等有毒物质时,可使用经驯化的微生物接种液的稀释水进行稀释,或提高稀释倍数,降低毒物的浓度。

(3) 含有少量游离氯的水样,一般放置 1～2 h,游离氯即可消失。对于游离氯在短时间不能消散的水样,可加入亚硫酸钠溶液,以除去之。其加入量的计算方法是:取中和好的水样 100 mL,加入 1＋1 乙酸 10 mL,10％(m/V)碘化钾溶液 1 mL,混匀。以淀粉溶液为指示剂,用亚硫酸钠标准溶液滴定游离碘。根据亚硫酸钠标准溶液消耗的体积及其浓度,计算水样中所需加亚硫酸钠溶液的量。

(4) 从水温较低的水域或富营养化的湖泊采集的水样,可遇到含有过饱和溶解氧,此时应将水样迅速升温至 20 ℃左右,充分振摇,以赶出过饱和的溶解氧。从水温较高的水域废水排放口取得的水样,则应迅速使其冷却至 20 ℃左右,并充分振摇,使与空气中氧分压接近平衡。

2. 水样的测定

(1) 不经稀释水样的测定:溶解氧含量较高、有机物含量较少的地面水,可不经稀释,而直接以虹吸法将约 20 ℃的混匀水样转移至两个溶解氧瓶内,转移过程中应注意不使其产生气泡。以同样的操作使两个溶解氧瓶充满水样后溢出少许,加塞水封。瓶中不应有气泡。立即测定其中一瓶溶解氧。将另一瓶放入培养箱中,在 20±1 ℃培养 5 d 后。测其溶解氧。

(2) 需经稀释水样的测定:根据实践经验,稀释倍数用下述方法计算:地表水由测得的高锰酸盐指数乘以适当的系数求得。

工业废水可由重铬酸钾法测得的 COD 值确定,通常需作三个稀释比,即使用稀释水时,由 COD 值分别乘以系数 0.075、0.15、0.225,即获得三个稀释倍数;使用接种稀释水时,则分别乘以 0.075、0.15 和 0.25,获得三个稀释倍数。COD_{Cr} 值可在测定水样 COD 过程中,加热回流至 60 min 时,用由校核试验的邻苯二甲酸氢钾溶液按 COD 测定相同步骤制备的标准色列进行估测。

稀释倍数确定后按下法之一测定水样。

① 一般稀释法:按照选定的稀释比例,用虹吸法沿筒壁先引入部分稀释水(或接种稀释水)于 1 000 mL 量筒中,加入需要量的均匀水样,再引入稀释水(或接种稀释水)至 800 mL,用带胶板的玻璃棒小心上下搅匀。搅拌时勿使搅棒的胶板露出水面,防止产生气泡。

按不经稀释水样的测定步骤,进行装瓶,测定当天溶解氧和培养 5 d 后的溶解氧含量。

另取两个溶解氧瓶,用虹吸法装满稀释水(或接种稀释水)作为空白,分别测定 5 d 前、后的溶解氧含量。

② 直接稀释法:直接稀释法是在溶解氧瓶内直接稀释。在已知两个容积相同(其差小于 1 mL)的溶解氧瓶内,用虹吸法加入部分稀释水(或接种稀释水),再加入根据瓶容积和稀释比例计算出的水样量,然后引入稀释水(或接种稀释水)至刚好充满,加塞,勿留气泡于瓶内。其余操作与上述稀释法相同。

在 BOD_5 测定中,一般采用叠氮化钠修正法测定溶解氧。如遇干扰物质,应根据具体情况采用其他测定法。溶解氧的测定方法附后。

3. 结果处理

(1)以表格形式列出稀释水样和稀释水(或接种稀释水样)在培养前后实测溶解氧数据,计算水样 BOD_5 值。

(2)根据实际控制实验条件和操作情况,分析影响测定准确度的因素。

·注意事项

(1)水中有机物的生物氧化过程分为碳化阶段和硝化阶段,测定一般水样的 BOD_5 时,硝化阶段不明显或根本不发生,但对于生物处理池的出水,因其中含有大量硝化细菌,因此,在测定 BOD_5 时也包括了部分含氮化合物的需氧量。对于这种水样,如只需测定有机物的需氧量,应加入硝化抑制剂,如丙烯基硫脲(ATU,$C_4H_8N_2S$)等。

(2)在两个或三个稀释比的样品中,凡消耗溶解氧大于 2 mg/L 和剩余溶解氧大于 1 mg/L 都有效,计算结果时,应取平均值。

(3)为检查稀释水和接种液的质量,以及化验人员的操作技术,可将 20 mL 葡萄糖-谷氨酸标准溶液用接种稀释水稀释至 1 000 mL,测其 BOD_5,其结果应在 180~230 mg/L。否则,应检查接种液、稀释水或操作技术是否存在问题。

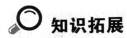 **知识拓展**

有机化合物的监测

水体中的污染物质除无机化合物外,还含有大量的有机物质,它们是以毒性和使水体溶解氧减少的形式对生态系统产生影响。已经查明,绝大多数致癌物质是有毒的有机物质,所以有机物污染指标是水质十分重要的指标。

水中所含有机物种类繁多,难以一一分别测定各种组分的定量数值,目前多测定与水中有机物相当的需氧量来间接表征有机物的含量(如 COD、BOD 等),或者某一类有机污染物(如酚类、油类、苯系物、有机磷农药等)。但是,上述指标并不能确切反映许多痕量危害性大的有机物污染状况和危害,因此,随着环境科学研究和分析测试技术的发展,必将大大加强对有毒有机物污染的监测和防治。

(一)总有机碳(TOC)

总有机碳是以碳的含量表示水体中有机物质总量的综合指标。由于 TOC 的测定采用燃烧法,因此能将有机物全部氧化,它比 BOD_5 或 COD 更能反映有机物的总量。

目前广泛应用的测定 TOC 的方法是燃烧氧化-非色散红外吸收法。其测定原理是:将一定量水样注入高温炉内的石英管,在 $900 \sim 950 \ ℃$ 温度下,以铂和三氧化钴或三氧化二铬为催化剂,使有机物燃烧裂解转化为二氧化碳,然后用红外线气体分析仪测定 CO_2 含量,从而确定水样中碳的含量。因为在高温下,水样中的碳酸盐也分解产生二氧化碳,故上面测得的为水样中的总碳(TC)。为获得有机碳含量,可采用两种方法:一是将水样预先酸化,通入氮气曝气,驱除各种碳酸盐分解生成的二氧化碳后再注入仪器测定。另一种方法是使用高温炉和低温炉皆有的 TOC 测定仪。将同一等量水样分别注入高温炉($900 \ ℃$)和低温炉($150 \ ℃$),则水样中的有机碳和无机碳均转化为 CO_2,而低温炉的石英管中装有磷酸浸渍的玻璃棉,能使无机碳酸盐在 $150 \ ℃$ 分解为 CO_2,有机物却不能被分解氧化。将高、低温炉中生成的 CO_2 依次导入非色散红外气体分析仪,分别测得总碳(TC)和无机碳(IC),二者之差即为总有机碳(TOC)。测定流程见图 1-6。该方法最低检出浓度为 $0.5 \ mg/L$。

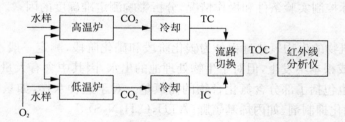

图 1-6　TOC 分析测定流程

(二)总需氧量(TOD)

总需氧量是指水中能被氧化的物质,主要是有机物质在燃烧中变成稳定的氧化物时所需要的氧量,结果以 O_2 的 mg/L 表示。

用 TOD 测定仪测定 TOD 的原理是将一定量水样注入装有铂催化剂的石英燃烧管,通入含已知氧浓度的载气(氮气)作为原料气,则水样中的还原性物质在 $900 \ ℃$ 下被瞬间燃烧氧化。测定燃烧前后原料气中氧浓度的减少量,便可求得水样的总需氧量值。

TOD 值能反映几乎全部有机物质经燃烧后变成 CO_2、H_2O、NO、SO_2 所需要的氧量。它比 BOD、COD 和高锰酸盐指数更接近于理论需氧量值。但它们之间也没有固定的相关关系。有的研究者指出,$BOD_5/TOD=0.1 \sim 0.6$;$COD/TOD=0.5 \sim 0.9$,具体比值取决于废水的性质。

TOD 和 TOC 的比例关系可粗略判断有机物的种类。对于含碳化合物,因为一个碳原子消耗两个氧原子,即 $O_2/C=2.67$,因此从理论上说,TOD=2.67TOC。若某水样的 TOD/TOC 为 2.67 左右,可认为主要是含碳有机物;若 TOD/TOC>4.0,则应考虑水中有较大量含 S、P 的有机物存在;若 TOD/TOC<2.6,就应考虑水样中硝酸盐和亚硝酸盐可能含量较大,它们在高温和催化条件下分解放出氧,使 TOD 测定呈现负误差。

(三) 挥发酚类

根据酚类能否与水蒸气一起蒸出,分为挥发酚与不挥发酚。通常认为沸点在 230 ℃ 以下为挥发酚(属一元酚),而沸点在 230 ℃ 以上的为不挥发酚。酚属高毒物质,人体摄入一定量会出现急性中毒症状;长期饮用被酚污染的水,可引起头昏、瘙痒、贫血及神经系统障碍。当水中含酚大于 5 mg/L 时,就会使鱼中毒死亡。

酚的主要污染源是炼油、焦化、煤气发生站,木材防腐及某些化工(如酚醛树脂)等工业废水。

酚的主要分析方法有容量法、分光光度法、色谱法等。目前各国普遍采用的是 4 - 氨基安替比林分光光度法;高浓度含酚废水可采用溴化容量法。无论溴化容量法还是分光光度法,当水样中存在氧化剂、还原剂、油类及某些金属离子时,均应设法消除并进行预蒸馏。如对游离氯加入硫酸亚铁还原;对硫化物加入硫酸铜使之沉淀,或者在酸性条件下使其以硫化氢形式逸出;对油类用有机溶剂萃取除去等。蒸馏的作用有二,一是分离出挥发酚,二是消除颜色、浑浊和金属离子等的干扰。

1. 4 - 氨基安替比林分光光度法

酚类化合物于 pH 为 10.0±0.2 的介质中,在铁氰化钾的存在下,与 4 - 氨基安替比林(4 - AAP)反应,生成橙红色的吲哚酚安替比林染料,在 510 nm 波长处有最大吸收,用比色法定量。

显色反应受酚环上取代基的种类、位置、数目等影响,如对位被烷基、芳香基、酯、硝基、苯酰、亚硝基或醛基取代,而邻位未被取代的酚类,与 4 - 氨基安替比林不产生显色反应。这是因为上述基团阻止酚类氧化成醌型结构所致,但对位被卤素、磺酸、羟基或甲氧基所取代的酚类与 4 - 氨基安替比林发生显色反应。邻位硝基酚和间位硝基酚与 4 - 氨基安替比林发生的反应又不相同,前者反应无色,后者反应有点颜色。所以本法测定的酚类不是总酚,而仅仅是与 4 - 氨基安替比林显色的酚,并以苯酚为标准,结果以苯酚计算含量。

用 20 mm 比色皿测定,方法最低检出浓度为 0.1 mg/L。如果显色后用三氯甲烷萃取,于 460 nm 波长处测定,其最低检出浓度可达 0.002 mg/L;测定上限为 0.12 mg/L。此外,在直接光度法中,有色络合物不够稳定,应立即测定;氯仿萃取法有色络合物可稳定 3 h。

2. 溴化滴定法

在含过量溴(由溴酸钾和溴化钾产生)的溶液中,酚与溴反应生成三溴酚,并进一步生成溴代三溴酚。剩余的溴与碘化钾作用释放出游离碘。与此同时,溴代三溴酚也与碘化钾反应置换出游离碘。用硫代硫酸钠标准溶液滴定释出的游离碘,并根据其消耗量,计算出以苯酚计的挥发酚含量。结果按式(1-11)计算:

$$挥发酚（以苯酚计，mg/L）＝\frac{(V_1-V_2)c\times15.68\times1\,000}{V} \qquad (1-11)$$

式中　V_1——空白（以蒸馏水代替水样，加同体积溴酸钾-溴化钾溶液）试验滴定时硫代硫酸
钠标液用量，mL；

　　　　V_2——水样滴定时硫代硫酸钠标液用量，mL；

　　　　c——硫代硫酸钠标液的浓度，mol/L；

　　　　V——水样体积，mL。

任务六 化学需氧量COD的测定

学习目标

1. 掌握用重铬酸钾法测定化学需氧量的原理和方法；
2. 了解回流操作的基本要点；
3. 熟练运用滴定分析方法进行测定；
4. 了解有关监测数据的统计处理和结果表述的知识。

任务分析

化学需氧量反映了水体受还原性物质污染的程度，为有机物的相对含量的综合性指标之一，化学需氧量是我国实施排放总量控制的指标之一。水样中的需氧量，可由加入氧化剂的种类及浓度，反应溶液的酸度，反应温度和时间，催化剂的有无而获得不同的结果。因此化学需氧量是条件性指标，必须严格按操作步骤进行。

 基础知识

一、化学需氧量的测定

化学需氧量（COD）是指在一定条件下，氧化1 L水样中还原性物质所消耗的氧化剂的量，以氧的 mg/L 表示。化学需氧量反映了水体受还原性物质污染的程度。水中的还原性物质包括有机物、亚硝酸盐、亚铁盐、硫化物等。水被有机物污染是很普遍的，因此化学需氧量也作为有机物相对含量的指标之一。

化学需氧量是条件性指标，其随测定时所用氧化剂的种类、浓度、反应温度和时间、溶液的酸度、催化剂等变化而不同。对于工业废水化学需氧量的测定，中国规定用重铬酸钾法，也可以用与其测定结果一致的库仑滴定法。

1. 重铬酸钾法

在强酸性溶液中，用重铬酸钾氧化水样的还原性物质，过量的重铬酸钾以试亚铁灵做指示剂，用硫酸亚铁铵标准溶液回滴，同样条件做空白，根据标准溶液用量计算水样的化学耗氧量。

$$Cr_2O_7^{2-} + 14H^+ + 6e \longrightarrow 2Cr^{3+} + 7H_2O$$
$$Cr_2O_7^{2-} + 14H^+ + 6Fe^{2+} \longrightarrow 6Fe^{3+} + 2Cr^{3+} + 7H_2O$$

图 1-7 COD 测定回流装置

COD测定回流装置如图 1-7 所示，在水样中加硫酸汞和催化剂

硫酸银，加热沸腾后回流 2 h，用 $K_2Cr_2O_7$ 滴定分析法定量。

$$COD(mg/L) = \frac{c(V_0 - V) \times 8}{V_{水}} \times 1\,000 \qquad (1-12)$$

式中　V_0——滴定空白时消耗硫酸亚铁铵标准溶液体积，mL；

　　　V_1——滴定水样消耗硫酸亚铁铵标准溶液体积，mL；

　　　V——水样体积，mL；

　　　c——硫酸亚铁铵标准溶液浓度，mol/L；

　　　8——氧$\left(\frac{1}{2}O\right)$的摩尔质量（g/mol）。

重铬酸钾氧化性很强，可将大部分有机物氧化，但吡啶不被氧化，芳香族有机物不易被氧化；挥发性直链脂肪组化合物、苯等存在于蒸气相，不能与氧化剂液体接触，氧化不明显。氯离子能被重铬酸钾氧化，并与硫酸银作用生成沉淀，可加入适量硫酸汞络合之。

2. **库仑滴定法**

恒电流库仑滴定法是一种建立在电解基础上的分析方法。其原理为在试液中加入适当物质，以一定强度的恒定电流进行电解，使之在工作电极（阳极或阴极）上电解产生一种试剂（称滴定剂），该试剂与被测物质进行定量反应，反应终点可通过电化学等方法指示。

库仑式 COD 测定仪由库仑滴定池、电路系统和电磁搅拌器等组成。库仑池由工作电极对、指示电极对及电解液组成，其中，工作电极对为双铂片工作阴极和铂丝辅助阳极（置于充 $3\ mol/L\ H_2SO_4$、底部具有液络部的玻璃管内），用于电解产生滴定剂；指示电极对为铂片指示电极（正极）和钨棒参比电极（负极，置于充饱和硫酸钾溶液、底部具有液络部的玻璃管中），以其电位的变化指示库仑滴定终点。电解液为 10.2 mol/L 硫酸、重铬酸钾和硫酸铁混合液。电路系统由终点微分电路、电解电流变换电路、频率变换积分电路、数字显示逻辑运算电路等组成，用于控制库仑滴定终点，变换和显示电解电流，将电解电流进行频率转换、积分，并根据电解定律进行逻辑运算，直接显示水样的 COD 值。

本方法简便、快速、试剂用量少，不需标定滴定溶液，尤其适合于工业废水的控制分析。当用 3 mL 0.05 mol/L 重铬酸钾溶液进行标定值测定时，最低检出浓度为 3 mg/L；测定上限为 100 mg/L。但是，只有严格控制消解条件一致和注意经常清洗电极，防止沾污，才能获得较好的重现性。

二、高锰酸盐指数的测定

高锰酸盐指数是指在一定条件下，以高锰酸钾为氧化剂氧化水样中的还原性物质所消耗的高锰酸钾的量，以氧的 mg/L 来表示。水中的亚硝酸盐、亚铁盐、硫化物等还原性无机物和在此条件下可被氧化的有机物，均可消耗高锰酸钾。因此，该指数常被作为地表水受有机物和还原性无机物污染程度的综合指标。

高锰酸钾因在酸性中的氧化能力比在碱性中的氧化能力强，故常分为酸性高锰酸钾法和碱性高锰酸钾法，分别适用于不同水样的测定。高锰酸盐指数的测定结果也是化学需氧量，中国标准中仅将酸性重铬酸钾法测得值称为化学需氧量。

取一定量水样，在酸性或碱性条件下，加入一定量的 $KMnO_4$ 溶液，加热一定时间以氧化水样中还原性无机物和部分有机物。加入过量的 NaC_2O_4 溶液还原剩余的 $KMnO_4$ 溶液，再用 $KMnO_4$ 标准溶液滴定过量的 NaC_2O_4 溶液，计算出水样的高锰酸盐指数。

若水样的高锰酸盐指数超过 5 mg/L 时，应少取水样稀释后再测定。

国际标准化组织(ISO)建议高锰酸盐指数仅限于测定地表水、饮用水和生活污水。

清洁的地表水和被污染的水体中氯离子的含量不超过 300 mg/L 的水样，采用酸性高锰酸钾法；含氯量高于 300 mg/L 时，采用碱性高锰酸钾法。

应注意，在水浴中加热完毕后，溶液仍应保持淡红色。如变浅或全部褪去说明高锰酸钾用量不够，将水样稀释倍数加大后再测定；水中的亚硝酸盐、亚铁盐、硫化物等还原性无机物和在此条件可被氧化的有机物，均可消耗高锰酸钾。

🖳 工作步骤

1. 采样

采样不少于 100 mL 具有代表性的水样。

2. 样品的保存

水样要采集于玻璃瓶中，并尽快分析，如不能立即分析，则应加入硫酸至 pH<2，置于 4 ℃下保存。但保存时间不得超过 5 天。

3. 回流

用移液管吸取 20.00 mL 的均匀水样(污染严重的水可以少取些，用水稀释)于 250 mL 锥形瓶中，若水样中含有氯，加入适量的固体硫酸汞。准确加入 10.00 mL 重铬酸钾标准溶液及数粒防爆玻璃珠。连接磨口回流冷凝管，从冷凝管上口慢慢加入 30 mL H_2SO_4 - Ag_2SO_4 溶液，轻轻摇动锥形瓶使溶液混匀，回流 2 h。冷却后用 20～30 mL 水自冷凝管上端冲洗冷凝管后取下锥形瓶，再用水稀释至 140 mL 左右。

4. 水样测定

冷却至室温后，加入 3 滴 1,10 -邻菲啰啉指示液，用硫酸亚铁铵标准溶液滴定至溶液由黄色经蓝绿色变为红褐色时为终点。记录消耗硫酸亚铁铵标准溶液体积 V。

5. 空白溶液

同时以 20.00 mL 蒸馏水代替水样，其他步骤与测定样品的操作相同，记录消耗硫酸亚铁铵标准溶液体积 V_0。

6. 结果处理

测定结果一般保留 3 位有效数字。当计算出 COD 值小于 10 mg/L 时，就表示为 "COD<10 mg/L"。

·注意事项

1. 用本法测定时，对未稀释的水样，其 COD 测定上限为 700 mg/L，超过此限时必须经稀释后测定。

2. 加浓硫酸后必须使其充分混匀才能加热回流，回流时溶液颜色变绿，说明水样的化学需氧量太高，需将水样适当稀释后重新测定，加热回流后，溶液中重铬酸钾剩余量为原来量的 0.2～0.25 为宜。

3. 滴定前需将溶液体积稀释至 140 mL 左右，以控制溶液的酸度，酸度太大则终点不明显。

4. 若水样中含易挥发性有机物,在加消化液时,应在冰浴中进行,或者从冷凝器顶端慢慢加入,以防易挥发性有机物损失,使结果偏低。

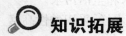 **知识拓展**

监测数据的统计处理和结果表述

监测中所得到的许多物理、化学和生物学数据,是描述和评价环境质量的基本依据。由于监测系统的条件限制以及操作人员的技术水平,测试值与真值之间常存在差异;环境污染的流动性、变异性以及与时空因素关系,使某一区域的环境质量由许多因素综合决定;描述某一河流的环境质量,必须对整条河流按规定布点,以一定频率测定,根据大量数据综合才能表述它的环境质量,所有这一切均需通过统计处理。

(一)基本概念

1. 误差和偏差

(1)真值(x_t)

在某一时刻和某一位置或状态下,某量的效应体现出客观值或实际值称为真值。

① 理论真值:例如三角形内角之和等于 $180°$;

② 约定真值:由国际计量大会定义的国际单位制,包括基本单位、辅助单位和导出单位。由国际单位制所定义的真值叫约定真值;

③ 标准器(包括标准物质)的相对真值:高一级标准器的误差为低一级标准器或普通仪器误差的 $1/5$(或 $1/3\sim1/20$)时,则可认为前者是后者的相对真值。

(2)误差及其分类

由于被测量的数据形式通常不能以有限位数表示,同时由于认识能力不足和科学技术水平的限制,使测量值与真值不一致,这种矛盾在数值上表现即为误差。任何测量结果都有误差,并存在于一切测量全过程之中。

误差按其性质和产生原因,可分为系统误差、随机误差。

① 系统误差:又称可测误差、恒定误差或偏倚(bias)。指测量值的总体均值与真值之间的差别,是由测量过程中某些恒定因素造成的,在一定条件下具有重现性,并不因增加测量次数而减少系统误差,它的产生可以是方法、仪器、试剂、恒定的操作人员和恒定的环境所造成。

② 随机误差:又称偶然误差或不可测误差。是由测定过程中各种随机因素的共同作用所造成,随机误差遵从正态分布规律。

③ 误差的表示方法:分绝对误差和相对误差。绝对误差是测量值(x,单一测量值或多次测量的均值)与真值(x_t)之差,绝对误差有正负之分。

$$绝对误差 = x - x_t \qquad\qquad (1-13)$$

相对误差指绝对误差与真值之比(常以百分数表示):

$$相对误差 = \frac{x - x_t}{x_t} \times 100\% \qquad (1-14)$$

（3）偏差

个别测量值（x_i）与多次测量均值（$\bar{x}$）之偏离叫偏差，它分绝对偏差、相对偏差、平均偏差、相对平均偏差和标准偏差等。

绝对偏差（d）是测定值与均值之差，即

$$d_i = x_i - \bar{x} \qquad (1-15)$$

相对偏差是绝对偏差与均值之比（常以百分数表示）：

$$相对偏差 = \frac{d}{\bar{x}} \times 100\% \qquad (1-16)$$

平均偏差是绝对偏差绝对值之和的平均值：

$$\bar{d} = \frac{1}{n} \sum_{i=1}^{n} |d_i| = \frac{1}{n}(|d_1| + |d_2| + \cdots + |d_n|) \qquad (1-17)$$

相对平均偏差是平均偏差与均值之比（常以百分数表示）：

$$相对平均偏差 = \frac{\bar{d}}{\bar{x}} \times 100\% \qquad (1-18)$$

（4）标准偏差和相对标准偏差

① 差方和：亦称离差平方或平方和。是指绝对偏差的平方之和，以 S 表示：

$$S = \sum_{i=1}^{n} (x_i - \bar{x})^2 \qquad (1-19)$$

② 样本方差用 s^2 或 V 表示：

$$s^2 = \frac{1}{n-1} \sum_{i=1}^{n} (x_i - \bar{x})^2 = \frac{1}{n-1} S \qquad (1-20)$$

③ 样本标准偏差用 s 或 s_D 表示

$$s = \sqrt{\frac{1}{n-1} \sum_{i=1}^{n} (x_i - \bar{x})^2} = \sqrt{\frac{1}{n-1} S} = \sqrt{\frac{\sum x_i^2 - \frac{(\sum x_i)^2}{n}}{n-1}} \qquad (1-21)$$

④ 样本相对标准偏差：又称变异系数，是样本标准偏差在样本均值中所占的百分数，记为 C_v。

$$C_v = \frac{s}{\bar{x}} \times 100\% \qquad (1-22)$$

⑤ 总体方差和总体标准偏差分别以 σ^2 和 σ 表示：

$$\sigma^2 = \frac{1}{N} \sum_{i=1}^{n} (x_i - \mu)^2 \qquad (1-23)$$

$$\sigma = \sqrt{\sigma^2} = \sqrt{\frac{1}{N}\sum_{i=1}^{n}(x_i - \mu)^2} = \sqrt{\frac{\sum x_i^2 - \frac{(\sum x_i)^2}{N}}{N}} \qquad (1-24)$$

式中，N——总体容量；μ——总体均值。

⑥ 极差：一组测量值中最大值（x_{max}）与最小值（x_{min}）之差。表示误差的范围，以 R 表示：

$$R = x_{max} - x_{min} \qquad (1-25)$$

2. 总体、样本和平均数

（1）总体和个体

研究对象的全体称为总体，其中一个单位叫个体。

（2）样本和样本容量

总体中的一部分叫样本，样本中含有个体的数目叫此样本的容量，记作 n。

（3）平均数

平均数代表一组变量的平均水平或集中趋势，样本观测中大多数测量值靠近。

① 算术均数：简称均数，最常用的平均数。其定义为：

$$样本均数\ \overline{x} = \frac{\sum x_i}{n} \qquad (1-26)$$

$$总体均数\ \mu = \frac{\sum x_i}{n} \qquad n \to \infty \qquad (1-27)$$

② 几何均数：当变量呈等比关系，常需用几何均数。其定义为：

$$\overline{x}_i = (x_1, x_2, \cdots, x_n)^{\frac{1}{n}} = \lg^{-1}\left[\frac{\sum \lg x_i}{n}\right] \qquad (1-28)$$

计算酸雨 pH 值的均数，都是计算雨水中氢离子活度的几何均数。

③ 中位数：将各数据按大小顺序排列，位于中间的数据即为中位数，若为偶数取中间两数的平均值，适用于一组数据的少数呈"偏态"分散在某一侧，使均数受个别极数的影响较大。

④ 众数：一组数据中出现次数最多的一个数据。平均数表示集中趋势，当监测数据是正态分布时，其算术均数、中位数和众数三者重合。

（二）数据的处理和结果表述

1. 数据修约规则

各种测量、计算的数据需要修约时，应遵守下列规则：四舍六入五考虑，五后非零则进一，五后皆零视奇偶，五前为偶应舍去，五前为奇则进一。

小数点后第二位数字为 5，其右面皆为零，则视左面一位数字，若为偶数（包括零）则不进，若为奇数则进一。若拟舍弃的数字为两位以上数字，应按规则一次修约，不得连续多次修约。

2. 可疑数据的取舍

与正常数据不是来自同一分布总体,明显歪曲试验结果的测量数据,称为离群数据。可能会歪曲试验结果,但尚未经检验断定其是离群数据的测量数据,称为可疑数据。

在数据处理时,必须剔除离群数据以使测定结果更符合客观实际。正确数据总有一定分散性,如果人为地删去一些误差较大但并非离群的测量数据,由此得到精密度很高的测量结果并不符合客观实际。因此对可疑数据的取舍必须遵循一定的原则。

测量中发现明显的系统误差和过失误差,由此而产生的数据应随时剔除。而可疑数据的舍取应采用统计方法判别,即离群数据的统计检验。检验的方法很多,现介绍最常用的两种。

(1)狄克逊(Dixon)检验法

此法适用于一组测量值的一致性检验和剔除离群值,本法中对最小可疑值和最大可疑值进行检验的公式因样本的容量(n)不同而异,检验方法如下:

① 将一组测量数据从小到大顺序排列为 $x_1, x_2, \cdots, x_n, x_1$ 和 x_n 分别为最小可疑值和最大可疑值;

② 按表 1-17 计算式求 Q 值;

表 1-17　狄克逊检验统计量 Q 计算公式

n 值范围	可疑数据为最小值 x_1 时	可疑数据为最大值 x_n 时	n 值范围	可疑数据为最小值 x_1 时	可疑数据为最大值 x_n 时
3—7	$Q = \dfrac{x_2 - x_1}{x_n - x_1}$	$Q = \dfrac{x_n - x_{n-1}}{x_n - x_1}$	11—13	$Q = \dfrac{x_3 - x_1}{x_{n-1} - x_1}$	$Q = \dfrac{x_n - x_{n-2}}{x_n - x_2}$
8—10	$Q = \dfrac{x_2 - x_1}{x_{n-1} - x_1}$	$Q = \dfrac{x_n - x_{n-1}}{x_n - x_2}$	14—25	$Q = \dfrac{x_3 - x_1}{x_{n-2} - x_1}$	$Q = \dfrac{x_n - x_{n-2}}{x_n - x_3}$

③ 根据给定的显著性水平(α)和样本容量(n),从表 1-18 查得临界值(Q_α);

表 1-18　狄克逊检验临界值(Q_α)表

n	显著性水平(α)		n	显著性水平(α)		n	显著性水平(α)	
	0.05	0.01		0.05	0.01		0.05	0.01
3	0.941	0.988	11	0.576	0.679	19	0.462	0.547
4	0.765	0.889	12	0.546	0.642	20	0.450	0.535
5	0.642	0.780	13	0.521	0.615	21	0.440	0.524
6	0.560	0.698	14	0.546	0.641	22	0.430	0.514
7	0.507	0.637	15	0.525	0.616	23	0.421	0.505
8	0.554	0.683	16	0.507	0.595	24	0.413	0.497
9	0.512	0.635	17	0.490	0.577	25	0.406	0.489
10	0.477	0.597	18	0.475	0.561			

④ 若 $Q \leqslant Q_{0.05}$ 则可疑值为正常值;若 $Q_{0.05} < Q \leqslant Q_{0.01}$ 则可疑值为偏离值;若 $Q > Q_{0.01}$ 则可疑值为离群值。

（2）格鲁勃斯（Grubbs）检验法

此法适用于检验多组测量值均值的一致性和剔除多组测量值中的离群均值；也可用于检验一组测量值一致性和剔除一组测量值中的离群值，方法如下。

① 有 L 组测定值，每组 n 个测定值的均值分别为 $\bar{x}_1, \bar{x}_2, \cdots, \bar{x}_i, \cdots, \bar{x}_L$，其中最大均值记为 $\bar{x}_{max}$，最小均值记为 $\bar{x}_{min}$；

② 由 n 个均值计算总均值 $(\bar{\bar{x}})$ 和标准偏差 $(S_{\bar{x}})$：

$$\bar{\bar{x}} = \frac{1}{L}\sum_{i=1}^{L}\bar{x}_i \quad S_{\bar{x}} = \sqrt{\frac{1}{L-1}\sum_{i=1}^{L}(\bar{x}_i - \bar{\bar{x}})^2} \qquad (1-29)$$

③ 可疑均值为最大值 (x_{max}) 时，按式 $(1-30)$ 计算统计量 (T)：

$$T = \frac{\bar{x}_{max} - \bar{\bar{x}}}{S_{\bar{x}}} \qquad (1-30)$$

④ 可疑均值为最大值 (x_{max}) 时，按式 $(1-31)$ 计算统计量 (T)：

$$T = \frac{\bar{\bar{x}} - \bar{x}_{min}}{S_{\bar{x}}} \qquad (1-31)$$

⑤ 根据测定值组数和给定的显著性水平 (a)，从表 $1-19$ 中查得临界值 (T_a)；

表 $1-19$　格鲁勃斯检验临界值 (T_a)

L	显著性水平 (a)		L	显著性水平 (a)		L	显著性水平 (a)	
	0.05	0.01		0.05	0.01		0.05	0.01
3	1.153	1.155	11	2.234	2.485	19	2.532	2.854
4	1.463	1.492	12	2.285	2.050	20	2.557	2.884
5	1.672	1.749	13	2.331	2.607	21	2.580	2.912
6	1.882	1.944	14	2.371	2.659	22	2.603	2.939
7	1.938	2.097	15	2.409	2.705	23	2.624	2.963
8	2.032	2.221	16	2.443	2.747	24	2.644	2.987
9	2.110	2.322	17	2.475	2.785	25	2.663	3.009
10	2.176	2.410	18	2.504	2.821			

⑥ 若 $T \leqslant T_{0.05}$，则可疑均值为正常均值；若 $T_{0.05} < T \leqslant T_{0.01}$，则可疑均值为偏离均值；若 $T > T_{0.01}$，则可疑均值为离群均值，应予剔除，即剔除含有该均值的一组数据。

（三）测量结果的统计检验和结果表述

1. 均数置信区间和"t"值

均数置信区间是考察样本均数 $(\bar{x})$ 与总体均数 (μ) 之间的关系，即以样本均数代表总体均数的可靠程度。若测定值 x 遵从正态分布，则样本测定平均值 $\bar{x}$ 也遵从正态分布。如一组测定样本的平均值为 $\bar{x}$，标准偏差为 s，则用统计学可以推导出有限次数的平均值 $\bar{x}$ 与总

体平均值 μ 的关系

$$\mu = \overline{x} \pm t \frac{s}{\sqrt{n}} \qquad\qquad (1-32)$$

式中，t 为在一定置信度（在特定条件下出现的概率）$(1-\alpha)$ 与自由度 $f=n-1$ 下的置信系数，见表 1-20。式（1-32）具有明确的概率意义，它表明真值 μ 落在置信区间 $\left(\mu = \overline{x} - t\frac{s}{\sqrt{n}}, \mu = \overline{x} + t\frac{s}{\sqrt{n}}\right)$ 的置信概率为 $P=1-\alpha$。在分析中如果不作特别注明，一般指置信度为 95%。

表 1-20 t 值

自由度 f	置信度（显著性水平 α）				
	80%($\alpha=0.200$)	90%($\alpha=0.100$)	95%($\alpha=0.050$)	98%($\alpha=0.020$)	99%($\alpha=0.010$)
1	3.078	6.31	12.71	31.82	63.66
2	1.89	2.92	4.30	6.96	9.92
3	1.64	2.35	3.18	4.54	5.84
4	1.53	2.13	2.78	3.75	4.60
5	1.44	2.02	2.57	3.37	4.03
6	1.44	1.94	2.45	3.14	3.71
7	1.41	1.89	2.37	3.00	3.50
8	1.40	1.86	2.31	2.90	3.36
9	1.38	1.83	2.26	2.82	3.25
10	1.37	1.81	2.23	2.76	3.17
11	1.36	1.80	2.20	2.72	3.11
12	1.36	1.78	2.18	2.68	3.05
13	1.35	1.77	2.16	2.65	3.01
14	1.35	1.76	2.14	2.62	2.98
15	1.34	1.75	2.13	2.60	2.95
16	1.34	1.75	2.12	2.58	2.92
17	1.33	1.74	2.11	2.57	2.90
18	1.33	1.73	2.10	2.55	2.88
19	1.33	1.73	2.09	2.54	2.86
20	1.33	1.72	2.09	2.53	2.85
21	1.32	1.72	2.08	2.52	2.83
22	1.32	1.72	2.07	2.51	2.82
23	1.32	1.71	2.07	2.50	2.81
24	1.32	1.71	2.06	2.49	2.80

自由度 f	置信度（显著性水平 α）				
	$80\%(\alpha=0.200)$	$90\%(\alpha=0.100)$	$95\%(\alpha=0.050)$	$98\%(\alpha=0.020)$	$99\%(\alpha=0.010)$
25	1.32	1.71	2.06	2.49	2.79
26	1.31	1.71	2.06	2.48	2.78
27	1.31	1.70	2.05	2.47	2.77
28	1.31	1.70	2.05	2.47	2.76
29	1.31	1.70	2.05	2.46	2.76
30	1.31	1.70	2.04	2.46	2.75
40	1.30	1.68	2.02	2.42	2.70
60	1.30	1.67	2.00	2.39	2.66
120	1.29	1.66	1.98	2.36	2.62
∞	1.28	1.64	1.96	2.33	2.58
自由度 f	0.100	0.050	0.025	0.010	0.005
	P（单侧概率）				

2. 测量结果的统计检验（t 检验法）

（1）平均值与标准值的比较

检查分析方法或操作过程是否存在较大系统误差，可对标样进行若干次分析，再利用 t 检验法比较分析结果 $\bar{x}$ 与标准值 μ 是否存在显著性差异。若有显著性差异，则存在系统误差，否则这个差异是由偶然误差引起的。具体做法如下。

① 按式计算 $t_{计}$ 值

$$t_{计} = \frac{|\bar{x}-\mu|}{s}\sqrt{n} \qquad (1-33)$$

式中，$\bar{x}$——标样测定的均值；μ——标样的标准值；s——标样测定的标准偏差；n——标样的测定次数。

② 根据自由度 f 与置信度 P 查表 1-20 得 t 值。将 t 与 $t_{计}$ 进行比较，若 $t_{计}>t$ 则存在显著性差异，反之则不存在显著性差异。环境监测中，置信度一般取 95%。

3. 监测结果表述

对一个试样某一指标的测定，由于真实值很难测定，所以常用有限次的监测数值来反映真实值，其结果表达方式一般有如下几种：

（1）用算术均数（$\bar{x}$）代表集中趋势

测定过程中排除系统误差和过失误差后，只存在随机误差，根据正态分布的原理，当测定次数无限多（$n\rightarrow\infty$）时的总体均值（μ）应与真值（x_t）很接近，但实际只能测定有限次数。因此样本的算术均数是代表集中趋势表达监测结果的最常用方式。

（2）用算术均数和标准偏差表示测定结果的精密度（$\bar{x}\pm s$）

算术均值代表集中趋势，标准偏差表示离散程度。算术均值代表性的大小与标准偏差的大小有关,即标准偏差大,算术均数代表性小,反之亦然,故而监测结果常以($\bar{x}\pm s$)表示。

(3) 用($\bar{x}\pm s,C_v$)表示结果

标准偏差大小还与所测均数水平或测量单位有关。不同水平或单位的测定结果之间,其标准偏差是无法进行比较的,而变异系数是相对值,故可在一定范围内用来比较不同水平或单位测定结果之间的变异程度。

(四) 直线相关与回归

两个变量 x 和 y 之间存在三种关系:第一种是完全无关;第二种是有确定性关系;第三种是有相关关系,即两个变量之间既有联系,但又不确定。研究变量与变量之间关系的统计方法称为回归分析和相关分析。前者主要是用于找出描述变量间关系的定量表达式,以便由一个变量的值而求出另一变量的值;后再用于变量之间关系的密切程度,即当自变量 x 变化时,因变量 y 大体上按照某种规律变化。

1. 直线回归方程

两个变量之间建立的关系式叫回归方程式,最简单的直线回归方程为:$y = ax + b$。式中 a、b 为常数,当 x 为 x_1 时,实际 y 值在按计算所得 y 左右波动。

上述回归方程可根据最小二乘法来建立。即首先测定一系列 $x_1, x_2, \cdots, x_n$ 和相对应的 $y_1, y_2, \cdots, y_n$,然后按式(1-34),式(1-35)求常数 a 和 b。

$$a = \frac{n\sum x_i y_i - \sum x_i \sum y_i}{n\sum x_i^2 - (\sum x_i)^2} \tag{1-34}$$

$$b = \frac{\sum x_i^2 \sum y_i - \sum x_i \sum x_i y_i}{n\sum x_i^2 - (\sum x_i)^2} = \bar{y} - a\bar{x} \tag{1-35}$$

2. 相关系数及其显著性检验

变量与变量之间的不确定关系称为相关关系,它们之间线性关系的密切程度用相关系数 r 表示,其值在 $-1 \sim +1$ 之间。公式为:

$$r = \frac{\sum (x_i - \bar{x})(y_i - \bar{y})}{\sqrt{\sum (x_i - \bar{x})^2 \sum (y_i - \bar{y})^2}} \tag{1-36}$$

r 值可以有如下三种情况:

(1) 若 x 增大,y 也相应增大,称 x 与 y 呈正相关。此时 $0 < r < 1$,若 $r = 1$,称完全正相关。

(2) 若 x 增大,y 相应减小,称 x 与 y 呈负相关。此时,$-1 < r < 0$,当 $r = -1$ 时,称完全负相关。

(3) 若 y 与 x 的变化无关,称 x 与 y 不相关。此时 $r = 0$。

若总体中 x 与 y 不相关,在抽样时由于偶然误差,可能计算所得 $r \neq 0$。所以应检验 r 值有无显著意义,方法如下:

① 求出 r 值。

② 按求出 $t = |r|\sqrt{\dfrac{n-2}{1-r^2}}$,求出 t 值,n 为变量配对数。

③ 查 t 值表（一般单侧检验）。

若 $t > t_{0.01}$，$P < 0.01$ r 有非常显著意义而相关；

若 $t < t_{0.1}$，$P > 0.1$ r 关系不显著。

任务七　校园水环境监测

一、监测方案的制订

(一) 水环境监测调查和资料收集

校园环境水样很多,有汇集在校园内的地表水,也有来源于地壳下部的地下水(井水、泉水),此外还有校园排放的废水。水环境现状调查和资料收集,除调查收集校园内水污染物排放情况外,还需了解校园所在地区有关水污染源及其水质情况,有关受纳水体的水文和水质参数等。有关水污染源的调查可按表 1–21 进行。

表 1–21　水污染源调查

污染源名称	用水量/(t·h⁻¹)	排水量/(t·h⁻¹)	排放的主要污染物	废水排放去向
学生生活				
实验室				
印刷厂				
⋮				
废水总排放口				

(二) 水环境监测项目和范围

1. 监测项目

水环境监测项目包括水质监测项目和水文监测项目。校园水环境监测项目可以只开展水质监测项目。对于地表水,水质监测项目可分为水质常规项目、特征污染物和水域敏感参数。水质常规项目可根据国家《地表水环境质量标准》(GB3838—2002)和环境监测技术规范选取,特征污染物可根据校园内实验室、校办工厂、医院、机械实习工厂等排放的污染物来选取,敏感水质参数可选择受纳水域敏感的或曾出现过超标而要求控制的污染物。对于地下水,若用作生活饮用水源,监测项目应按照卫生部《生活饮用水水质卫生规范》(2001)执行。为划分地下水类型和反应水质特征的监测项目有矿化度、总硬度、钾、钠、钙、镁、重碳酸根、硫酸根等。

2. 监测范围

地表水监测范围必须包括校园排水对地表水环境影响比较明显的区域,应能全面反映与地表水有关的基本环境状况。如果校园内有湖泊(或人工湖),可直接在校园内湖泊取样监测。如果校园排水直接排入校园外河流、湖泊及海洋等地表水体,应根据地表水的规模和污水排放量来确定调查范围。表 1–22 列出了根据污水排放量与水域规模确定的河流环境影响现状调查范围,对河流影响范围较大取较大值,反之取较小值。如果下游河段附近有敏感区,如水库、水源地、旅游区域等,则监测范围应延长到敏感区上游边界。表中同时还列出了湖泊的调查范围。如果校园废水排入城市下水道,可只在污水总排放口进行监测。地下水监测范围可以只在校园区域内监测布点。

表 1-22 地表水环境现状调查范围

污水排放量 /(m³·d⁻¹)	河 流			湖 泊	
	大河 (≥150 m³/s)	中河 (15~150 m³/s)	小河 (≤15 m³/s)	调查半径 /km	调查面积 /km²
>50 000	15~30	25~40	30~50	4~7	25~80
50 000~20 000	10~20	15~30	25~40	2.5~4	10~25
20 000~10 000	5~10	10~20	15~30	1.5~2.5	3.5~10
10 000~5 000	2~5	5~10	10~25	1~1.5	2~2.5
<5 000	<3	<5	5~15	≤1	≤2

(三)监测点布设、监测时间和采样方法

1. 监测点布设

监测断面和采样点的设置应根据监测目的和监测项目,并结合水域类型、水文、气象、环境等自然特征,综合诸多方面因素提出优化方案,在研究和论证的基础上确定。

河流监测断面一般应设置三种断面,即对照断面、控制断面和消减断面。对照断面反映进入本地区河流水质的初始情况,布设在不受污染物影响的城市和工业排污区的上游;控制断面布设在评价河段末端或评价河段有控制意义的位置,诸如支流汇入、废水排放口、水工建筑和水文站下方,视沿岸污染源分布情况,可设置一个至数个控制断面;消减断面布设在控制断面的下游,污染物浓度有显著下降处,以反映河流对污染物的稀释自净情况。断面上的采样点根据河流水面宽度和水深,按国家相关规定确定。

2. 监测时间

监测目的和水体不同,监测的频率往往也不相同。对河流和湖泊的水质、水文同步调查3~4 d,至少应有 1 天对所有已选定的水质参数采样分析。一般情况下每天每个水质参数只采一个水样。对校园废水总排口,可每隔 2~3 h 采样一次。地下水采样时间和频率应与地表水同步进行。

3. 采样方法

根据监测项目确定是混合采样还是单独采样。采样器需事先用洗涤剂、自来水、10%硝酸或盐酸和蒸馏水洗涤干净、沥干,采样前用被采集的水样洗涤 2~3 次。采样时应避免激烈搅动水体和漂浮物进入采样桶;采样桶桶口要迎着水流方向浸入水中,水充满后迅速提出水面,需加保存剂时应在现场加入。为特殊监测项目采样时,要注意特殊要求,如应用碘量法测定水中溶解氧,需防止曝气或残存气泡的干扰等。

(四)样品的保存和运输

水样存放过程中,由于吸附、沉淀、氧化还原、微生物作用等,样品的成分可能发生变化,

因此如不能及时运输和分析测定的水样,需采取适当的方法保存。较为普遍采用的保存方法有:控制溶液的 pH 值、加入化学试剂、冷藏和冷冻。

采集的水样除一部分现场测定使用外,大部分要运送到实验室进行分析测试。在运输过程中,为继续保证水样的完整性、代表性,使之不受污染,不被损坏和丢失,必须遵守各项保证措施。根据水样采样记录表清点样品,塑料容器要塞紧内塞、旋紧外塞;玻璃瓶要塞紧磨口塞,然后用细绳将瓶塞与瓶颈拴紧。需冷藏的样品,配备专门的隔热容器,放冷却剂。冬季运送样品,应采取保温措施,以免冻裂样瓶。

(五) 分析方法与数据处理

1. 分析方法

分析方法按国家环保局规定的《水和废水分析方法》进行,可按表 1-23 编写。

表 1-23 监测项目的分析方法及检出下限

序号	监 测 项 目	分 析 方 法	检 出 下 限	国 标 号
1	pH 值、电导率、温度、氧化还原电位、溶解氧	水质分析仪		
2	COD_{Cr}	重铬酸盐氧化滴定法	5 mg/L	GB11914—1989
3	BOD_5	稀释法测定	≥2 mg/L	
4	浊度	浊度仪	不超过 1 度(NTU)	
⋮				

2. 数据处理

监测结果的原始数据要根据有效数字的保留规则正确书写,监测数据的运算要遵循运算规则。在数据处理中,对出现的可疑数据,首先从技术上查明原因,然后再用统计检验处理,经验证后属离群数据应予剔除,以使测定结果更符合实际。

3. 分析结果的表示

可按表 1-24 对水质监测结果进行统计。

表 1-24 水质监测结果统计

断面名称	污 染 因 子	pH	SS	DO	COD_{Cr}	BOD_5	$NH_3 - N$	⋯
1	浓度/(mg · L^{-1})							
	超标倍数							
2	浓度/(mg · L^{-1})							
	超标倍数							
⋮	⋮							
	标准值							

4. 水质评价

目前我国颁布的水质标准主要有:地面水环境质量标准(GB3833—2002);生活饮用水

卫生标准等。地面水环境质量标准适用于全国江河、湖泊、水库等水域。因此,学生根据监测结果,对照地面水环境质量标准,对河水进行评价,判断水质属于几级。推断污染物的来源,对污染物的种类进行分类,并提出改进的建议。

二、水环境监测方案案例

(一) M 大学水污染源概况

M 大学是一所综合性大学,有在校学生 22 500 人,教职工 2 100 多名。该校废水来源于学生及教职工的生活污水,校医院排放的医疗废水,化学实验室、给水排水工程实验室、环境工程实验中心、材料实验室等排放的含有无机、有机化学药品及酸碱、重金属等污染物的实验废水,此外还有学校印刷厂排放的废水,学校宾馆、招待所排放的污水等。

为了了解 M 大学水环境质量状况,环境工程专业 2008 级学生对 M 大学的生活饮用水、湖水和污水总排放口的水质情况进行了调查。

(二) 水质监测项目及人员分组情况

1. 水质监测项目

根据 M 大学废水的来源,地表水和饮用水的水源性质,结合《地表水环境质量标准》(GB3838—2002)、《污水综合排放标准》(GB8978—1996)、《生活饮用水水质卫生规范》(2001)确定的水质调查指标如表 1-25 所示。

表 1-25 水质调查指标

水质类别	水质调查指标											
饮用水	pH 值	Ni	Cd	Cr^{6+}	Pb	Zn	Fe	Cu	Mn	硝酸盐	总硬度	细菌总数
湖水	pH 值	DO	Cd	Cr^{6+}	Pb	Zn	COD	Cu	NH_3-N			
污水总排口	pH 值	Ni	Cd	Cr^{6+}	Pb	Zn	COD	Cu	NH_3-N	Mn	SS	

2. 人员分组情况

将环境工程专业 2008 级 58 个学生分为 A、B、C、D、E 5 个小组,每个小组开展部分水质指标的监测工作,具体分工如表 1-26 所示。

表 1-26 各组承担的水质指标监测任务

组别	A			B		C		D		E						
水质指标	pH 值	SS	细菌总数	DO	COD_{Cr}	总硬度	硝酸盐	Cr^{6+}	NO_3-N	Cu	Zn	Cd	Mn	Fe	Ni	Pb

3. 分析方法

生活饮用水、湖水和废水的监测与分析方法均按《环境监测技术规范》、《地表水环境质量标准》(GB3838—2002)、《生活饮用水检验规范》(2001)、《污水综合排放标准》(GB8978—1996)中规定的分析方法进行,各项目的具体分析方法见表 1-27。

表 1-27 监测项目及分析方法

序号	监测项目	保护剂	分析方法	方法来源	检出下限 /(mg·L^{-1})
1	pH 值		玻璃电极法	GB6920—86	
2	DO	MnSO$_4$-KI 固定、冷藏	碘量法	GB7489—87	0.2
3	COD	加 H$_2$SO$_4$,调 pH<2	重铬酸盐法	GB11914—89	10
4	NH$_3$-N	加 H$_2$SO$_4$,调 pH<2	纳氏试剂比色法	GB/T7479—87	0.05
5	Cr^{6+}	加 NaOH,调 pH 至 8~9	二苯碳酰二肼分光光度法	GB7476—87	0.004
6	SS		重量法	GB11901—89	
7	Cu	加 HNO$_3$,调 pH 至 1~2	原子吸收分光光度法	GB7475—87	0.001
8	Zn	加 HNO$_3$,调 pH<2	原子吸收分光光度法	GB7475—87	0.05
9	Cd	加 HNO$_3$,调 pH 至 1~2	原子吸收分光光度法	GB7475—87	0.001
10	Pb	加 HNO$_3$,调 pH 至 1~2	原子吸收分光光度法	GB7475—87	0.01
11	Mn	加 HNO$_3$,调 pH<2	原子吸收分光光度法	GB11911—89	0.05
12	Ni	加 HNO$_3$,调 pH<2	原子吸收分光光度法	GB11912—89	0.05
13	Fe	加 HNO$_3$,调 pH<2	原子吸收分光光度法	生活饮用水检验规范(2001)	0.05
14	硝酸盐	加 H$_2$SO$_4$,调 pH<2	液相色谱法	生活饮用水检验规范(2001)	0.1
15	总硬度		配位滴定法	生活饮用水检验规范(2001)	0.01
16	细菌总数		培养基法	生活饮用水检验规范(2001)	

4. 采样时间和频次

采样于某年某月某日进行,分上、下午各取样一次,均匀混合后取混合样进行分析,样品的采样、保存均按国家相关监测技术规范进行。

5. 监测结果与评价

表 1-28 列出了饮用水、湖水和污水总排放口的水质监测结果。

表 1-28 水质监测结果

水质类别		pH 值	Cr^{6+}	Cd	Pb	Zn	Cu	Ni	Mn	Fe	COD	NH$_3$-N	DO	SS	硝酸盐	总硬度	细菌总数
饮用水	结果	6.8	0.01	0.004	0.004	0.02	0.01	0.008	0.05	0.02					0.96	0.98	—
	标准	6.5~8.5	0.05	0.005	0.01	1.0	1.0	0.02	0.1	0.3					20	450	100
湖水 GB3838—2002 V 类	结果	7.1	0.02	0.007	0.005	1.4	0.01				76	0.01	9				
	6~9		≤0.1	≤0.01	≤0.1	≤2.0	≤1.0				≤40	≤2.0	≥2				
污水总排放口 GB8978—1996 三级标准	结果	7.8	0.2	0.012	0.068	2.1	0.01	0.043	0.56		204			111			
	6~9		0.5	0.1	1.0	5.0	2.0	1.0	5.0		500			400			

注:表中细菌总数单位为 CFU/mL,除 pH 值外,其余均为 mg/L。

由表可知,饮用水所有指标监测浓度值均满足《生活饮用水水质卫生规范》(2001)标准中规定的各指标的限值。M 大学校园内湖水按 GB3838—2002 属 V 类水域,湖水中的各项污染物浓度监测值除 COD 超标外,其余指标均满足《地表水环境质量标准》(GB3838—2002) V 类水域标准值的要求。M 大学污水先排入城市下水道,经市政污水处理厂处理达标后再排入某河流,按照《污水综合排放标准》(GB8978—1996)的标准分级,M 大学校园污水排放执行三级标准。将污水总排口的水质指标监测值和《污水综合排放标准》(GB8978—1996)三级标准对照,均满足其要求。

综合上述监测结果可知,M 大学校园的水质监测指标,除个别指标超标外,其余均满足相关标准的要求,说明其水环境质量良好。

任务八　电镀厂废水监测

一、监测方案的制订

废水监测的监测对象与地表水监测不同,目的也不一样,主要用在环保设施竣工验收监测、污染源监测等方面。因此,其监测方案的制订要求也不尽相同,其与地表水监测方案的不同之处主要体现在以下几个方面。

(一) 现场调查及资料收集

1. 一般性了解的内容

废水监测方案制定前的现场调查及资料收集主要是对污染源情况的调查,包括污染源名称、行业类型、联系方式、主要产品产量、生产制度、主要原辅材料和设备使用情况等。

2. 重点了解的内容

包括相关的工艺流程、污水类型、排放规律、污水管线设置、污水中主要污染物的种类(区分出Ⅰ类、Ⅱ类污染物)、排放去向、废水处理设施情况、用水情况(总用水量、新鲜水量、回用水量、生活用水、水平衡分析)等。

(二) 监测计划中重点应考虑的问题

废水监测计划的内容许多与地表水监测计划雷同,但也有自己特殊的地方,具体体现在:

(1) 采样点的确定,主要依据是项目排污口、排污管线的位置;

(2) 采样时间、周期及频率的确定,主要依据是生产周期及废水排放规律;

(3) 根据排污去向确定废水排放的标准。

二、电镀厂废水监测方案案例

1. 监测目的

本次监测是对 M 电镀厂废水处理设施的竣工验收监测。

2. 该厂废水产生环节及废水处理设施基本情况

该厂的废水主要来自生产中除油、清洗工序,其特征污染物是酸碱物质、COD、重金属离子(镍、铜),其中镍属于Ⅰ类污染物。项目产生的废水经配套的治理设施处理达标后(综合污水排放标准第二时段一级标准)外排进入 W 河。

3. 采样位置

采样点共设四个,1#采样点在车间废水处理设施入水处,2#采样点在车间废水处理设施排污口(主要反映镍的排放情况),3#采样点在厂内废水处理设施入水处,4#采样点在厂区的总排污口。

4. 采样时间、周期及频率

本次监测于某年某月某日进行,其采样周期及频率与生产周期同步,至少监测一个生产周期的废水状况。

5. 监测项目及分析方法

根据 M 电镀厂废水的特点,本次监测项目为 pH、COD、铜、镍,具体方法见表 1-29。

表 1-29　各项目的分析方法及最低检出限

项 目	分 析 方 法	最低检出限/(mg·L^{-1})
pH	玻璃电极法	—
COD$_{cr}$	重铬酸盐法	10
Cu	原子吸收分光光度法	0.001
Ni	火焰原子吸收分光光度法	0.001

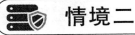

大 气 监 测

教学目标

知识目标

1. 掌握大气监测技术,即采样技术、测试技术和数据处理能力;

2. 掌握大气监测方案制订原则和方法、大气样品的采集方法、几种优先监测污染物的测定方法;

3. 熟悉大气环境质量标准。

能力目标

1. 现场环境调查、监测计划设计、优化布点、样品采集、运送保存的能力;

2. 样品测试、数据处理的能力;

3. 依据测试结果进行环境现状评价的能力。

学习情境

1. 学习地点:实训室;

2. 主要仪器:TSP 采样器、烟尘烟气采样器、分光光度计等;

3. 学习内容:首先对有代表性的大气污染因子进行布点、采样、监测和数据处理,完成监测报告。然后独立完成对校园大气环境的监测,通过训练使学生基本能够完成常规气体的监测任务。

任务一　空气中总悬浮颗粒物 TSP 的测定

学习目标

1. 掌握大气中总悬浮颗粒物的测定原理及测定方法；
2. 掌握大气样品的采集技术；
3. 学会使用中流量采样器并能够进行相应的记录分析；
4. 了解可吸入颗粒物的测定方法。

任务分析

TSP 的测定常采用重量法。采集一定体积的大气样品，通过已恒重的滤膜，悬浮微粒被阻留在滤膜上，根据采样滤膜的增量及采样体积，计算 TSP 的浓度。测定前检查采样头是否漏气，注意平衡条件的一致性，滤膜称重时必须达到"恒重"。

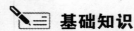 **基础知识**

一、大气样品的采集

（一）大气污染物及其存在状态

大气污染物的种类不下数千种，已发现有危害作用而被人们注意到的有 100 多种，其中大部分是有机物。依据大气污染物的形成过程，可将其分为一次污染物和二次污染物。

一次污染物是直接从各种污染源排放到大气中的有害物质。常见的主要有二氧化硫、氮氧化物、一氧化碳、碳氢化合物、颗粒性物质等。颗粒性物质中包含苯并[a]芘等强致癌物质、有毒重金属、多种有机和无机化合物等。

二次污染物是一次污染物在大气中相互作用或它们与大气中的正常组分发生反应所产生的新污染物。这些新污染物与一次污染物的化学、物理性质完全不同，多为气溶胶，具有颗粒小、毒性一般比一次污染物大等特点。常见的二次污染物有硫酸盐、硝酸盐、臭氧、醛类（乙醛和丙烯醛等）、过氧乙酰硝酸酯（PAN）等。

大气中的污染物质的存在状态是由其自身的理化性质及形成过程决定的；气象条件也起一定的作用。一般将它们分为分子状态污染物和粒子状态污染物两类。

1. 分子状态污染物

某些物质如二氧化硫、氮氧化物、一氧化碳、氯化氢、氯气、臭氧等沸点都很低，在常温、常压下以气体分子形式分散于大气中。还有些物质如苯、苯酚等，虽然在常温、常压下是液体或固体,但因其挥发性强,故能以蒸气态进入大气中。

无论是气体分子还是蒸气分子,都具有运动速度较大、扩散快、在大气中分布比较均匀的特点。它们的扩散情况与自身的比重有关,比重大者向下沉降,如汞蒸气等;比重小者向上飘浮,并受气象条件的影响,可随气流扩散到很远的地方。

2. 粒子状态污染物

粒子状态污染物(或颗粒物)是分散在大气中的微小液体和固体颗粒,粒径多在 $0.01\sim100\ \mu m$ 之间,是一个复杂的非均匀体系。通常根据颗粒物在重力作用下的沉降特性将其分为降尘和飘尘。粒径大于 $10\ \mu m$ 的颗粒物能较快地沉降到地面上,称为降尘;粒径小于 $10\ \mu m$ 的颗粒物可长期飘浮在大气中,称为飘尘。

飘尘具有胶体性质,故又称气溶胶,它易随呼吸进入人体肺脏,在肺泡内积累,并可进入血液输往全身,对人体健康危害大,因此也称可吸入颗粒物(PM_{10})。通常所说的烟(Smoke)、雾(Fog)、灰尘(Dust)也是用来描述飘尘存在形式的。

某些固体物质在高温下由于蒸发或升华作用变成气体逸散于大气中,遇冷后又凝聚成微小的固体颗粒悬浮于大气中构成烟。例如,高温熔融的铅、锌,可迅速挥发并氧化成氧化铅和氧化锌的微小固体颗粒。烟的粒径一般在 $0.01\sim1\ \mu m$ 之间。

雾是由悬浮在大气中微小液滴构成的气溶胶。按其形成方式可分为分散型气溶胶和凝聚型气溶胶。常温状态下的液体,由于飞溅、喷射等原因被雾化而形成微小雾滴分散在大气中,构成分散型气溶胶。液体因加热变成蒸气逸散到大气中,遇冷后又凝集成微小液滴形成凝聚型气溶胶。雾的粒径一般在 $10\ \mu m$ 以下。

通常所说的烟雾是烟和雾同时构成的固、液混合态气溶胶,如硫酸烟雾、光化学烟雾等。硫酸烟雾主要是由燃煤产生的高浓度二氧化硫和煤烟形成的,而二氧化硫经氧化剂、紫外光等因素的作用被氧化成三氧化硫,三氧化硫与水蒸气结合形成硫酸烟雾。当汽车污染源排放到大气中的氮氧化物、一氧化碳、碳氢化合物达到一定浓度后,在强烈阳光照射下,经发生一系列光化学反应,形成臭氧、PAN 和醛类等物质悬浮于大气中而构成光化学烟雾。

尘是分散在大气中的固体微粒,如交通车辆行驶时所带起的扬尘,粉碎固体物料时所产生的粉尘。燃煤烟气中的含碳颗粒物等。

(二) 采样点的布设

1. 布设采样点的原则和要求

(1)采样点应设在整个监测区域的高、中、低三种不同污染物浓度的地方。

(2)在污染源比较集中、主导风向比较明显的情况下,应将污染源的下风向作为主要监测范围,布设较多的采样点;上风向布设少量点作为对照。

(3)工业较密集的城区和工矿区,人口密度及污染物超标地区,要适当增设采样点;城市郊区和农村,人口密度小及污染物浓度低的地区,可酌情少设采样点。

(4)采样点的周围应开阔,采样口水平线与周围建筑物高度的夹角应不大于 $30°$。测点周围无局地污染源,并应避开树木及吸附能力较强的建筑物。交通密集区的采样点应设在距人行道边缘至少 $1.5\ m$ 远处。

(5)各采样点的设置条件要尽可能一致或标准化,使获得的监测数据具有可比性。

（6）采样高度根据监测目的而定。研究大气污染对人体的危害，采样口应在离地面1.5～2 m处；研究大气污染对植物或器物的影响，采样口高度应与植物或器物高度相近。连续采样例行监测采样口高度应距地面3～15 m；若置于屋顶采样，采样口应与基础面有1.5 m以上的相对高度，以减小扬尘的影响。特殊地形地区可视实际情况选择采样高度。

2．采样点数目

在一个监测区域内，采样点设置数目是与经济投资和精度要求相应的一个效益函数，应根据监测范围大小、污染物的空间分布特征、人口分布及密度、气象、地形及经济条件等因素综合考虑确定。我国对大气环境污染例行监测采样点规定的设置数目列于表2-1。

表 2-1 我国大气环境污染例行监测采样点设置数目

市区人口/万人	SO_2、NO_x、TSP	灰尘自然降尘量	硫酸盐化速率
<50	3	≥3	≥6
50～100	4	4～8	6～12
100～200	5	8～11	12～18
200～400	6	12～20	18～30
>400	7	20～30	30～40

3．布点方法

（1）功能区布点法

按功能区划分布点法多用于区域性常规监测。先将监测区域划分为工业区、商业区、居住区、工业和居住混合区、交通稠密区、清洁区等，再根据具体污染情况和人力、物力条件，在各功能区设置一定数量的采样点。各功能区的采样点数不要求平均，一般在污染较集中的工业区和人口较密集的居住区多设采样点。

（2）网格布点法

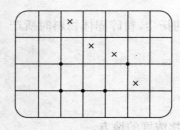

图 2-1 网格布点

这种布点法是将监测区域地面划分成若干均匀网状方格，采样点设在两条直线的交点处或方格中心（图 2-1）。网格大小视污染源强度、人口分布及人力、物力条件等确定。若主导风向明显，下风向设点应多一些，一般约占采样点总数的60%。对于有多个污染源，且污染源分布较均匀的地区，常采用这种布点方法。它能较好地反映污染物的空间分布；如将网格划分得足够小，则将监测结果绘制成污染物浓度空间分布图，对指导城市环境规划和管理具有重要意义。

（3）同心圆布点法

这种方法主要用于多个污染源构成污染群，且大污染源较集中的地区。先找出污染群的中心，以此为圆心在地面上画若干个同心圆，再从圆心作若干条放射线，将放射线与圆周的交点作为采样点（图 2-2）。不同圆周上的采样点数目不一定相等或均匀分布，常年主导风向的下风向比上风向多设一些点。例如，同心圆半径分别取 4、10、20、40（km），从里向外各圆周上分别设 4、8、8、4 个采样点。

（4）扇形布点法

扇形布点法适用于孤立的高架点源，且主导风向明显的地区。以点源所在位置为顶点，主导风向为轴线，在下风向地面上划出一个扇形区作为布点范围。扇形的角度一般为 45°，也可更大些，但不能超过 90°。采样点设在扇形平面内距点源不同距离的若干弧线上（图 2-3）。每条弧线上设 3～4 个采样点，相邻两点与顶点连线的夹角一般取 10°～20°。在上风向应设对照点。

图 2-2　同心圆布点

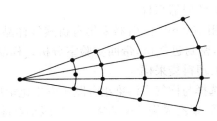

图 2-3　扇形布点

在实际工作中，为做到因地制宜，使采样网点布设得完善合理，往往采用以一种布点方法为主，兼用其他方法的综合布点法。

（三）采样时间和采样频率

采样时间系指每次采样从开始到结束所经历的时间，也称采样时段。采样频率系指在一定时间范围内的采样次数。这两个参数要根据监测目的、污染物分布特征及人力物力等因素决定。

采样时间短，试样缺乏代表性，监测结果不能反映污染物浓度随时间的变化，仅适用于事故性污染、初步调查等情况的应急监测。增加采样频率，也就相应地增加了采样时间，积累足够多的数据，样品就具有较好的代表性。

最佳采样和测定方式是使用自动采样仪器进行连续自动采样，再配以污染组分连续或间歇自动监测仪器，其监测结果能很好地反映污染物浓度的变化，能取得任意一段时间（一天、一月或一季）的代表值（平均值）。中国监测技术规范对大气污染例行监测规定的采样时间和采样频率见表 2-2。

表 2-2　采样时间和采样频率

监测项目	采样时间和频率
二氧化硫	隔日采样，每天连续采 24±0.5 小时，每月 14～16 天，每年 12 个月
氮氧化物	同二氧化硫
总悬浮颗粒物	隔双日采样，每天连续采 24±0.5 小时，每月 5～6 天，每年 12 个月
灰尘自然降尘量	每月采样 30±2 天，每年 12 个月
流速盐化速率	每月采样 30±2 天，每年 12 个月

(四)采样方法和采样仪器

采集大气(空气)样品的方法可归纳为直接采样法和富集(浓缩)采样法两类。

1. 直接采样法

当大气中的被测组分浓度较高,或者监测方法灵敏度高时,从大气中直接采集少量气样即可满足监测分析要求。例如,用非色散红外吸收法测定空气中的一氧化碳;用紫外荧光法测定空气中的二氧化硫等都用直接采样法。这种方法测得的结果是瞬时浓度或短时间内的平均浓度,能较快地测知结果。常用的采样容器有注射器、塑料袋、真空瓶(管)等。

(1)注射器采样

常用 100 mL 注射器采集有机蒸气样品。采样时,先用现场气体抽洗 2～3 次,然后抽取 100 mL,密封进气口,带回实验室分析。样品存放时间不宜长,一般应当天分析完。

(2)塑料袋采样

应选择与样气中污染组分既不发生化学反应,也不吸附、不渗漏的塑料袋。常用的有聚四氟乙烯袋、聚乙烯袋及聚酯袋等。为减小对被测组分的吸附,可在袋的内壁衬银、铝等金属膜。采样时,先用二联球打进现场气体冲洗 2～3 次,再充满样气,夹封进气口,带回尽快分析。

(3)采气管采样

采气管是两端具有旋塞的管式玻璃容器,其容积为 100～500 mL(图 2-4)。采样时,打

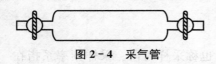

图 2-4 采气管

开两端旋塞,将二联球或抽气泵接在管的一端,迅速抽进比采气管容积大 6～10 倍的欲采气体,使采气管中原有气体被完全置换出,关上两端旋塞,采气体积即为采气管的容积。

(4)真空瓶采样

真空瓶是一种用耐压玻璃制成的固定容器,容积为 500～1 000 mL(图 2-5)。采样前,先用抽真空装置将采气瓶(瓶外套有安全保护套)内抽至剩余压力达 1.33 kPa 左右;如瓶内预先装入吸水液,可抽至溶液冒泡为止,关闭旋塞。采样时,打开旋塞,被采空气即充入瓶内,关闭旋塞,则采样体积为真空采气瓶的容积。

2. 富集(浓缩)采样法

大气中的污染物质浓度一般都比较低,直接采样法往往不能满足分析方法检测限的要求,故需要用富集采样法对大气中的污染物进行浓缩。富集采样时间一般比较长,测得结果代表采样时段的平均浓度,更能反映大气污染的真实情况。这种采样方法有溶液吸收法、固体阻留法、低温冷凝法及自然沉降法等。下面主要介绍溶液吸收法。

图 2-5 真空瓶

该方法是采集大气中气态、蒸气态及某些气溶胶态污染物质的常用方法。采样时,用抽气装置将欲测空气以一定流量抽入装有吸收液的吸收管(瓶)。采样结束后,倒出吸收液进行测定,根据测得结果及采样体积计算大气中污染物的浓度。

溶液吸收法的吸收效率主要决定于吸收速度和样气与吸收液的接触面积。欲提高吸收速度,必须根据被吸收污染物的性质选择效能好的吸收液。吸收液的选择原则是:① 与被采集的物质发生化学反应快或对其溶解度大;② 污染物质被吸收液吸收后,要有足够的稳

定时间,以满足分析测定所需时间的要求;③ 污染物质被吸收后,应有利于下一步分析测定,最好能直接用于测定;④ 吸收液毒性小、价格低、易于购买,且尽可能回收利用。

增大被采气体与吸收液接触面积的有效措施是选用结构适宜的吸收管(瓶)。下面介绍几种常用吸收管(图 2-6)。

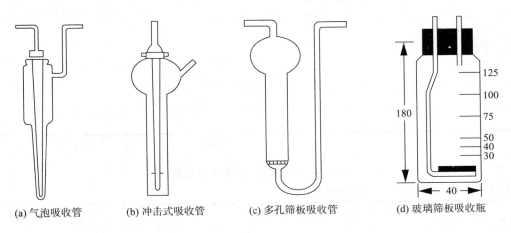

(a) 气泡吸收管　　(b) 冲击式吸收管　　(c) 多孔筛板吸收管　　(d) 玻璃筛板吸收瓶

图 2-6　气体吸收管(瓶)

(1) 气泡吸收管

这种吸收管可装 5~10 mL 吸收液,采样流量为 0.5~2.0 L/min,适用于采集气态和蒸气态物质。对于气溶胶态物质,因不能像气态分子那样快速扩散到气液界面上,故吸收效率差。

(2) 冲击式吸收管

这种吸收管有小型(装 5~10 mL 吸收液,采样流量为 3.0 L/min)和大型(装 50~100 mL 吸收液,采样流量为 30 L/min)两种规格,适宜采集气溶胶态物质。因为该吸收管的进气管喷嘴孔径小,距瓶底又很近,当被采气样快速从喷嘴喷出冲向管底时,则气溶胶颗粒因惯性作用冲击到管底被分散,从而易被吸收液吸收。冲击式吸收管不适合采集气态和蒸气态物质,因为气体分子的惯性小,在快速抽气情况下,容易随空气一起跑掉。

(3) 多孔筛板吸收管(瓶)

该吸收管可装 5~10 mL 吸收液,采样流量为 0.1~1.0 L/min。吸收瓶有小型(装 10~30 mL 吸收液,采样流量为 0.5~2.0 L/min)和大型(装 50~100 mL 吸收液,采样流量 30 L/min)两种。气样通过吸收管(瓶)的筛板后,被分散成很小的气泡,且阻留时间长,大大增加了气液接触面积,从而提高了吸收效果。它们除适合采集气态和蒸气态物质外,也能采集气溶胶态物质。

(五) 采样记录

采样记录与实验室分析测定记录同等重要。在实际工作中,不重视采样记录,往往会导致由于采样记录不完整而使一大批监测数据无法统计而报废。因此,必须给予高度重视。采样记录见表 2-3。

表 2-3　气态污染物现场采样记录

采样地点＿＿＿＿＿＿　　污染物名称＿＿＿＿＿＿

采样方法＿＿＿＿＿＿　　采样仪器型号＿＿＿＿＿＿

采样日期	样品编号	采样时间		气温/℃	气压/kPa	流量/(L/min)			采集空气			天气状况
		开始	结束			开始后	结束前	平均	时间/min	体积/L	标准体积/L	

采样者＿＿＿＿＿＿　　　　　　审核者＿＿＿＿＿＿

表 2-4　TSP(PM₁₀)现场采样记录

采样地点＿＿＿＿＿＿　　采样时间＿＿＿＿＿＿

采样器编号	滤膜编号	采样时间		累积采样时间/min	气温/℃	气压/kPa	流量/(L/min)	天气
		开始	结束					

二、空气中 TSP 的测定

　　大气中总悬浮颗粒物是指能悬浮在空气中,空气动力学当量直径为 100 μm 以下的颗粒物,以 TSP 表示。常用的测定方法是:重量法,适合于大流量或中流量总悬浮颗粒物采样器进行空气中总悬浮颗粒物的测定,检测极限为 0.001 mg/m³。

　　根据采样流量不同,分为大流量采样器(1.1~1.7 m³/min)、中流量采样器(50~150 L/min)。一般连续采样 24 h。

　　用抽气动力抽取一定体积的空气通过已恒重的滤膜,则空气中的总悬浮颗粒物被阻留在滤膜上,根据采样前后滤膜的质量之差及采样体积,即可计算总悬浮颗粒物的质量浓度。滤膜经处理后,可进行化学组分分析。

　　把滤膜放入恒温恒湿箱内平衡 24 h,平衡温度取 15~30 ℃中任一点,并记录温度和湿度,平衡称量滤膜,标准至 0.1 mg。将滤膜放入滤膜夹,使之不漏气,安装采样头顶盖和设置采样时间后即可启动采样。采样后,打开采样头,取出滤膜,在平衡条件下,即可计量测定。

　　按式(2-1)计算

$$TSP(\mu g/m^3) = \frac{K(m_1 - m_0)}{Q_n t}　　　　　(2-1)$$

式中　m_1——采样后滤膜质量,g;

　　　m_0——采样前滤膜质量,g;

　　　　t——累积采样时间，min；

　　　　Q_n——采样器平均抽气流量，m^3/min；

　　　　K——常数（大流量采样器 $K=1\times10^6$，中流量采样器 $K=1\times10^9$）。

　　每张滤膜要用 X 射线片机检查，不得有针孔或缺陷。两台采样器放在不大于 4 m、不小于 2 m 的距离内，同时采样测定总悬浮颗粒物含量，相对偏差应不大于 15%。

工作步骤

　　1. 滤膜准备

　　滤膜使用前需用光照检查，不得使用有针孔或有任何缺陷的滤膜。滤膜放入专用袋中，在干燥器内放置 24 h，迅速称量，读数准确到 0.1 mg，记下滤膜的编号和质量。放回干燥器内 1 h 后再次称重，二次称量之差不大于 0.4 mg 即为恒重，装入专用袋内备用。采样前，滤膜不能弯曲或折叠。

　　2. 采样

　　采样时，将已恒重的滤膜用镊子取出，"毛"面向上，平放在采样头的网板上（网板上事先用纸擦净），放上滤膜夹，拧紧采样器顶盖，然后开机采样，调节采样流量。

　　采样后，用镊子将已采样滤膜"毛"面向里，对折两次成扇形放回专用袋。记下采样日期和采样地点，记录采样期的温度、压力。滤膜纸袋放入干燥器内，依"滤膜准备"中所述的方法称量至恒重。

　　3. 计算

　　采样后若发现有损伤，穿孔漏气现象，应作废，重新取样。

　　· 注意事项

　　① TSP 切割器（采样头）为精密部件，应仔细使用，不用时应妥善保存，避免磕碰。

　　② 抽气泵严禁加润滑油，使用一段时间后可从进气口倒入 100～250 mL 乙醇，使泵运行约 20 min 即可。

　　③ 若抽气泵运转正常，管路不漏气，而流量不够时，则属刮片磨损过甚，更换刮片即好。

　　④ 严禁抽气泵全封闭启动或全封闭运行，以免烧坏电机。

知识拓展

一、可吸入颗粒物的测定

　　能悬浮在空气中，空气动力学当量粒径小于 10 μm 的颗粒物称为可吸入颗粒物（PM_{10} 或 IP），又称作飘尘。测定飘尘的方法有重量法、压电晶体振荡法、β 射线吸收法及光散射法等。这里主要介绍国家规定的重量法。

　　根据采样流量不同，分为大流量采样重量法和小流量采样重量法。大流量法使用带有 10 μm 以上颗粒物切割器的大流量采样器采样。使一定体积的大气通过采样器，先将粒径大于 10 μm 的颗粒物分离出去，小于 10 μm 的颗粒物被收集在预先恒重的滤膜上，根据采样前后滤膜重量之差及采样体积，即可计算出飘尘的浓度。使用时，应注意定期清扫切割器内的颗粒物;采样时必须将采样头及入口各部件旋紧,以免空气从旁侧进入采样器造成测定误差。

小流量法使用小流量采样器,如我国推荐使用 13 L/min。使一定体积的空气通过具有分离和捕集装置的采样器,首先将粒径大于 $10~\mu m$ 的颗粒物阻留在撞击挡板的入口挡板内,飘尘则通过入口挡板被捕集在预先恒重的玻璃纤维滤膜上,根据采样前后的滤膜重量及采样体积计算飘尘的浓度。滤膜还可供进行化学组分分析。采样器流量计一般用皂膜流量计校准,其他同大流量法。

二、国家环境空气质量监测网监测项目

必 测 项 目	选 测 项 目
二氧化硫(SO_2)	总悬浮颗粒物(TSP)
二氧化氮(NO_2)	铅(Pb)
可吸入颗粒物(PM_{10})	氟化物(F)
一氧化碳(CO)	苯并[a]芘(B[a]P)
臭氧(O_3)	有毒有害有机物

任务二　二氧化硫(SO₂)的测定

学习目标

1. 掌握二氧化硫的测定方法;
2. 熟悉大气采样器和分光光度计的使用。

任务分析

  国家规定了两种二氧化硫的测定方法:四氯汞钾溶液吸收-盐酸副玫瑰苯胺分光光度法是国内外广泛采用的测定方法,具有灵敏度高、选择性好等优点,但吸毒性较大;甲醛吸收-副玫瑰苯胺分光光度法避免了使用毒性大的四氯汞钾溶液吸收,其灵敏度、准确度相同,且样品采集后相当稳定,但操作条件要求严格。

 基础知识

二氧化硫(SO₂)的测定

  SO₂ 是主要大气污染物之一,为大气环境污染例行监测的必测项目。它来源于煤和石油等燃料的燃烧、含硫矿石的冶炼、硫酸等化工产品生产排放的废气。SO₂ 是一种无色、易溶于水、有刺激性气味的气体,能通过呼吸进入气管,对局部组织产生刺激和腐蚀作用,是诱发支气管炎等疾病的原因之一,特别是当它与烟尘等气溶胶共存时,可加重对呼吸道黏膜的损害。SO₂ 的味阈值是 $0.3 \, \text{mg/L}$,达 $30 \sim 40 \, \text{mg/L}$ 时,人呼吸感到困难。

  测定 SO₂ 常用的方法有分光光度法、紫外荧光法、电导法、库仑滴定法、火焰光度法等。国家规定的标准分析方法是:四氯汞钾溶液吸收-盐酸副玫瑰苯胺分光光度法和甲醛吸收-副玫瑰苯胺分光光度法。

(一) 四氯汞钾溶液吸收-盐酸副玫瑰苯胺分光光度法

  四氯汞钾溶液吸收-盐酸副玫瑰苯胺分光光度法的原理是用氯化钾和氯化汞配制成四氯汞钾吸收液,气样中的二氧化硫用该溶液吸收,生成稳定的二氯亚硫酸盐络合物,该络合物再与甲醛和盐酸副玫瑰苯胺作用,生成紫色络合物,其颜色深浅与 SO₂ 含量成正比,用分光光度法测定。

  该方法是国内外广泛采用的测定环境空气中 SO₂ 的方法,具有灵敏度高、选择性好等优点,但吸收液毒性较大。

  先用亚硫酸钠标准溶液配制标准色列,在最大吸收波长处以蒸馏水为参比测定吸光度,用经试剂空白修正后的吸光度对 SO₂ 含量绘制标准曲线。然后,以同样方法测定显色后的样品溶液,经试剂空白修正后,按式(2-2)计算样气中 SO₂ 的含量:

$$c(SO_2, mg/m^3) = \frac{(A-A_0)B_S}{V_S} \times \frac{V_t}{V_a}$$

(2-2)

式中 A——样品溶液吸光度;

  A_0——试剂空白溶液的吸光度;

  B_s——校正因子,μg;

  V_t——样品溶液总体积,mL;

  V_a——测定时所取样品溶液体积,mL;

  V_S——换算成标准状态下的采样体积,L。

(二)甲醛吸收-副玫瑰苯胺分光光度法

甲醛吸收-副玫瑰苯胺分光光度法的原理是气样中的 SO₂ 被甲醛缓冲溶液吸收后,生成稳定的羟基甲磺酸加成化合物,加入氢氧化钠溶液使加成化合物分解,释放出 SO₂ 与盐酸副玫瑰苯胺反应,生成紫红色络合物,其最大吸收波长为 577 nm,用分光光度法测定。该方法最低检出限为 0.20 μg/10 mL;当用 10 mL 吸收液采气 10 L 时,最低检出浓度为 0.02 mg/m³。

🔲 工作步骤

1. 采样

根据空气中二氧化硫浓度的高低,采用内装 10 mL 吸收液的多孔玻管吸收管,以 0.5 L/min 的流量采样。采样时吸收液温度的最佳范围在 23～29 ℃。样品运输和储存过程中,应注意避光保存。

2. 标准曲线的绘制

取 8 支 10 mL 具塞比色管,按表 2-5 所列参数配制标准色列。

表 2-5　配制标准色列需参数

色列管编号	0	1	2	3	4	5	6	7
2.0 μg/mL 亚硫酸钠标准溶液/mL	0	0.60	1.00	1.40	1.60	1.80	2.20	2.70
四氯汞钾吸收液/mL	5.00	4.40	4.00	3.60	3.40	3.20	2.80	2.30
二氧化硫含量/μg	0	1.2	2.0	2.8	3.2	3.6	4.4	5.4

在以上各管中加入 6.0 g/L 氨基磺酸铵溶液 0.50 mL,摇匀。再加 2.0 g/L 甲醛溶液 0.50 mL 及 0.016% 盐酸副玫瑰苯胺使用液 1.50 mL,摇匀。当室温为 15～20 ℃ 时,显色 30 min;室温为 20～25 ℃ 时,显色 20 min;室温为 25～30 ℃ 时,显色 15 min。用 1 cm 比色皿,于 575 nm 波长处,以水为参比,测定吸光度。以吸光度对二氧化硫含量(μg)绘制标准曲线,或用最小二乘法计算出回归方程式。

3. 样品测定

样品浑浊时,应离心分离除去。采样后样品放置 20 min,以使臭氧分解。将吸收管中的吸收液全部移入 10 mL 具塞比色管内,用少量水洗涤吸收管,洗涤液并入具塞比色管中,使总体积为 5 mL。加 6 g/L 氨基磺酸铵溶液 0.50 mL,摇匀,放置 10 min,以除去氮氧化物的干扰。以下步骤同标准曲线的绘制。

4. 结果计算

$$c(SO_2, mg/m^3) = \frac{(A-A_0)B_S}{V_S} \times \frac{V_t}{V_a}$$

· 注意事项

1. 温度对显色影响较大,温度越高,空白值越大。温度高时显色快,褪色也快,最好用恒温水浴控制显色温度。

2. 对品红试剂必须提纯后方可使用,否则,其中所含杂质会引起试剂空白值增高,使方法灵敏度降低。已有经提纯合格的 0.2% 对品红溶液出售。

3. 六价铬能使紫红色络合物褪色,产生负干扰,故应避免用硫酸-铬酸洗液洗涤所用玻璃器皿,若已用此洗液洗过,则需用(1+1)盐酸溶液浸洗,再用水充分洗涤。

4. 用过的具塞比色管及比色皿应及时用酸洗涤,否则红色难以洗净。具塞比色管用(1+4)盐酸溶液洗涤,比色皿用(1+4)盐酸加 1/3 体积乙醇混合液洗涤。

5. 四氯汞钾溶液为剧毒试剂,使用时应小心,如溅到皮肤上,立即用水冲洗。使用过的废液要集中回收处理,以免污染环境。

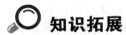 **知识拓展**

一、氮氧化物的测定

氮的氧化物有一氧化氮、二氧化氮、三氧化二氮、四氧化三氮和五氧化二氮等多种形式。大气中的氮氧化物主要以一氧化氮(NO)和二氧化氮(NO_2)形式存在。它们主要来源于石化燃料高温燃烧和硝酸、化肥等生产排放的废气,以及汽车排气。

一氧化氮为无色、无臭、微溶于水的气体,在大气中易被氧化为 NO_2。NO_2 为棕红色气体,具有强刺激性臭味,是引起支气管炎等呼吸道疾病的有害物质。大气中的 NO 和 NO_2 可以分别测定,也可以测定二者的总量。常用的测定方法有盐酸萘乙二胺分光光度法、化学发光法及恒电流库仑滴定法等。

盐酸萘乙二胺分光光度法的原理是用冰乙酸、对氨基苯磺酸和盐酸萘乙二胺配成吸收液采样,大气中的 NO_2 被吸收转变成亚硝酸和硝酸,在冰乙酸存在条件下,亚硝酸与对氨基苯磺酸发生重氮化反应,然后再与盐酸萘乙二胺偶合,生成玫瑰红色偶氮染料,其颜色深浅与气样中 NO_2 浓度成正比,因此,可用分光光度法进行测定。

NO 不与吸收液发生反应,测定 NO_x 总量时,必须先使气样通过三氧化二铬-沙子氧化管,将 NO 氧化成 NO_2 后,再通入吸收液进行吸收和显色。由此可见,不通过三氧化铬-沙子氧化管,测得的是 NO_2 含量;通过氧化管,测得的是 NO_x 总量,二者之差为 NO 的含量。

用亚硝酸钠标准溶液配制系列标准溶液,各加入等量吸收液显色、定容,制成标准色列,于 540 nm 处测其吸光度及试剂空白溶液的吸光度,以经试剂空白修正后的标准色列的吸光度对亚硝酸根含量绘制标准曲线,按照绘制标准曲线的条件和方法测定采样后的样品溶液

吸光度,按式(2-4)计算气样中 NO_x 的含量:

$$\rho_{NO_2}\,(mg/m^3) = \frac{(A - A_0 - a)VD}{bfV_0} \tag{2-4}$$

式中　ρ——NO_2 浓度;

　　　A——样品溶液的吸光度;

　　　A_0——空白试验溶液的吸光度;

　　　b——标准曲线的斜率;

　　　a——标准曲线的截距;

　　　V——采样用吸收液体积,mL;

　　　D——样品的稀释倍数;

　　　V_0——换算成标准状态下的采样体积,L;

　　　f——Saltzman 实验系数,0.88(当空气中二氧化氮的浓度高于 0.720 mg/m^3 时,f 值为 0.77)。

二、一氧化碳的测定

一氧化碳(CO)是大气中主要污染物之一,它主要来自石油、煤炭燃烧不充分的产物和汽车排气;一些自然灾害如火山爆发、森林火灾等也是来源之一。

CO 是一种无色、无味的有毒气体,燃烧时呈淡蓝色火焰。它容易与人体血液中的血红蛋白结合,形成碳氧血红蛋白,使血液输送氧的能力降低,造成缺氧症。中毒较轻时,会出现头痛、疲倦、恶心、头晕等感觉;中毒严重时,则会发生心悸亢进、昏睡、窒息而造成死亡。测定大气中 CO 的方法有非分散红外吸收法、气相色谱法、定电位电解法、间接冷原子吸收法等。

下面主要介绍国家规定的标准分析方法:非分散红外吸收法。这种方法被广泛用于 CO、CO_2、CH_4、SO_2、NH_3 等气态污染物质的监测,具有测定简便、快速、不破坏被测物质和能连续自动监测等优点。

当 CO、CO_2 等气态分子受到红外辐射(1~25 μm)照射时,将吸收各自特征波长的红外光,引起分子振动能级和转动能级的跃迁,产生振动-转动吸收光谱,即红外吸收光谱。在一定气态物质浓度范围内,吸收光谱的峰值(吸光度)与气态物质浓度之间的关系符合朗伯-比尔定律,因此,测其吸光度即可确定气态物质的浓度。

CO 的红外吸收峰在 4.5 μm 附近,CO_2 在 4.3 μm 附近,水蒸气在 3 μm 和 6 μm 附近。因为空气中 CO_2 和水蒸气的浓度远大于 CO 的浓度,故干扰 CO 的测定。在测定前用致冷或通过干燥剂的方法可除去水蒸气;用窄带光学滤光片或气体滤波室将红外辐射限制在 CO 吸收的窄带光范围内,可消除 CO_2 的干扰。

非分散红外吸收法 CO 监测仪的工作原理示于图 2-7。从红外光源发射出能量相等的两束平行光,被同步电机 M 带动的切光片交替切断。然后,一路通过滤波室(内充 CO 和水蒸气,用以消除干扰光)、参比室(内充不吸收红外光的气体,如氮气)射入检测室,这束光称为参比光束,其 CO 特征吸收波长光强度不变。另一束光称为测量光束,通过滤波室、测量室射入检测室。由于测量室内有气样通过,则气样中的 CO 吸收了部分特征波长的红外光,使射入检测室的光束强度减弱,且 CO 含量越高,光强减弱越多。检测室用一金属薄膜(厚 5~10 μm)分隔为上、下两室,均充等浓度 CO 气体,在金属薄膜一侧还固定一圆形金属片,距薄膜 0.05~0.08 mm,二者组成一个电容器。

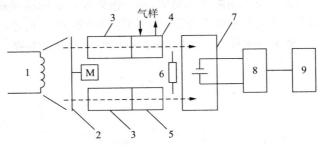

图 2－7　非分散红外吸收法 CO 监测仪工作原理

1—红外光源;2—切光片;3—滤波室;4—测量室;5—参比室;6—调零挡板;
7—检测室;8—放大及信号处理系统;9—指示表及记录仪

这种检测器称为电容检测器或薄膜微音器。由于射入检测室的参比光束强度大于测量光束强度,使两室中气体的温度产生差异,导致下室中的气体膨胀压力大于上室,使金属薄膜偏向固定金属片一方,从而改变了电容器两极间的距离,也就改变了电容量,由其变化值即可得出气样中 CO 的浓度值。采用电子技术将电容量变化转变成电流变化,经放大及信号处理后,由指示表和记录仪显示和记录测量结果。

测量时,先通入纯氮气进行零点校正,再用标准 CO 气体校正,最后通入气样,便可直接显示、记录气样中 CO 浓度(c)。按式(2-5)将其换算成标准状态下的质量浓度(mg/m³):

$$\rho(CO) = 1.25c \qquad (2-5)$$

式中,1.25 为标准状态下由 μL/L 换算成 mg/m³ 的换算系数。

三、臭氧的测定

臭氧是最强的氧化剂之一,它是大气中的氧在太阳紫外线的照射下或受雷击形成的。臭氧具有强烈的刺激性,在紫外线的作用下,参与烃类和 NO$_x$ 的光化学反应。同时,臭氧又是高空大气的正常组分,能强烈吸收紫外光,保护人和生物免受太阳紫外光的辐射。

O$_3$ 的测定方法有吸光光度法、化学发光法、紫外线吸收法等。这里主要介绍国家规定的标准分析方法:靛蓝二磺酸钠分光光度法和紫外分光光度法。

1. 靛蓝二磺酸钠分光光度法

空气中的臭氧在磷酸盐缓冲剂存在下,与吸收液中黄色的靛蓝二磺酸钠等物质反应后,褪色生成靛红二磺酸钠,在 610 nm 处测量吸光度。本法适用于测量高含量环境空气中的臭氧,当采样体积为 5~30 L 时,测定范围为 0.030~1.200 mg/m³。

2. 紫外分光光度法

当空气样品以恒定流速进入紫外臭氧分析仪的气路系统,样品空气直接或交替地进入吸收池,或经过臭氧涤气器再进入吸收池。臭氧对 254 nm 波长的紫外光有特征吸收,规定零空气(不含能使臭氧分析仪产生可检测响应的空气,也不含与臭氧发生反应的一氧化碳、乙烯等物质)样品通过吸收池时被光检测器检测的光强度为 I_0,臭氧样品通过吸收池时被检

测的光强度为 I，I/I_0 为透光率。每经过一个循环周期，仪器的微处理系统就求出臭氧的浓度。本法测定环境空气中的臭氧，测定条件在 25 ℃和 101.325 kPa 时，臭氧的测定范围为 2.14 $\mu g/m^3$～2 mg/m^3。

测定时用臭氧发生器制备不用浓度的臭氧，将一级紫外臭氧标准仪和臭氧分析仪连在输出支管上同时进行测定。将臭氧分析仪与记录仪、数据处理器、计算机等连接，记录臭氧浓度。

在仪器运转期间，至少每周检查一次仪器的零点、跨度和操作参数，三个月校准一次。

任务三　烟尘烟气的测定

学习目标

1. 掌握烟尘、烟气的测定的基本方法；
2. 熟悉烟尘、烟气的测定仪的使用；
3. 掌握大气污染源的采样方法。

任务分析

测定烟气、烟尘需采用等速采样法。在采样前先测出采样点的烟气温度、压力、含湿量，计算出烟气流速，再结合采样嘴直径，计算出等速采样条件下各采样点的采样流量。采样时，通过调节流量调节阀，按照计算出的流量采样。

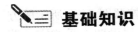 **基础知识**

一、大气污染源

污染源包括固定污染源和流动污染源。固定污染源系指烟道、烟囱及排气筒等。它们排放的废气中既包含固态的烟尘和粉尘，也包含气态和气溶胶态的多种有害物质。流动污染源系指汽车、柴油机车等交通运输工具，其排放废气中也含有烟尘和某些有害物质。两种污染源都是大气污染物的主要来源。

二、固定污染源监测

（一）监测目的和要求

对污染源进行监测的目的是检查污染源排放废气中的有害物质是否符合排放标准的要求；评价净化装置的性能和运行情况及污染防治措施的效果；为大气质量管理与评价提供依据。

对污染源进行监测时的要求是生产设备处于正常运转状态；对因生产过程而引起排放情况变化的污染源，应根据其变化的特点和周期进行系统监测；当测定工业锅炉烟尘浓度时，锅炉应在稳定的负荷下运转，不能低于额定负荷的 85%。对于手烧炉，测定时间不得少于两个加煤周期。

污染源监测的内容包括：排放废气中有害物质的浓度（mg/m^3）；有害物质的排放量（kg/h）；废气排放量（m^3/h）。

在有害物质排放浓度和废气排放量的计算中,都采用现行监测方法中推荐的标准状态(温度为 0 ℃,大气压为 101.3 kPa)下的干气体表示。

(二)采样位置和采样点布设

正确地选择采样位置,确定适当的采样点数目,是决定能否获得代表性的废气样品和尽可能地节约人力、物力的一项很重要的工作。

1. 采样位置

采样位置应选在气流分布均匀稳定的平直管段上,避开弯头、变径管、三通管及阀门等易产生涡流的阻力构件。一般原则是按照废气流向,将采样断面设在阻力构件下游方向大于 6 倍管道直径处或上游方向大于 3 倍管道直径处。即使客观条件难以满足要求,采样断面与阻力构件的距离也不应小于管道直径的 1.5 倍,并适当增加测点数目。采样断面气流流速最好在 5 m/s 以下。此外,由于水平管道中的气流速度与污染物的浓度分布不如垂直管道中均匀,所以应优先考虑垂直管道。还要考虑方便、安全等因素。

2. 采样点数目

因烟道内同一断面上各点的气流速度和烟尘浓度分布通常是不均匀的,因此,必须按照一定原则进行多点采样。采样点的位置和数目主要根据烟道断面的形状、尺寸大小和流速分布情况确定。

(1)圆形烟道:在选定的采样断面上设两个相互垂直的采样孔。按照图 2-8 所示的方法将烟道断面分成一定数量的同心等面积圆环,沿着两个采样孔中心线设四个采样点。若采样断面上气流速度较均匀,可设一个采样孔,采样点数减半。当烟道直径小于 0.3 m,且流速均匀时,可在烟道中心设一个采样点。不同直径圆形烟道的等面积环数、采样点数及采样点距烟道内壁的距离见表 2-6。

表 2-6 圆形烟道的分环和各点距烟道内壁的距离

烟道直径 /m	分环数 /个	各测点距烟道内壁的距离(以烟道直径为单位)									
		1	2	3	4	5	6	7	8	9	10
<0.5	1	0.146	0.853								
0.5~1	2	0.067	0.250	0.750	0.933						
1~2	3	0.044	0.146	0.294	0.706	0.853	0.956				
2~3	4	0.033	0.105	0.195	0.321	0.679	0.805	0.895	0.967		
3~5	5	0.022	0.082	0.145	0.227	0.344	0.656	0.773	0.855	0.918	0.978

(2)矩形(或方形)烟道:将烟道断面分成一定数目的等面积矩形小块,各小块中心即为采样点位置,见图 2-9。小矩形的数目可根据烟道断面的面积,按照表 2-7 所列数据确定。矩形小面积一般不应超过 0.6 m²。

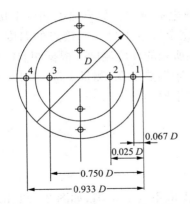

图2-8　圆形烟道采样点布设

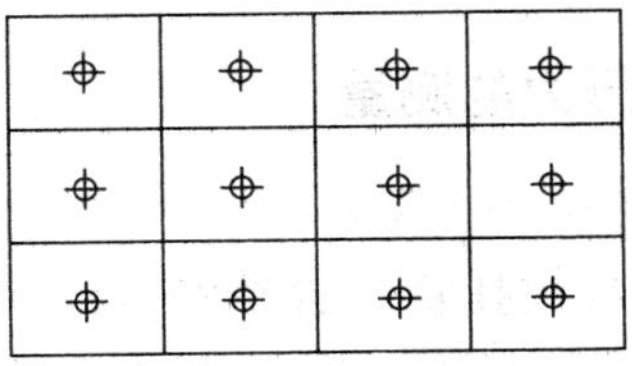

图2-9　矩形烟道采样点布设

表2-7　矩形烟道的分块和测点数

烟道断面面积/m²	等面积小块数	测 点 数
0～1	2×2	4
1～3	3×3	9
3～7	4×4	16
7～16	5×5	25
16～28	6×6	36

（3）拱形烟道：因这种烟道的上部为半圆形，下部为矩形，故可分别按圆形和矩形烟道的布点方法确定采样点的位置及数目，见图2-10。当水平烟道内积灰时，应将积灰部分的面积从断面内扣除，按有效面积设置采样点。

在能满足测压管和采样管达到各采样点位置的情况下，要尽可能少开采样孔。一般开两个互成90°的孔，最多开四个。采样孔的直径应不小于75 mm。当采集有毒或高温烟气，且采样点处烟气呈正压时，采样孔应设置防喷装置。

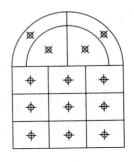

图2-10　拱形烟道采样点布设

三、基本状态参数的测定

烟气的体积、温度和压力是烟气的基本状态常数，也是计算烟气流速、烟尘及有害物质浓度的依据。其中，烟气体积由采样流量和采样时间的乘积求得，采样流量由测点烟道断面乘以烟气流速得到，流速由烟气压力和温度计算得知，下面介绍温度和压力的测量。

（一）温度的测量

对于直径小、温度不高的烟道，可使用长杆水银温度计。测量时，应将温度计球部放在靠近烟道中心位置，读数时不要将温度计抽出烟道外。对于直径大、温度高的烟道，要用热电偶测温毫伏计测量。测温原理是将两根不同的金属导线连成闭合回路，当两接点处于不同温度环境时,便产生热电势,两接点温差越大,热电势越大。如果热电偶一个接点温度保持恒定(称为自由端),则热电偶的热电势大小便完全决定于另一个接点的温度(称为工作端),用毫伏计测出热电偶的热电势,可得知工作端所处的环境温度。根据测温高低,选用不同材料的热电偶。测量 800 ℃ 以下的烟气用镍铬-康铜热电偶;测量 1 300 ℃ 以下烟气用镍铬-镍铝热电偶;测量 1 600 ℃ 以下的烟气用铂-铂铑热电偶。

(二)压力的测量

1. 测量装置及仪器

(1)标准皮托管　如图 2-11(a)所示。

(2)S 形皮托管　其正、反方向的修正系数相差应不大于 0.01,如图 2-11(b)所示。

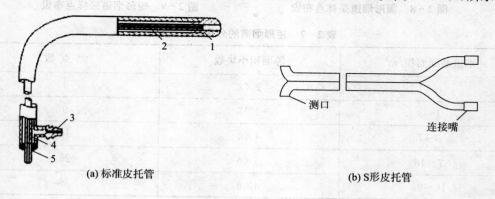

(a)标准皮托管　　　　　　　　　　　　　(b)S形皮托管

图 2-11　皮托管

(3)斜管微压计　用于测定排气的动压,其精确度应不低于 2%,最小分度值应不大于 2 Pa。如图 2-12 所示。

(4)U 形压力计　用于测定排气的全压和静压,其最小分度值应不大于 10 Pa。

2. 测量步骤

在各测点上,使皮托管的全压测孔正对着气流方向,其偏差不得超过 10°,测出各点的动压,分别记录在表中。测定次数为 2～3 次,取平均值。测定完毕后,检查微压计的液面是否回到原点。

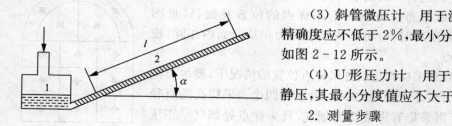

图 2-12　斜管微压计
1—容器;2—玻璃管

四、含湿量的测定

与大气相比,烟气中的水蒸气含量较高,变化范围较大,为便于比较,监测方法规定以除去水蒸气后标准状态下的干烟气为基准表示烟气中有害物质的测定结果。含湿量的测定方法有重量法、冷凝法、干湿球温度计法等。

(一)重量法

从烟道采样点抽取一定体积的烟气,使之通过装有吸收剂的吸收管,则烟气中的水蒸气被吸收剂吸收,吸收管的增重即为所采烟气中的水蒸气重量。常装入的吸收剂有氯化钙、氧化钙、硅胶、氧化铝、五氧化二磷、过氯酸镁等。

(二)冷凝法

抽取一定体积的烟气,使其通过冷凝器,根据获得的冷凝水量和从冷凝器排出烟气中的饱和水蒸气量计算烟气的含湿量。该方法测定装置是将重量法测定装置中的吸湿管换成专制的冷凝器,其他部分相同。

(三)干湿球温度计法

烟气以一定流速通过干湿球温度计,根据干湿球温度计读数及有关压力计算烟气含湿量。

五、烟尘浓度的测定

抽取一定体积烟气通过已知重量的捕尘装置,根据捕尘装置采样前后的重量差和采样体积计算烟尘的浓度。

(一)等速采样法

测定烟气烟尘浓度必须采用等速采样法,即烟气进入采样嘴的速度应与采样点烟气流速相等。采气流速大于或小于采样点烟气流速都将造成测定误差。当采样速度大于采样点的烟气流速时,由于气体分子的惯性小,容易改变方向,而尘粒惯性大,不容易改变方向,所以采样嘴边缘以外的部分气流被抽入采样嘴,而其中的尘粒按原方向前进,不进入采样嘴,从而导致测量结果偏低;当采样速度小于采样点烟气流速时,情况正好相反,使测定结果偏高;只有烟气进入采样嘴的速度与采样点烟气流速相等时,气体和尘粒才会按照它们在采样点的实际比例进入采样嘴,采集的烟气样品中烟尘浓度才与烟气实际浓度相同。

1. 预测流速法

这种方法是在采样前先测出采样点的烟气温度、压力、含湿量,计算出烟气流速,再结合采样嘴直径计算出等速采样条件下各采样点的采样流量。采样时,通过流量调节阀按照计算出的流量采样。

由于预测流速法测定烟气流速与采样不是同时进行,故仅适用烟气流速比较稳定的污染源。

2. 平行采样法

该方法是将 S 型皮托管和采样管固定在一起插入采样点处,当与皮托管相连的微压计指示出动压后,利用预先绘制的皮托管动压和等速采样流量关系计算图立即算出等速采样流量,及时调整流速进行采样。等速采样流量的计算与预测流速法相同。平行采样法与预测流速采样法不同之处在于测定流速和采样几乎同时进行,减小了由于烟气流速改变而带来的采样误差。

3. 等速管法(或压力平衡法)

这种方法用特制的压力平衡型等速采样管采样。例如,动压平衡型等速采样管是利用装置在采样管上的孔板差压与皮托管指示的采样点烟气动压相平衡来实现等速采样。该方法不需要预先测出烟气流速、状态参数和计算等速采样流量,而通过调节压力即可进行等速采样,不但操作简便,而且能跟踪烟气速度变化,随时保持等速采样条件,采样精度高于预测流速法,但适应性不如预测流速采样法。

（二）移动采样和定点采样

1. 移动采样

为测定烟道断面上烟气中烟尘的平均浓度,用同一个尘粒捕集器在已确定的各采样点上移动采样,在各点的采样时间相同,这是目前普遍采用的方法。

2. 定点采样

为了解烟道内烟尘的分布状况和确定烟尘的平均浓度,分别在断面上每个采样点采样,即每个采样点采集一个样品。

（三）采样装置

采样装置由采样管、捕集器、流量计、抽气泵等组成。常见的采样管有超细玻璃纤维滤筒采样管和刚玉滤筒采样管。

它们由采样嘴、滤筒夹及滤筒、连接管组成。超细玻璃纤维滤筒适用于 500 ℃ 以下的烟气,对 0.5 μm 以上的尘粒捕集效率在 99.9% 以上。硅酸铝材质滤筒可承受 1 000 ℃ 高温,其他性能与玻璃纤维滤筒基本相同。刚玉滤筒由氧化铝粉制成,适用于 850 ℃ 以下的烟气,对 0.5 μm 以上的尘粒捕集效率也在 99.9% 以上。

（四）含尘浓度计算

（1）按重量测定法要求,计算滤筒采样前后重量之差 G（烟尘重量）。
（2）计算出标准状态下的采样体积 V_n。
（3）烟尘浓度为 G/V_n。

六、烟气组分的测定

烟气组分包括主要气体组分和微量有害气体组分。主要气体组分为氮、氧、二氧化碳和水蒸气等。测定这些组分的目的是考察燃料燃烧情况和为烟尘测定提供计算烟气气体常数的数据。有害组分为一氧化碳、氮氧化物、硫氧化物和硫化氢等。

（一）烟气主要组分的测定

烟气中的主要组分可采用奥氏气体分析器吸收法和仪器分析法测定。

奥氏气体分析器吸收法的原理基于:用适当的吸收液吸收烟气中的欲测组分,通过测定吸收前后气样的体积变化计算欲测组分的含量。例如,用氢氧化钾溶液吸收 CO_2;用焦性没食子酸溶液吸收 O_2;用氯化亚铜氨溶液吸收 CO 等;还有的带有燃烧法测 H_2 装置。依次吸收 CO_2、O_2 和 CO 后,剩余气体主要是 N_2。用仪器分析法可分别测定烟气中的组分,其准确度比奥氏气体吸收法高。

（二）烟气中有害组分的测定

烟气中有害组分的测定方法视其含量而定。表 2-8 列出《空气和废气监测分析方法》

中推荐的部分有害组分的测定方法。

表 2 - 8　烟气中有害组分测定方法

组　分	测　定　方　法	测　定　范　围
CO	红外线气体分析法	$0\sim1\,000\ \mu L/L$
SO_2	甲醛吸收-盐酸副玫瑰苯胺分光光度法	$2.5\sim500\ mg/m^3$
NO_x	二磺酸酚分光光度法 盐酸萘乙二胺分光光度法	$20\sim2\,000\ mg/m^3$ $2\sim500\ mg/m^3$
H_2S	亚甲基蓝分光光度法	$0.01\sim10\ mg/m^3$
氟化物	硝酸钍容量法 离子选择电极法 氟试剂分光光度法	$>1\%$ $1\sim1\,000\ mg/m^3$ $0.01\sim50\ mg/m^3$
挥发酚	4-氨基安替比林分光光度法	$0.5\sim50\ mg/m^3$
苯(苯系物)	气相色谱法	$4\sim1\,000\ mg/m^3$
光气	碘量法 紫外分光光度法	$50\sim2\,500\ mg/m^3$ $0.5\sim50\ mg/m^3$
铬酸雾	二苯碳酰二肼分光光度法	$2\sim100\ mg/m^3$

工作步骤

1. 烟道温度的测量

测烟道温度时,将所配备的测温探头和测温计连接,然后将测温探头插入烟道孔内。将开关打开,观察温度计上的读数,待读数显示不再上升时,读取并记录烟气温度读数(t_s)。当烟道管壁较薄时也可用水银温度计测温。(测温探头应预先使其成为直杆状态,测温完毕后不要再弯曲测温探头。测温计使用前请安装电池,长期不用请取出电池,以免电池液流出损坏测温计。)

2. 烟道压力的测量

(1) 倾斜微压计的准备

加液:先将倾斜微压计加液,用相对密度为 0.81 的酒精从微压计的上口缓缓地注入倾斜微压计,同时排尽气泡(调节微压计底部的调节螺钉将微压计调到水平位置,可观察倾斜微压计顶部的水平泡,也可在现场进行)。调节容器调节螺钉,使酒精液柱至倾斜玻璃管刻度零位置(在现场也可调到 100 mm 处)。

(2) 动压的测量

将 S 型皮托管迎气流的一根尾部管口与倾斜微压计顶部的容器接口相连接,另一根尾部管口与倾斜管口相连接,即可测动压。

（3）静压或全压的测量

测静压或全压时，需视烟道内的压力正负来决定仪器与皮托管的连接方法。当烟道正压时，测静压则皮托管背气流一侧与倾斜微压计顶部接口相连接，测全压则皮托管迎气流一侧与倾斜微压计顶部接口相连接，当烟道负压时，测静压或全压则与皮托管都与倾斜玻璃管接口相连接。

（4）烟道含湿量的测定

干湿球测湿计的准备：将干湿球测湿计带透明窗一侧接口对准自来水龙头注入自来水，使蓄水槽中充满 2/3 以上的自来水，即可用于含湿量的测试。

先将加热采样管接交流 220 V 电源，预热 5 分钟左右，至管内温度约 100～120 ℃时再调电压到 110 V 以保温。用 $\phi 6$ mm×10 mm 的硅橡胶管将加热采样管和加好水的干湿球测湿计的干球的一侧相连接，湿球一侧接口用过度接口与除硫干燥器进气口相连接，将加热采样管放入测试孔的烟道中心附近，密封测试孔使其不漏气，然后以 15～20 L/min 的流量抽气，待干湿球测湿计中湿球温度计相对稳定时迅速读出干球 t_c、湿球读数 t_b 和烟气通过湿球温度计表面时相对压力 p_b，同时记录大气压 p_a 再待数分钟并且读数较稳定时，再记录读数 t_c、t_b、p_b。

3. 烟尘的采样

烟尘采样的连接：将滤筒安装在不锈钢采样头内，装上选择好的采样嘴，并且使采样嘴方向与采样管上的手柄方向一致，连接好各管路。

操作步骤：关闭小流量计，调节大流量计至 Q_r 值，然后装入滤筒，采样嘴被气流伸入烟道，预热 5 min，转动手柄 180 度使采样嘴迎气流方向与烟道平行、同时开泵，细调流量到需要值。采样结束时，记录仪器面板上的温度、压力值。

4. 烟气的采样

在有害气体采样时，用本仪器与加热采样管配合。在未接采样瓶前，先关闭大流量计，开机，调节小流量计到需值。连接好各管路，采样头装入过滤器，插入烟道，置高温、低温开关于高温位置，加热 5 min 左右，用低温保持温度，启动抽气泵，再细调小流量计至所需值。

 知识拓展

流动污染源监测

汽车排气是石油体系燃料在内燃机内燃烧后的产物，含有 NO_x、碳氢化合物、CO 等有害组分，是污染大气环境的主要流动污染源。

汽车排气中污染物的含量与其行驶状态有关，空转、加速、匀速、减速等行驶状态下排气中污染物含量均应测定。

汽车尾气的采样一般分高浓度采样和低浓度采样两种情况。低浓度采样是指尾气排放经大气扩散后采样分析，这种采样分析受环境条件影响大，结果稳定性差，且时间性强；高浓度采样是指发生源在高浓度状况的采样。目前，常以汽车怠速状态、高浓度采样监测尾气中的 CO 和碳氢化合物。

（一）汽车尾气中 NO_x 的测定

在汽车尾气排气管处用取样管将废气引出（用采样泵），经冰浴（冷凝除水）、玻璃棉过滤器（除油尘），抽取到 100 mL 注射器中，然后将抽取的气样经氧化管注入冰乙酸-对氨基苯磺酸-盐酸萘乙二胺吸收显色液，显色后用分光光度法测定，测定方法同大气中 NO_x 的测定。

（二）汽车怠速 CO、碳氢化合物的测定

1. 怠速工况的条件

发动机旋转；离合器处于结合位置；油门踏板与手油门位于松开位置；安装机械式或半自动式变速器时，变速杆应位于空挡位置；当安装自动变速器时，选择器应在停车或空挡位置；阻风门全开。

2. 测定方法

根据 CO 和碳氢化合物对红外光有特征吸收的原理，一般采用非色散红外气体分析仪对其进行测定。已有专用分析仪器，如国产 MEXA - 324F 型汽车排气分析仪，可以直接显示测定结果，其中，CO 以体积百分含量表示，碳氢化合物以 mg/L（体积比）表示。测定时，先将汽车发动机由怠速加速至中等转速，维持 5 s 以上，再降至怠速状态，插入取样管（深度不少于 300 mm）测定，读取最大指示值。若为多个排气管，应取各排气管测定值的算术平均值。

任务四　校园大气环境监测

一、监测方案的制订

（一）实训目的

（1）通过实训加深对理论知识的理解，掌握大气环境中各污染物的具体采样方法、分析方法、误差分析及数据处理等方法。

（2）对校园的环境空气定期监测，评价校园的环境空气质量，分析校园大气环境质量数据，制订校园环境保护规划。

（3）分析环境质量的影响因素或污染源，追踪污染路线，寻找污染源，为校园环境污染的治理提供依据。

（4）培养团结协作精神及综合分析与处理问题的能力。

（二）校园及其周边空气环境影响因素识别

大气污染受气象、季节、地形、地貌等因素的强烈影响而随时间变化，因此应对校园内各种大气污染源、大气污染物排放状况及自然与社会环境特征进行调查，并对大气污染物排放作初步估算。

1. 校园大气污染源调查

主要调查校园大气污染物的排放源、数量、燃料种类和污染物名称及排放方式等，为大气环境监测项目的选择提供依据，可按表2-9的方式进行调查。

表2-9　校园大气污染源情况调查

序号	污染源名称	数量	燃料种类	污染物名称	污染物治理措施	污染物排放方式	备注
1	食堂						
2	锅炉房						
3	建筑工地						
4	宿舍区						

2. 校园周边大气污染源调查

根据校园所在位置，调查校园周边空气污染源，主要调查汽车尾气排放情况、工厂空气污染排放情况及其他污染源污染排放情况。调查形式如表2-10所示。

表 2 - 10　汽车尾气调查情况

污染源		×××路	×××路	×××路	×××路	……
车流量/(辆/小时)	大型车					
	中型车					
	小型车					
工厂污染源						

3. 气象资料收集

主要收集校园所在地气象站(台)近年的气象数据,包括风向、风速、气温、气压、降水量、相对湿度等,具体调查内容如表 2 - 11 所示。

表 2 - 11　气象资料调查

项　目	调　查　内　容
风　向	主导风向、次主导风向及频率等
风　速	年平均风速、最大风速、最小风速、年静风频率等
气　温	年平均气温、最高气温、最低气温等
降水量	平均年降水量、每日最大降水量等
相对湿度	年平均相对湿度

(三) 大气环境监测因子的筛选

根据国家环境空气质量标准和校园及其周边的大气污染物排放情况来筛选监测项目,高等学校一般无特征污染物排放,结合大气污染源调查结果,可选 TSP、PM_{10}、SO_2、NO_2、CO 等作为大气环境监测项目。

(四) 大气监测方案

1. 采样点的布设

根据污染物的等标排放量,结合校园各环境功能区的要求及当地的地形、地貌、气象条件,按功能区划分的布点法和网格布点法相结合的方式来布置采样点。各测点名称及相对校园中心点的方位和直线距离可按表 2 - 12 列出,各测点具体位置应在总平面布置图上注明。

表 2 - 12　测点名称及相对方位

测点编号	测点名称	测点方位	到校园中心点距离/m
1			
2			
3			
⋮			

2. 监测项目和分析方法的确定

根据大气环境监测因子的筛选结果所确定的监测项目,按照《空气和废气监测分析方法》《环境监测技术规范》和《环境空气质量标准》所规定的采样和分析方法执行。

3. 采样时间和频次

采用间歇性采样方法,连续监测 3～5 d,每天采样频次根据学生的实际情况而定,SO_2、NO_2、CO 等每隔 2～3 h 采样一次;TSP、PM_{10} 每天采样一次,连续采样。采样应同时记录气温、气压、风向、风速、阴晴等气象因素。

(五) 数据处理

1. 数据整理

监测结果的原始数据要根据有效数字的保留规则正确书写,监测数据的运算要遵循运算规则。在数据处理中,对出现的可疑数据,首先从技术上查明原因,然后再用统计检验处理,经检验验证属离群数据应予剔除,以使测定结果更符合实际。

2. 监测结果分析

将监测结果按样品数、检出率、浓度范围进行统计并制成表格,可按表 2 - 13 统计分析结果。

表 2 - 13 环境空气监测结果统计

编 号	测点名称	样品数	检出率/%	小时平均值		日 均 值	
				浓度范围	超标率/%	浓度范围	超标率/%
1							
2							
3							
⋮							
	标 准 值						

(六) 对校园的空气质量进行简单评价

找出本组各采样时段内不同的空气污染物的变化规律(同一天的不同时段及不同天的同一时段各污染物的浓度的变化趋势);将校园的空气质量与国家相应标准比较得出结论;分析校园空气质量现状;找出出现目前校园空气环境质量现状的原因;提出改善校园空气环境质量的建议及措施。

二、大气环境监测方案案例

(一) 监测目的

对校园周围空气质量作定期的监测,评价校园的空气质量,为编写校园大气质量状况评价报告提供数据。为研究大气质量变化规律提供依据,为学校及周边地区规划提供基础资料。

（二）有关资料的收集

1. 校园内污染源调查情况列于表 2-14 中

表 2-14　校园内污染源调查情况

污染源	数量	燃料种类	污染物名称	防治措施	排放方式
食堂炉灶	10 眼	天然气	油烟	油烟净化装置	集中排放
锅炉房	2 座	煤	烟尘、SO_2、NO_2 等	麻石水膜除尘器	45 m 高烟囱排放
茶炉	1 座	煤	烟尘、SO_2、NO_2 等	旋风除尘器	15 m 高烟囱排放
建筑工地	2 处	—	粉尘	水喷洒	无组织排放
家庭炉灶	2 200 台	天然气	油烟	集水罩收集	由抽油烟机排放
实习工厂	1 间	—	旱烟	通风换气	无组织排放

2. 周边污染源调查

校园地处在城市的文化区，三面直接与城市交通主要道路相连，所以，校园周围大气污染源主要是机动车辆尾气排放。各路段汽车流量如表 2-15 所示。

表 2-15　校园周围各路段汽车流量

路　　段		A 路	B 路	C 路
车流量/(辆/小时)	大型车	240	60	100
	中型车	480	120	200
	小型车	1 680	420	700

3. 校园气象资料与地形特点调查结果列于表 2-16 中

表 2-16　校园气象资料与地形特点调查

调查参数	调　查　结　果
风向	全年主导风向为东北风，频率为 14％，次主导风向为西南风，频率为 9％
风速	年平均风速为 1.3～2.6 m/s，静风频率为 35％
气温	年平均气温 13.5 ℃，极端最低气温 −20.6 ℃，极端最高气温 45.2 ℃
气压	年平均气压 96.96 kPa，最高气压 101.7 kPa，最低气压 94.74 kPa
降雨量	年降雨量为 504.7～719.8 mm，80％集中于春秋
相对湿度	年平均相对湿度为 70％～73％

（三）大气监测方案

1. 采样时间和频率

每天三次：8:00，12:30，17:30。

2. 具体实施方案,见表 2-17

表 2-17 校园大气监测实施一览

监测项目	TSP	PM$_{10}$	SO$_2$	NO$_x$
监测项目确定的原因	建筑工地,交通扬尘。影响大气透明度	扬尘、烟雾,危害人体健康	煤烟排放、引发酸雨,危害呼吸道	汽车尾气排放污染较严重
所用监测分析方法	重量法(国标)	重量法(国标)	四氯汞钾溶液吸收-盐酸副玫瑰苯胺分光光度法	盐酸萘乙二胺分光光度法
采样方法	滤膜阻留法	滤膜阻留法	溶液吸收法	溶液吸收法
布点方法	功能区布点法与网格布点法相结合			
布点位置	南院布点预设三个: 1. 行政楼北广场;2. 家属区中间;3. 附中操场 北院布点预设六个: 1. 校园西北角与李家村十字附近;2. 操场东北角;3. 新食堂东部开阔带			

噪 声 监 测

⊘ 教学目标

▶ 知识目标
1. 了解噪声监测的对象和内容；
2. 掌握噪声监测的一般方法。

▶ 能力目标
1. 具有声环境调查、监测方案设计、监测点布设、数据处理等能力；
2. 学会声级计的使用；
3. 初步具有依据监测数据进行声环境现状评价的能力。

▶ 学习情境
1. 学习地点：实训室、校园；
2. 主要仪器：声级计；
3. 学习内容：以校园噪声监测为载体，学习噪声评价量的确定、监测方案的制订、监测技术的使用、数据的处理及评价等知识及技能。

任务一　校园噪声监测

学习目标

1. 了解噪声的评价量；
2. 掌握噪声监测的一般方法；
3. 熟练使用声级计；
4. 学会监测数据的处理；
5. 选择合理的声环境标准对声环境现状进行评价。

任务分析

本任务是校园噪声的测定，噪声监测的一般程序包括现场调查和资料收集、布点和监测技术、数据处理和监测报告。

 基础知识

一、噪声的评价量

（一）声压与声压级

声压是表示声音强弱最常用的物理量，大多数声接收器都是相应于声压的。多大的声压能使人耳具有声音的感觉呢？正常人耳能听到的最弱声压为 $2×10^{-5}$ Pa，称为人耳的"听"。当声压达到 20 Pa 时，人耳就会产生疼痛的感觉，20 Pa 为人耳的"痛阈"。"听"与"痛"的声压之比为 100 万倍。

由于正常人耳能听到的最弱声音的声压和能使人耳感到疼痛的声音的声压变化范围从 $2×10^{-5}$ Pa 到 20 Pa，相差 100 万倍，表达和应用起来很不方便。同时，实际上人耳对声音大小的感受也不是线性的，它不是正比于声压绝对值的大小，而是同它的对数近似成正比。因此如果将两个声音的声压之比用对数的标度来表示，那么不仅应用简单，而且也接近于人耳的听觉特性。这种用对数标度来表示的声压称为声压级，它用分贝来表示。某一声音的声压级定义是：该声音的声压 A 与一某参考声压 AM 的比值取以 10 为底的对数再乘 20，即

$$L_P = 20\lg \frac{p}{p_0}$$

L_P 为声压级，单位分贝，记作 dB，p_0 是参考声压，国际上规定 $p_0 = 2×10^{-5}$ Pa，这就是人耳刚能听到的最弱声音的声压值。

引入声压级的概念后，巨大的数字就可以大大地简化。听的声压为 2×10^{-5} Pa，其声压级就是 0。普通说话声的声压是 2×10^{-2} Pa，代入上式可得与此声压相应的声压级为 60 dB。使人耳感到疼痛的声压是 20 Pa，它的声压级则为 120 dB，听与痛的声压之比从 100 万倍的变化范围变成 0～120 dB 的变化。所以，这种方法已为世人所公认和普遍采用。目前国内外声学仪器上都采用分贝刻度，从仪器上可以直接读出声压级的分贝数。

（二）声强与声强级

任何运动的物体包括振动物体在内都能够做功，通常说它们具有能量，这个能量来自振动的物体，因此声波的传播也必须伴随着声振动能量的传递。当振动向前传播时，振动的能量也跟着转移。在声传播方向上单位时间内垂直通过单位面积的声能量，称为声音的强度或简称声强，用 I 表示，单位是 W/m²。声强的大小可用来衡量声音的强弱，声强愈大，我们听到的声音愈响；声强愈小，我们感觉的声音愈轻。声强与离开声源的距离有关，距离越远，声强就越小。例如火车开出月台后，愈走愈远，传来的声音也愈来愈轻。

与声压一样，声强也可用"级"来表示，即声强级 L_I，它的单位也是分贝（dB），定义为：

$$L_I=10\lg\frac{I}{I_0}=10\lg I+120 \tag{3-1}$$

其中 I_0 为参考声强，$I_0=10-12$ W/m²，它相当于人耳能听到最弱声音的强度。声强级与声压级的关系是：

$$L_I=L_p+10\lg400/\rho c \tag{3-2}$$

媒质的 ρc 随媒介的温度和气压而改变。如果在测量条件时恰好 $\rho c=400$，则 $L_I=L_p$。对一般情况，声强级与声压级相差一修正项 $10\lg400/\rho c$，数值是比较小的。

例如，在室温 20 ℃和标准大气压下，声强级比声压级约小 0.1 dB，这个差别可略去不计，因此在一般情况下认为声强级与声压级的值相等。

（三）声功率与声功率级

声功率为声源在单位时间内辐射的总能量，用符号 W 表示，单位为瓦（W）。声强和声源辐射的声功率有关，声功率愈大，在声源周围的声强也大，两者成正比，它们的关系为：

$$I=W/S \tag{3-3}$$

其中，S 为波阵面面积。

如果声源辐射球面波，那么在离声源为 r 处的球面上各点的声强为：

$$I=W/4\pi r^2 \tag{3-4}$$

从这个式子可以知道，声源辐射的声功率是恒定的，但声场中各点的声强是不同的，它与距离的平方成反比。如果声源放在地面上，声波只向空中辐射，这时：

$$I=W/2\pi r^2 \tag{3-5}$$

声功率是衡量噪声源声能输出大小的基本量。声压依赖于很多外在因素，如接收者的距离、方向、声源周围的声场条件等，而声功率不受上述因素影响，可广泛用于鉴定和比较各种声源。但是在声学测量技术中，到目前为止，可以直接测量声强和声功率的仪器比较复杂

和昂贵,它们可以在某种条件下利用声压测量的数据进行计算得到。当声音以平面波或球面波传播时声强与声压间的关系为:

$$I = p^2/\rho c \tag{3-6}$$

因此,利用公式根据声压的测量值就可以计算声强和声功率。

声功率用级来表示时称为声功率级 L_W 单位也是 dB:

$$L_W = 10\lg\frac{W}{W_0} \tag{3-7}$$

其中 W_0 为参考声功率,取 $W_0 = 10^{-12}$ W。

由此我们可以看到,分贝是一个相对比较的对数单位。其实任何一个变化范围很大的声物理量都可以用分贝这个单位来描述它的相对变化。

(四)噪声的频谱与频带

从噪声与乐音的概念分析可知,它们的区别除了主观感觉上有悦耳和不悦耳之分外,在物理测量上可对它进行频率分析,并根据其频率组成及强度分布的特点来区分。对复杂的声音进行频率分析并用横轴代表频率、纵轴代表各频率成分的强度(声压级或声强级),这样画出的图形叫频谱图。乐音的频谱图是由不连续的离散频谱线构成,在噪声的频谱图上各频率成分的谱线排列得非常密集,具有连续的频谱特性。在这样的频谱中声能连续地分布在整个音频范围内,大多数机器具有连续的噪声频率,也称无调噪声。有些机器如鼓风机、感应电动机等所发声音的频谱中,既具有连续的噪声频率,也具有非常明显的离散频率成分,这种成分一般是由电动机转子或减速器齿轮等旋转构件的转数决定,它使噪声具有明显的音调,但总的说来它仍具有噪声的性质,称为有调噪声。

噪声的频率为 20～20 000 Hz,高音和低音的频率相差 1 000 倍。为实际应用方便起见,一般把这一宽广的频率变化范围划分为一些较小的段落,这就是频带。一般只需测出各频带的噪声强度就可画出噪声频谱图。那么,频带是怎样划分的呢?用于分析噪声的滤波器可把某一频带的低于截止频率 f_1 以下和高于截止频率 f_2 以上的信号滤掉,只让 $f_2 - f_1$ 之间的信号通过。因此这一中间区域称为通带,$\Delta f = f_2 - f_1$,就是频带宽度,简称带宽。为测量噪声而设计的滤波器有倍频带、1/2 倍频带和 1/3 倍频带滤波器。一般对 n 倍频带作如下定义:

$$f_2/f_1 = 2^n \tag{3-8}$$

当 $n = 1$ 时,$f_2/f_1 = 2$,即高低截止频率之比为 2:1,这样的频率比值所确定的频程称为倍频程,这种频带称倍频带。同此,当 $n = 1/2$ 时,$f_2/f_1 = 2^{1/2}$,称为 1/2 倍频带。目前,各种测量中经常使用 1/3 倍频带,即 $n = 1/3$,此时每一频带的高低截止频率之比为 $f_2/f_1 = 2^{1/3}$。频带的高低截止频率 f_2 和 f_1 与中心频率 f_0 间有下列关系。

$$f_0 = \sqrt{f_1 \cdot f_2} \tag{3-9}$$

从式(3-9)可得到倍频带和 1/3 倍频带的带宽 Δf 分别为:

$n = 1$ 时,$\Delta f = f_2 - f_1 = 0.707 f_0$

$n = 1/3$ 时,$\Delta f = f_2 - f_1 = 0.23 f_0$

在噪声测量中经常使用的频带是倍频带和 1/3 频带。由频谱图可知，有的机器噪声低频成分多些，如图 3-1(a)所示空压机噪声都在低频段，称为低频噪声；有的机器像电锯、铆枪等辐射的噪声以高频成分为主，如图 3-1(b)所示，称为高频噪声；而像图 3-1(c)所示的是宽带噪声，它均匀地辐射从低频到高频的噪声。

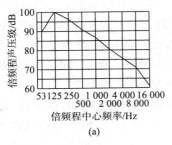 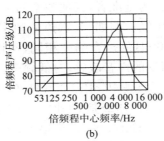 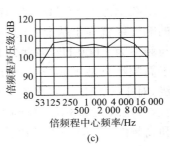

(a)　　　　　　　　　　(b)　　　　　　　　　　(c)

图 3-1　噪声源频谱

一般说来，测量时用的频带宽度不同，所测得的声压级就不同，也即窄频带不允许有宽频带那样多的噪声通过。为了对不同噪声进行比较，可将 1/3 倍频带的声压级与倍频带声压级进行换算。一般将 Δf 宽度的频带声压级换算到 $\Delta f'$ 宽度的频带声压级，可由式(3-10)计算：

$$L_{\Delta f'} = L_{\Delta f} - 10\lg\Delta f/\Delta f' \tag{3-10}$$

由式(3-10)可算出 1/3 倍频带声压级加 4.8 dB 后即可得倍频带声压级。

(五) 响度与响度级

声音的强弱叫做响度。响度是感觉判断声音强弱，即声音响亮的程度，根据它可以把声音排成由轻到响的序列。响度的大小主要依赖于声强，也与声音的振幅有关。响度的单位是"宋"(sone)，定义 1 千赫(kHz)纯音声压级为 40 dB 时的响度为 1 sone。

如果把某个频率的纯音与一定响度的 1 kHz 纯音很快地交替比较，当听者感觉两者为一样响时，把该频率的声强标在图上，便可画出一条等响曲线。把 1 kHz 纯音时声强的分贝数称为这条等响曲线的以"方"为单位的响度级。图 3-2 是在自由声场中测得的等响曲线图。

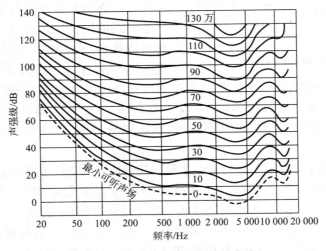

图 3-2　自由声场中测听等响曲线

人耳对声音的感觉,不仅和声压有关,还和频率有关。声压级相同,频率不同的声音,听起来响亮程度也不同。如空压机与电锯,同是 100 dB 声压级的噪声,听起来电锯声要响得多。按人耳对声音的感觉特性,依据声压和频率定出人对声音的主观音响感觉量,称为响度级,单位为方。

以频率为 1 000 Hz 的纯音作为基准音,其他频率的声音听起来与基准音一样响,该声音的响度级就等于基准音的声压级。例如,某噪声的频率为 100 Hz,强度为 50 dB,其响度与频率为 1 000 Hz,强度为 20 dB 的声音响度相同,则该噪声的响度级为 20 方。人耳对于高频噪声是 1 000~5 000 Hz 的声音敏感,对低频声音不敏感。例如,同是 40 方的响度级,对 1 000 Hz 声音来说,声压级是 40 dB;4 000 Hz 的声音,声压级是 37 dB;100 Hz 的声音,声压级 52 dB;30 Hz 的声音,声压级是 78 dB。也就是说,低频的 80 dB 的声音,听起来和高频的 37 dB 的声音感觉是一样的。但是声压级在 80 dB 以上时,各个频率的声压级与响度级的数值就比较接近了,这表明当声压级较高时,人耳对各个频率的声音的感觉基本是一样的。

(六)计权声级

如上所述,相同强度的纯音,如果频率不同,则人们主观感觉到的响度是不同的,而且不同响度级的等响曲线也是不平行的,即在不同声强的水平上,不同频率的响度差别也有不同。在评价一种声音的大小时,为了要考虑到人们主观上的响度感觉,人们设计一种仪器,把 300 Hz、40 dB 左右的响度降低 10 dB,从而使仪器反映的读数与人的主观感觉相接近。

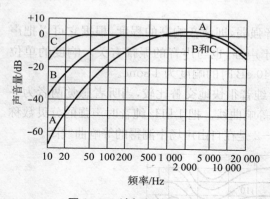

图 3-3 计权网络频率曲线

其他频率也根据等响曲线作一定的修正。这种对不同频率给以适当增减的方法称为频率计权。经频率计权后测量得到的分贝数称为计权声级。因为在不同声强水平上的等响曲线不同,要使仪器能适应所有不同强度的响度修正值是困难的。常用的有 A、B、C 三种计权网络,图 3-3 是这几种计权网络的频率曲线。A 计权曲线近似于响度级为 40 phon 等响曲线的倒置。经过 A 计权曲线测量出的分贝读数称 A 计权声级,简称 A 声级或 L_A,表示为 dB(A)。同样,B 计权曲线近似于

70 phon 等响曲线的倒置。C 计权曲线近似于 100 phon 等响曲线的倒置。测得的分贝读数分别为 B 计权声级和 C 计权声级。如果不加频率计权,即仪器对不同频率的响应是均匀的,即线性响应,测量的结果就是声压级,直接以分贝或 dB 表示,记作 L_{in} 称为 L 计权声级。

经验表明,时间上连续、频谱较均匀、无显著纯音成分的宽频带噪声的 A 声级,与人们的主观反映有良好的相关性,即测得的 A 声级大,人们听起来也觉得响。当用 A 声级小型化的手持仪器即可进行。所以,A 声级是目前广泛应用的一个噪声评价量,已成为国际标准化组织和绝大多数国家用作评价噪声的主要指标。许多环境噪声的容许标准和机器噪声的评价标准都采用 A 声级或以 A 声级为基础,表 3-1 为一些典型声源的 A 声级。

表 3-1　一些声源的 A 声级

A 声级/dB(A)	声源(距 1~1.5 m)
10~20	静夜里手表声,自己呼吸声
20~30	轻声耳语
30~40	安静的郊外
40~60	一般房间里的声音
60~70	普通谈话声
70~80	一般街道噪声
80~90	吵闹街道噪声,公共汽车内
90~100	空压机、风机、水泵
100~110	电锯、织布机
110~120	高声喇叭、球磨机
120~130	风铲、风铆
130~140	高压排气、风洞
140~150	大炮、喷气式飞机
160 以上	火箭、导弹、飞船的发射

但是,A 声级并不反映频率信息,即同一 A 声级值的噪声,其频谱差别可能非常大。所以对于相似频谱的噪声,用 A 声级排次序是完全可以的。但若要比较频谱完全不同的噪声,那就要注意到 A 声级的局限性。如果要评价有纯音成分或频谱起伏很大的噪声的响度,以及要分析噪声产生原因,研究噪声对人体生理影响、噪声对语言通信的干扰等工作,就必须进行频谱分析或其他信息处理。

C 计权曲线在主要音频范围内基本上是平直的,只在最低与最高频段略有下跌,所以声级与线性声压级是比较接近的。在低频段,C 计权与 A 计权的差别最大,所以根据 C 声级与 A 声级的相差大小,可以大致上判断该噪声是否以低频成分为主。D 计权测得的分贝数称 D 计权声级,表示为 dB(D)。D 声级主要用于航空噪声的评价。

(七) 等效声级

实际噪声很少是稳定地保持固定声级的,而是随时间有忽高忽低的起伏。对于这种非稳态的噪声如何来评价呢?常用的方法是采用声能按时间平均的方法,求得某一段时间内随时间起伏变化的各个 A 声级的平均能量,并用一个在相同时间内声能与之相等的连续稳定的 A 声级来表示该段时间内噪声的大小。称这一连续稳定的 A 声级为该不稳定噪声的等效连续声级,记为 L_{eq},这相当于在这段时间内,一直有 L_{eq} 这么大的 A 声级在作用,也称为等效连续 A 声级,或简称为等效 A 声级或等效声级。其定义式为:

$$L_{eq} = 10\lg \frac{1}{T} \int_0^T 10^{0.1L_A(t)} dt \tag{3-11}$$

现在的自动化测量仪器,例如积分式声级计,可以直接测量出一段时间内的 L_{eq} 值。一般的测量方法是在一段足够长的时间内等间隔地取样读取 A 声级,再求它的平均值。要注意将 A 声级换算到 A 计权声压的平方求平均。如果在该段时间内一共有 n 个离散的 A 声级读数,则等效连续 A 声级的计算公式为:

$$L_{eq} = 10\lg\left(\frac{1}{n}\sum_{i=1}^{n}10^{0.1L_i}\right) \tag{3-12}$$

式中,L_i 为第 i 个 A 声级值。

为了指数运算的方便,我们还可任意选择一个较小值作为参考声级 L_0。

$$L_{eq} = L_0 + 10\lg\left[\sum\frac{n_i}{n}10^{0.1(L_i-L_0)}\right] \tag{3-13}$$

【例题 3-1】 在一个车间内,每隔 5 min 测量一个 A 声级,一天 8 h 共测 96 次,如果有 12 次是 85 dB(A),包括 83~87 dB(A),12 次是 90 dB(A),包括 88~92 dB(A),48 次是 95 dB(A),包括 93~97 dB(A),24 次是 100 dB(A),包括 98~1 027 dB(A)。取 $L_0=80$ dB (A),85 dB(A)也可,则 $L_1=85$ dB(A),$n_1/n=1/8$,$L_2=90$ dB(A),$n_2/n=1/8$,$L_3=95$ dB (A),$n_3/n=1/2$,$L_4=100$ dB(A),$n_4/n=1/4$,代入式(3-14)计算有:

$$L_{eq}=80+10\lg[(1/8)\times10^{0.1\times(85-80)} + (1/8)\times10^{0.1\times(90-80)} +$$
$$(1/2)\times10^{0.1\times(95-80)} + (1/4)\times10^{0.1\times(100-80)}]\approx96.3 \text{ dB(A)}。$$

(八) 累计百分声级

对于随机起伏噪声的大小及变化,用等效连续 A 声级是无法描述的,而应该用统计学方法进行描述。即在一段时间内进行多次的随机取样,然后对测到的不同噪声级作统计分析,取它的累计统计概率值,即累计百分声级,来评价这个噪声。累计百分声级通常是指监测时间段一定比例的累积时间内 A 声级的最小值,用"L_N"表示,单位为 dB(A)。最常用的累积百分声级是 L_{10}、L_{50} 和 L_{90},其含义分别为:

L_{10}——测量时间内有 10% 的时间噪声 A 声级超过的值,相当于噪声的平均峰值;

L_{50}——测量时间内有 50% 的时间噪声 A 声级超过的值,相当于噪声的平均中值;

L_{90}——测量时间内有 90% 的时间噪声 A 声级超过的值,相当于噪声的平均本底值。

如果数据采集是按等时间间隔进行的,则 L_N 也表示有 $N\%$ 的数据超过的噪声级。如果 T 为噪声测量总时段,Δt 为测量时的读数时间间隔,则将读取的 $(T/\Delta t)$ 个数据从大到小排列后,第 $[(T/\Delta t)\times10\%]$ 个数据为 L_{10},第 $[(T/\Delta t)\times50\%]$ 个数据为 L_{50},第 $[(T/\Delta t)\times90\%]$ 个数据为 L_{90}。

如果无规则的噪声测量值在统计上符合正态分布,则等效连续 A 声级 L_{eq} 与累积百分声级(统计声级)L_N 之间存在以下关系:

$$L_{eq,T} = L_{50} + \frac{d^2}{60} = L_{50} + \frac{(L_{10}-L_{90})^2}{60} \tag{3-14}$$

(九) 噪声污染级

许多非稳态噪声的实践表明,涨落的噪声所引起人的烦恼程度比等能量的稳态噪声要大,并且与噪声暴露的变化率和平均强度有关。经实验证明,在等效连续声级的基础上加上一项表示噪声变化幅度的量，更能反映实际污染程度。用这种噪声污染级评价航空或道路的交通噪声比较恰当。故噪声污染级（L_{NP}）公式为：

$$L_{NP} = L_{eq} + K\sigma \qquad (3-15)$$

式中　K —— 常数，对交通和飞机噪声取值 2.56；

σ —— 测定过程中瞬时声级的标准偏差。

（十）交通噪声指数

交通噪声指数（TNI）是城市道路交通噪声评价的一个重要参量，其定义为：

$$TNI = 4(L_{10} - L_{90}) + L_{90} - 30 \quad (dB) \qquad (3-16)$$

式中，第一项 $4(L_{10} - L_{90})$：表示"噪声气候"的范围，说明噪声的起伏变化程度；

第二项 L_{90}：表示本底噪声状况；

第三项 -30：是为了获得比较习惯的数值而引入的调节量。

TNI 与噪声的起伏变化有很大的关系，噪声的涨落对人的影响的加权数为 4，这与主观反应相关性测试中获得较好的相关系数。

TNI 评价量，只适用于机动车辆噪声对周围环境干扰的评价，而且限于车流量较多及附近无固定声源的环境。对于车流量较少的环境，L_{10} 和 L_{90} 的差值较大，得到的 TNI 值也很大，使计算数值明显地夸大了噪声的干扰程度。例如，在繁忙的交通干线处，$L_{90} = 70$ dB，$L_{10} = 84$ dB，TNI $= 96$ dB；在车流量较少的街道，L_{10} 可能仍为 84 dB，但 L_{90} 却会降低到 55 dB 的水平，TNI $= 141$ dB，显然后者因噪声涨落大，引起烦恼比前者大，但两者的差别不会如此大。

（十一）昼夜等效声级

昼夜等效声级是考虑到噪声在夜间对人的影响比白天严重，而对夜间噪声进行增加 10 dB 加权处理后的等效连续 A 声级。日夜等效声级自使用以来，获得了很大成功，人们发现，受噪声烦扰的居民百分数与日夜等效声级有很好的相关性。

二、监测仪器

（一）声级计

1. 原理

声级计主要由传声器、放大器、衰减器、计权网络、电表电路及电源等部分组成（图 3-4）。

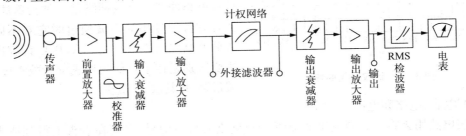

图 3-4　声级计的基本构造

声级计的工作原理是声压由传声膜片接受后,将声压信号转换成电压信号,由于表头指示范围一般只有 20 dB,而声音范围变化可高达 140 dB,甚至更高,所以,此信号经前置放大器作阻抗变换后要送入输入衰减器,经输入衰减器衰减后的信号再由输入放大器进行定量放大,放大后的信号由计权网络进行计权。计权网络是模拟人耳对不同频率有不同灵敏度的听觉响应,在计权网络处可外接滤波器进行频谱分析。经计权后的信号由输出衰减器减到额定值,随即送到输出放大器放大,使信号达到相应的功率输出,输出信号经检波后送出有效电压,推动电表显示所测的声压级数值。

（1）传声器

常用的传声器有电容传声器、电感传声器和动圈传声器。其中以电容传声器最好,应用广泛。电容传声器具有频率响应平直、动态范围大、灵敏度高、固有噪声低、受电磁场和外界振动影响小的特点。电容传感器灵敏度的表示方法有三种:① 自由场灵敏度,是指传声器输出端的开路电压和传声器放入电场前该点自由声场声压的比值;② 声压灵敏度,是指传声器输出端的开路电压和与作用在传声器膜片上声压的比值;③ 扩散场灵敏度,是指传声器置于扩散场中输出端的开路电压与传声器未放入前该扩散声场的声压之比。但是电容传声器在较大湿度下,两极板间容易放电并产生噪声,严重时甚至无法使用。另外,电容传声器需要前置放大器和极化电压,结构复杂,成本高;膜片易破损。所以,电容传声器需要妥善保管,使用时需要特别小心。

（2）放大器和衰减器

传声器把声压转化为电压,电压一般都很微弱,放大器把微弱的电信号放大,以满足指示器的需要。一般对声级计中放大器的要求如下:① 增益足够大而且稳定;② 频率响应特性平直;③ 有足够的动态范围;④ 固有噪声小,耗电小。

由于声级计不仅要测量微弱的信号,还要测量较强的噪声,所以声级计必须设置衰减器。衰减器的作用是使放大器处于正常工作状态,将过强的信号衰减到合适强度再传入放大器,从而扩大声级计的量程。

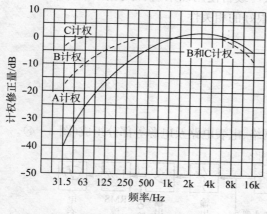

图 3-5 计权网络曲线

（3）计权网络

在噪声测量中,为了使声音客观物理量和人耳听觉的主观感觉近似取得一致,声级计中设有 A、B、C 计权网络,并且已经标准化。它们分别为了模拟 40 phon、70 phon 和100 phon 等响曲线。有的还有 D 频率计权特性,它是为了测量飞机噪声而设置的。图 3-5 为 A、B、C 计权网络曲线。计权网络是一种特殊滤波器,当含有各种频率的声波通过时它对不同频率成分的衰减是不一样的。A、B、C 计权网络的主要区别是在于对低频率成分衰减程度,A 衰减最多,B 其次,C 最少。

（4）电表、电路和电源

电表电路用来将放大器输出的交流信号整流成直流信号,以便在表头上得到适当的指数。信号的大小有峰值、平均值和有效值三种表示方法,用得最多的是有效值。

声级计表头阻尼有"快"、"慢"两种,"快"挡和"慢"挡分别要求信号输入 0.2 s 和 0.5 s 后,表头能达到它的最大读数。对于脉冲精密声级计表头,除"快"、"慢"两挡外,还有"脉冲"和"脉冲保持"挡,"脉冲"和"脉冲保持"表示信号输入 35 ms 后,表头上指针达到最大读数并保持一段时间。可以测量短至 20 μs 的脉冲信号,如枪、炮和爆炸声等。

为了保证测量的精确度,声级计在使用前必须进行校准。包括内部参考信号的校准和话筒校准,除此之外,还应避免人体反射对读数的影响,以及及时检查电源,更换电池,长期储存还要注意防潮。同时,为了保证声级计测量较高的灵敏度和精确度,一般情况下,声级计还会装有防风罩、鼻锥、延伸电缆等附属配件。

2. 种类

声级计按其用途可分为一般声级计、车辆声级计、脉冲声级计、积分声级计和噪声剂量计等。按其精度可分为四种类型:O 型声级计,是实验用的标准声级计;Ⅰ型声级计,相当于精密声级计;Ⅱ型声级计和Ⅲ型声级计(作为一般用途的普通声级计)。按其体积大小可分便携式声级计和袖珍式声级计。国产声级计有 ND-2 型精密声级计和 PSJ-2 普通声级计。国际标准化组织(ISO)及国际电工委员会(IEC)规定普通声级计的频率范围是 20～8 000 Hz,精密声级计的频率范围为 20～12 500 Hz。

(二) 声级频谱仪

频谱仪是测量噪声频谱的仪器,它的基本组成大致与声级计相似。但是频谱分析仪中,设置了完整的计权网络(滤波器)。借助于滤波器的作用,可以将声频范围内的频率分成不同的频带进行测量。例如作倍频程划分时,若将滤波器置于中心频率 500 Hz,通过频谱分析仪的则是 335～710 Hz 的噪声,其他频率就不能通过,因此在频谱分析仪上所显示的就是频率为 355～710 Hz 噪声的声压级,其他类推。由于频谱分析仪能分别测量噪声中所包含的各种频带的声压级。所以它是进行噪声频谱分析不可缺少的仪器。一般情况下,进行频谱分析时,都采用倍频程划分频带。如果对噪声要进行更详细的频谱分析,就要用窄频带分析仪,例如用 1/3 频程划分频带。在没有专用的频谱分析仪时,也可以把适当的滤波器接在声级计上进行频谱测定。

(三) 自动记录仪

记录仪是将测量的噪声声频信号随时间变化记录下来,从而对环境噪声做出准确评价,记录仪能将交变的声谱电信号作对数转换,整流后将噪声的峰值、均方根值(有效值)和平均值表示出来。

(四) 磁带录音机

在现场测量中有时受到测试场地或供电条件的限制,不可能携带复杂的测试分析系统。磁带记录仪具有携带简便、直流供电等优点,能将现场信号连续不断地记录在磁带上,带回实验室中分析。测量使用的磁带记录仪除要求畸变小、抖动少、动态范围大外,还要求在 20～20 000 Hz 频率范围内,有平直的频率响应。

(五) 实时分析仪

在声级计的基础上配以自动信号存储、处理系统和打印系统,便成为噪声级分析仪。噪声级分析仪的工作原理是噪声信号经传声器转换为交变的电压信号,经放大、计权、检波后,利用微机和单板机存储并处理,处理后的结果由数字显示,测量结束后,由打印机打出计算结果,微机和单板机还将控制仪器的取样间隔、取样时间和量程进行切换。一般噪声级分析仪均可测量声压级、A 计权声级、累计百分声级 L_N、等效声级 L_{eq}、标准偏差、概率分布和累积分布。更进一步可测量 L_d、L_N、L_{eq}、声暴露级 L_{AET}、车流量、脉冲噪声等,外接滤波器可作频谱分析。噪声分析仪与声级计相比,显著优点一是完成取样和数据处理的自动化;二是高密度取样,提高了测量精度。

🔲 工作步骤

1. 布点

将校园划分为 $50 \text{ m} \times 50 \text{ m}$ 的网络,测量点选择在每个网络的中心,若中心点的位置不易测量,如房顶、污沟、禁区等,可移到旁边能够测量的位置。测量的网络数目不应少于 100 个格。

2. 测量

测量时应选在无雨、无雪天气,白天时间一般选在上午 8:00～12:00,下午 2:00～6:00。夜间时间一般选在 22:00～5:00。根据南北方地区的不同、季节的不同,时间可稍有变化。声级计可手持或安装在三脚架上,传声器离地面高度为 1.2 m,手持声级计时,应使人体与传声器相距 0.5 m 以上。选用 A 计权,调试好后置于"慢"挡,每隔 5 s 读取一个瞬时 A 声级数值,每个测点连续读取 100 个数据(当噪声涨落较大时,应读取 200 个数据)作为该点的白天或夜间噪声分布情况。在规定时间内每个测点测量 10 min,白天和夜间分别测量,测量的同时要判断测点附近的主要噪声源(如交通噪声、工厂噪声、施工噪声、居民噪声或其他噪声源等),并记录下周围的声学环境。

3. 数据处理

由于环境噪声是随时间而起伏变化的非稳态噪声,因此测量结果一般用统计噪声级或等效连续 A 声级进行处理,即测定数据按有关公式计算出 L_{10}、L_{50}、L_{90}、L_{eq} 和标准偏差 s 数值,确定校园区域环境噪声污染情况。如果测量数据符合正态分布,则可用下述两个近似公式来计算 L_{eq} 和 s:

$$L_{eq} \approx L_{50} + d^2/60 \quad d = L_{10} - L_{90} \tag{3-17}$$

$$s \approx (L_{16} - L_{84})/2 \tag{3-18}$$

测得数据均按由大到小的顺序排列,第 10 个数据即为 L_{10},第 16 个数据即为 L_{16},其他依次类推。

4. 评价方法

数据平均法。将全部网络中心测点测得的连续等效 A 声级做算术平均运算,所得到的算术平均值就代表某一区域或全市的总噪声水平。

图示法。区域环境噪声的测量结果,除了用上面有关的数据表示外,还可用城市噪声污染图表示。为了便于绘图,将全市各测点的测量结果以 5 dB 为一等级,划分为若干等级(如56～60,61～65,66～70,…分别为一个等级),然后用不同的颜色或阴影线表示每一等级,绘制在城市区域的网格上,用于表示城市区域的噪声污染分布。由于一般环境噪声标准多以 L_{eq} 来表示,为便于同标准相比较,建议以 L_{eq} 作为环境噪声评价量,绘制噪声污染图。等级的颜色和阴影线规定用如下方式表示(表3-2)。

表 3-2　等级颜色和阴影线表示方式

噪声带/dB(A)	颜　色	阴影线
35 以下	浅绿色	小点,低密度
36—40	绿色	中点,中密度
41—45	深绿色	大点,大密度
46—50	黄色	垂直线,低密度
51—55	褐色	垂直线,中密度
56—60	橙色	垂直线,高密度
61—65	朱红色	交叉线,低密度
66—70	洋红色	交叉线,中密度
71—75	紫红色	交叉线,高密度
76—80	蓝色	宽条垂直线
81—85	深蓝色	全黑

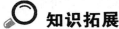 **知识拓展**

一、城市交通噪声

(一) 布点

在每两个交通路口之间的交通线上选一个测点,测点设在马路旁的人行道上,一般距马路边缘 20 cm,这样选点的好处是该点的噪声可以代表两个路口之间该段马路的交通噪声。

(二) 测量

测量时应选在无雨、无雪的天气进行,以减免气候条件的影响,因风力大小等都直接影响噪声测量结果。测量时间同城市区域环境噪声要求一样,一般在白天正常工作时间内进行测量。选用 A 计权,将声级计置于慢挡,安装调试好仪器,每隔 5 s 读取一个瞬时 A 声级,连续读取 200 个数据,同时记录车流量(辆/小时)。

(三) 数据处理

测量结果一般用统计噪声级和等效连续 A 声级来表示。将每个测点所测得的 200 个数据按从大到小顺序排列,第 20 个数即为 L_{10},第 100 个数即为 L_{50},第 180 个数即为 L_{90}。经实验证明城市交通噪声测量值基本符合正态分布,因此,可直接用近似公式计算等效连续 A

声级和标准偏差值。

$$L_{eq} \approx L_{50} + d^2/60, d = L_{10} - L_{90} \tag{3-19}$$

$$s \approx (L_{16} - L_{84})/2 \tag{3-20}$$

L_{16} 和 L_{84} 分别是测量的 200 数据按由大到小排列后，第 32 个数和第 168 个数对应的声级值。

（四）评价方法

数据平均法。若要对全市的交通干线的噪声进行比较和评价，必须把全市各干线测点对应的 L_{10}、L_{50}、L_{90}、L_{eq} 的各自平均值、最大值和标准偏差列出。平均值的计算公式是：

$$L(平均值) = (\sum L_i \cdot l_i)/l \tag{3-21}$$

式中　　l——全市干线总长度，$l = \sum l_i$，km；

　　　　L_i——所测 i 段干线的等效连续 A 声级 L_{eq} 或累积百分声级 L_{10}，dB(A)；

　　　　l_i——所测第 i 段干线的长度，km。

图示法。城市交通噪声测量结果除了可用上面的数值表示外，还可用噪声污染图表示。当用噪声污染图表示时，评价量为 L_{eq} 或 L_{10}，将每个测点的 L_{eq} 或 L_{10} 按 5 dB 一等级（划分方法同城市区域环境噪声），以不同颜色或不同阴影线画出每段马路的噪声值，即得到全市交通噪声污染分布图。

在城市区域环境总噪声评价中使用的是算术平均值，而在城市交通总噪声评价中使用的是平均值，这是交通噪声监测与区域环境噪声监测的主要区别。

二、道路声屏障插入损失的测量

（一）声屏障声学性能评价量

声屏障的声学性能包括降噪性能、吸声性能、隔声性能三个方面。声屏障的降噪效果采用 63～4 000 Hz 的倍频带或 50～5 000 Hz 的 1/3 倍频带的插入损失来评价，单一评价量则采用实际声源状况下的最大 A 声级插入损失或等效连续 A 声级；声屏障的吸声性能采用 125～4 000 Hz 的倍频带或 100～5 000 Hz 的 1/3 倍频带吸声系数来评价，单一评价量则采用以上频段的评价吸声系数；声屏障的隔声性能采用 100～3 150 Hz 的 1/3 倍频带传声损失来评价，单一评价量则采用以上频段的评价隔声量或隔声指数。

（二）声屏障插入损失的测量方法

1. 直接法

直接测量法是直接在同一参考位置和接受位置声屏障安装前后的声压级。声屏障插入损失按式（3-22）计算：

$$IL = (L_{ref,a} - L_{ref,b}) - (L_{r,a} - L_{r,b}) \tag{3-22}$$

式中　$L_{ref,b}$——参考点安装声屏障前的声压级，dB；

$L_{r,b}$——接受点安装声屏障前的声压级,dB;

$L_{ref,a}$——参考点安装声屏障后的声压级,dB;

$L_{r,a}$——接受点安装声屏障后的声压级,dB。

2. 间接法

间接法是声屏障已安装在现场的情况下进行,声屏障安装前的测量可选择和声屏障安装前相等效的场所进行测量,在间接法测量时,要注意保证两个测点的等效性,包括声源特性、地形、地貌、地面和气象条件的等效。一般间接法的精度要低于直接法的精度。

间接法的接收点和参考点的选择和直接法相同。对于声屏障安装前后,等效于半自由场时参考点和接收点的声压级之差分别为:

$$\Delta L_b = L_{ref,b} - (L_{r,b} - C_r) \qquad (3-23)$$

$$\Delta L_a = L_{ref,a} - (L_{r,a} - C_r') \qquad (3-24)$$

式中 $L_{ref,b}$——在等效场所参考点处测量的声屏障安装前的声压级,dB;

$L_{r,b}$——在等效场所受声点测量的声屏障安装前的声压级,dB;

$L_{ref,a}$——声屏障安装后参考点处的声压级,dB;

$L_{r,a}$——声屏障安装后受声点的声压级,dB;

C_r——在等效场所声屏障安装前受声点的类型修正,dB;

C_r'——声屏障安装后受声点类型修正,dB。

对于半自由声场中的接收点,类型修正取 0 dB;对于近建筑物的接收点,类型修正取 3 dB;对于建筑物壁面上的接收点,类型修正取 6 dB。

间接法测量的声屏障插入损失为:

$$IL = \Delta L_a - \Delta L_b$$

3. 测量要求及测点布置

声学测量仪器采用 2 型或 2 型以上声级计。测量前后采用声级校准器进行校准。测试声源相关标准中规定为两类声源:自然声源及可控制的自然声源。自然声源指道路上的实际车流;可控制的自然声源指特定选择的试验车辆。在试验中为简单起见,在直接法测量中可采用人工声源。测点的背景噪声级至少比测量值低 10 dB。

参考位置的测量目的是为了监测声屏障安装前后声源的等效性,参考点位置的选择在原则上应保证声屏障的存在不影响声源在参考点位置的声压级。当离声屏障最近的车道中心线和声屏障的距离 $D>15$ m 时,参考点应位于声屏障平面内上方 1.5 m 处(图 3-6)。当距离 $D<15$ m 时,参考点的位置应在声屏障平面内上方,并保证声源区域近点与参考位置、声屏障顶端的连线夹角为 10°(图 3-7)。

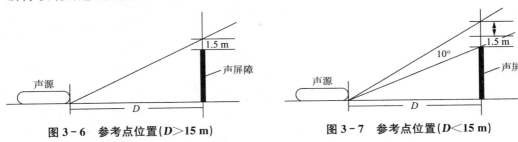

图 3-6 参考点位置($D>15$ m)　　　　图 3-7 参考点位置($D<15$ m)

接收点位置的噪声表征了声屏障后面的区域的噪声特性。对半自由场条件的接收点，要求与附近的垂直反射面的距离应大于接收点与声屏障距离的 2 倍。对反射面上的接收点应保证墙面坚硬且具有良好的反射性能，在测点附近至少有 0.5 m×0.7 m 的平坦墙壁，接收点离地面高度应大于 1.2 m。

为避免由于声源不稳定所引起的测量误差，对参考点和接收点的测量应同步进行。

4. 试验记录及结果报告

试验报告应包括测量方法的类型，测量仪器及系统的说明，仪器的型号，测量环境及测点布置简图及说明，声源情况，被测声屏障示意图及参数，声屏障 A 计权插入损失和倍频带（或 1/3 倍频带）插入损失的表格及曲线图。

土壤污染监测

◉ 教学目标

▶▶ 知识目标

1. 掌握土壤的基础知识、土壤样品的采集与制备；
2. 理解土壤样品的预处理方法、土壤污染物的测定；
3. 重点掌握土壤中镉、有机氯农药(PCB)的测定。

▶▶ 能力目标

1. 具有土壤环境调查、监测方案设计、采样点布设、样品采集、选择保存、分析测试等能力；
2. 初步具有依据测试数据结果进行土壤环境现状评价的能力。

▶▶ 学习情境

1. 学习地点：实训室；
2. 主要仪器：原子吸收分光光度计、气象色谱仪、酸度计；
3. 学习内容：土壤基本知识的学习是土壤监测的基础，土壤环境监测方案是监测的重点；通过对土壤中镉、有机氯农药(PCB)的测定，引导学生自主学习，达到举一反三的目的，学生能通过自学的形式掌握土壤其余污染指标的测定。

任务一　土壤中有机氯农药(PCB)的测定

学习目标

1. 掌握土壤的基础知识；
2. 掌握土壤采集和保存的一般方法；
3. 了解土壤环境标准；
4. 掌握常用的土壤预处理方法；
5. 熟练使用分析天平、烘箱和气象色谱仪；
6. 巩固称量分析法的操作要点；
7. 掌握土壤中有机氯农药(PCB)的测定原理和操作。

任务分析

本任务是土壤中有机氯农药(PCB)的测定，实验设备的校正及土样的预处理是本次任务的重要组成部分。土壤的含水量及 pH 值是评价土壤土质的重要指标，同时也影响污染物在土壤中的存在形式。

 基础知识

一、土壤与土壤污染

土壤是指陆地表面具有肥力、能够生长植物的疏松表层，其厚度一般在 2.5 m 左右。土壤不但为植物生长提供机械支撑能力，并能为植物生长发育提供所需要的水、肥、气、热等肥力要素。

土壤是由固、气和液三相物质组成的有机整体，基本成分是矿物质、有机质、水分和空气。典型的土壤中按容积计，矿物质约占 38%，有机质约占 12%，液相和气相容积共占组成的 50%。

土壤矿物质是岩石经过风化作用形成的不同大小的矿物颗粒，是构成土壤的基本骨架，土壤矿物质种类很多，化学组成复杂，它直接影响土壤的物理、化学性质，是作物养分的重要来源。土壤矿物质大体分为原生矿物质和次生矿物质两种。土壤原生矿物是指各种岩石受到不同程度的物理风化，而未经化学风化的碎屑物，其原来的化学组成和结晶构造均未改变，主要是石英、长石等抗风化能力较强的矿物。次生矿物是由原生矿物经风化后重新形成的新矿物，其化学组成和构造都经过改变，而不同于原来的原生矿物。

次生矿物是土壤物质中最细小的部分，粒径<0.002 mm，具有胶体的性质，所以又常称之为黏土矿物或黏粒矿物。

土壤有机质按其分解程度分为新鲜有机质、半分解有机质和腐殖质。腐解的有机质包在矿物质颗粒表面,有机质含量的多少是衡量土壤肥力高低的一个重要标志,它和矿物质紧密地结合在一起形成不可分割的复合体。

在土壤固相物质的颗粒之间存在着形状和大小不同的孔隙,其中充满了液体和气体。液体中溶有离子、分子及胶体状态的各种有机和无机物质。气体成分大致与大气相似,但二氧化碳比大气多,而氧气却较少,液气相互融合,构成一个整体。

(一) 土壤背景值

这是指未受人类污染影响的土壤自身的化学元素和化合物的含量。值得注意的是:"未受人类污染影响"是一个相对概念,工业发达的今天,污染充满了世界的每个角落,因此,土壤背景值也是相对的,"零污染"土壤样本是不存在的。

(二) 土壤环境容量

土壤环境容量是指一定环境单元,一定时限内遵循环境质量标准,即保证土壤的使用价值不变,土壤能容纳污染物的最大负荷量。不同土壤其环境容量是不同的,同一土壤对不同污染物的容量也是不同的。

(三) 土壤质量标准

1. 标准分级

一级标准　为保护区域自然生态、维持自然背景的土壤质量的限制值。

二级标准　为保障农业生产,维护人体健康的土壤限制值。

三级标准　为保障农林生产和植物正常生长的土壤临界值。

三个级别对应的标准值见表 4 - 1。

表 4 - 1　土壤环境质量三个级别对应的标准值(mg/kg)

项　目	土壤级别	一级	二　级			三级
pH 值		自然背景	<6.5	6.5～7.5	>7.5	>6.5
镉 ≤		0.20	0.30	0.60	1.0	
汞 ≤		0.15	0.30	0.50	1.0	1.5
砷	水田 ≤	15	30	25	20	30
	旱地 ≤	15	40	30	25	40
铜	农田等 ≤	35	50	100	100	400
	果园 ≤	—	150	200	200	400
铅 ≤		35	250	300	350	500
铬	水田 ≤	90	250	300	350	400
	旱地 ≤	90	150	200	250	300

续表

项 目 ＼ 土壤级别	一级	二	级		三级
锌 ≤	100	200	250	300	500
镍 ≤	40	40	50	60	200
六六六 ≤	0.05	0.50			1.0
滴滴涕 ≤	0.05	0.50			1.0

注：① 重金属(铬主要是三价)和砷均按元素量计,适用于阳离子交换量大于 5 cmol(＋)/kg 的土壤,若≤5 cmol(＋)/kg,其标准值为表内数值的半数。② 六六六为四种异构体总量,滴滴涕为四种衍生物总量。③ 水旱轮作地的土壤环境质量标准,砷采用水田值,铬采用旱地值。

2. 各类土壤环境质量执行标准的级别规定如下

Ⅰ类土壤环境质量执行一级标准;

Ⅱ类土壤环境质量执行二级标准;

Ⅲ类土壤环境质量执行三级标准;

(四) 土壤污染

人为活动产生的污染物进入土壤并积累到一定程度,引起土壤质量恶化,并进而造成某些指标超过国家标准的现象,称为土壤污染。

土壤污染主要来源于工业和城市的废水及固体废物、大气中污染物通过沉降和降水落到地面的沉降物以及农药、化肥、牲畜的排泄物等。

污染土壤的主要污染物包括:无机污染物,如重金属、酸、盐;有机农药,如杀虫剂、除锈剂;有机废弃物,如生物可降解或难降解的有机废物;化肥、污泥、矿渣和粉煤灰、放射性物质、寄生虫和病原菌等。

土壤污染具有累积性、不可逆转性、隐蔽性和滞后性。受到污染的土壤,本身的物理、化学性质将发生改变,如土壤被毒化、土壤板结、肥力降低等,还可以通过雨水淋溶,污染物从土壤传入地下水或地表水,造成水质的污染和恶化。受污染土壤上生长的生物,吸收、积累和富集土壤污染物后,通过食物链进入人体,对人体健康造成危害。

二、土壤样品的采集与制备

(一) 土壤样品的采集

能否如实反映土壤环境状况,土壤分析工作的一个重要环节是采集有代表性的样品。分析结果能否说明问题,很大程度上取决于样品的采集和处理。

1. 污染调查

采集受污染土壤的样品之前,首先进行污染调查,调查内容包括:① 自然条件,如母质、地形、植被、水文、气候等;② 农业生产情况,如土地利用情况、作物生长与产量、耕作、水利、肥料、农药等;③ 土壤性状,如土壤类型、层次特征、分布以及农业生产特性等;④ 污染历史与现状,如水、气、农药、化肥等途径的影响,以及矿床的影响。

2. 采样点的布设

由于土壤本身在空间分布上具有一定的不均匀性,所以应根据土壤自然条件、类型及污染情况的不同,采用多点采样并均匀混合成为具有代表性的土壤样品。

常用的布点采样方法有:对角线布点法、梅花形布点法、棋盘式布点法和蛇形布点法,分别如图4-1所示。

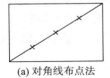 

(a) 对角线布点法　　(b) 梅花形布点法　　(c) 棋盘式布点法　　(d) 蛇形布点法

图4-1　采样布点方法

对角线布点法:该方法适用于面积小,地势平坦的污水灌溉的田块或受污染的水灌溉的田块。布点方法是由进水口向对角引一斜线,将此对角线三等分,以每等分的中央点作为采样点。田块的对角线上布点3个,力求能够代表采样田块的情况。

梅花形布点法:适用于面积较小,地势平坦,土壤比较均匀的地块,中心点设在两对角线相交处,一般设采样点5~10个。

棋盘式布点法:适用于面积大小中等,地势平坦但土壤不够均匀的地块,一般采样点在10个以上,该法也适用于受固体废物污染的土壤,因固体废物分布不均匀,采样点需设20个以上。

蛇形布点法:适用于面积较大,地势不平坦,土壤也不够均匀的地块,采样点要在10个以上。

3. 采样深度

采样深度视监测目的而定,如果只是一般地了解土壤污染情况,采样深度只需0~15 cm或0~20 cm表层(或耕层)土壤。如要了解土壤污染的垂直分布情况,则应按土壤剖面层次分层采样。典型的自然土壤剖面分为表层、亚层、风化母岩层和底岩层,如图4-2所示。

采样方法是在确定的采样点上,先用小土铲去掉表层3 mm左右的土壤,由上向下逐层采集样品1~2 kg。若用于重金属项目分析,则与金属采样用具外部接触的土壤应弃去,以免污染土壤。每个点上取厚约1 cm的土层,土片厚薄、宽度要在整个层内大体相同,各层上所取土片也应该大小接近,然后

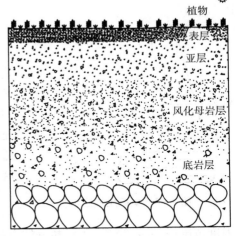

图4-2　土壤剖面示意图

把各点土样混合均匀。对所得混合样可反复按四分法缩分,留下所需的土量,装入塑料袋或布袋内,贴上标签备用。

4. 采样时间

采样时间随测定目的而定。为了解土壤污染状况,可随时采样测定。如果测定土壤的物理、化学性质,可不考虑季节的变化;如果调查土壤对植物生长的影响,应在植物的不同生长期和收获期同时采集土壤和植物样品;如果调查气型污染,至少应每年取样一次;如果调

查水型污染,可在灌溉前和灌溉后分别取样测定;如果观察农药污染,可在用药前及植物生长的不同阶段或者作物收获期与植物样品同时采样测定。

（二）土壤样品的制备

野外取回的土样,除田间水分、硝态氮、亚铁等需用新鲜土样测定外,一般分析项目都用风干土样。将新鲜湿土样平铺于干净的纸上,弄成碎块,摊成厚约 2 cm 的薄层,放在室内阴凉通风处,切忌被酸、碱、蒸气以及尘埃等污染以及阳光直接暴晒,让其自行干燥。风干后的土样在木板上用木碾碾碎,过筛后搅拌均匀,将其装入洁净的玻璃瓶或聚乙烯容器中,贴上标签备用。

三、土壤样品的预处理

常用的预处理方法有:湿法消化、干法灰化、溶剂提取(碱熔法和酸熔法)。

（一）湿法消化

这是用酸液或碱液并在加热条件下破坏样品中的有机物或还原性物质的方法。常用的酸解体系有:硝酸-硫酸、硝酸-高氯酸、氢氟酸、过氧化氢等,它们可将污水和沉积物中的有机物和还原性物质如氰化物、亚硝酸盐、硫化物、亚硫酸盐、硫代硫酸盐以及热不稳定的物质如硫氰酸盐等全部破坏;碱解多用苛性钠溶液。消解可在坩埚(镍制、聚四氟乙烯制)中进行,也可用高压消解罐。消解应注意的问题是:① 消解过程中不得使待测组分遭受损失;② 不得引进干扰物质;③ 应安全、快速,不给后续操作步骤带来困难;④ 消解制得的溶液一定要适合于选定的监测方法。

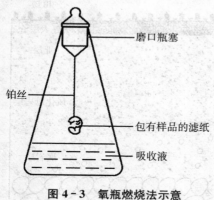

磨口瓶塞

铂丝

包有样品的滤纸

吸收液

图 4-3 氧瓶燃烧法示意

（二）干法灰化

在一定条件下加热,使待测物质分解、灰化,留下的残渣再用适当的溶剂溶解。这种方法空白值低,很适合微量元素分析。

根据灰化条件的不同,干法灰化有两种,一种是在充满 O_2 的密闭瓶内,用电火花引燃有机试样,瓶内可用适当的吸收剂吸收其燃烧产物,然后用适当方法测定,这种方法叫氧瓶燃烧法,如图 4-3 所示。

此法常用于测定易挥发的元素,如汞、砷等。另一种是将试样置于蒸发皿中或坩埚内,在空气中,于一定温度范围(500~550 ℃)内加热分解、灰化,所得残渣用适量 2%硝酸或盐酸溶剂溶解再进行测定,这种方式叫定温灰化法。此法常用于测定有机物和生物试样中的无机元素,如锑、铬、铁、钠、锶、锌等。

（三）溶剂提取

溶解土壤样品有两类方法。一类为碱熔法,常用的有碳酸钠碱熔法和偏硼酸锂($LiBO_2$)熔融法。操作要点是:称取适量土样于坩埚中,加入适量溶剂(用碳酸钠熔融时应先在坩埚底垫上少量碳酸钠或氢氧化钠),充分混匀,移入马弗炉中高温熔融。熔融温度和时间视所用熔剂而定,如用碳酸钠于 900～920 ℃熔融半小时,用过氧化钠于 650～700 ℃熔融 20～30 min 等。熔融好的土样冷却至 60～80 ℃后,移入烧杯中,于电热板上加水和 1+1 盐酸加热浸提和中和、酸化熔融物,待大量盐类溶解后,滤去不溶物,滤液定容,供分析测定,该法的特点是分解样品完全,缺点是添加了大量可溶性盐,易引进污染物质;有些重金属如 Cd、Cr 等在高温熔融易损失(如高于 450 ℃ Cd 易挥发损失);在原子吸收和等离子发射光谱仪的喷燃器上,有时会有盐结晶析出并导致火焰的分子吸收,使结果偏高。

另一类为酸熔法,该法在水监测中有所介绍。测定土壤中重金属时常选用各种酸及混合酸进行土壤样品的消化。消化的作用是:① 破坏、除去土壤中的有机物;② 溶解固体物质;③ 将各种形态的金属变为同一种可测态。为了加速土壤中被测物质的溶解,除使用混合酸外,还可在酸性溶液中加入其他氧化剂或还原剂。

以用 $HCl-HNO_3-HF-HClO_4$ 分解土壤样品为例,其操作要点是:取适量风干土样于聚四氯乙烯坩埚中,用水湿润,加适量浓盐酸,于电热板上低温加热,蒸发至约剩 5 mL 时加入适量浓硝酸,继续加热至近黏稠状,再加入适量氢氟酸并继续加热至白烟冒尽。对于含有机质多的土样,在加入高氯酸之后要加盖消解。分解好的样品应呈白色或淡黄色(含铁较高的土壤),倾斜坩埚时呈不流动的黏稠状。用水冲洗坩埚内壁及盖,温热溶解残渣,冷却后定容至要求体积。这种消解体系能彻底破坏土壤晶格,但在消解过程中要控制好温度和时间。如果温度过高,消解试样时间短或试样蒸干涸,会导致测定结果偏低。

下面介绍几种土壤样品中某些金属、非金属组分的溶解及测定方法,见表 4-2。

表 4-2　土壤样品中某些金属、非金属组分的溶解及测定方法

元　　素	溶 解 方 法	测 定 方 法	最低检出限 ($\mu g/kg$)
As	$HNO_3-H_2SO_4$ 消化	二乙基二硫代氨基甲酸银比色法	0.5
Cd	$HNO_3-HF-HClO_4$ 消化	石墨炉原子吸收法	0.002
Cr	$HNO_3-H_2SO_4-H_3PO_4$ 消化 $HNO_3-HF-HClO_4$ 消化	二苯碳酰二肼比色法 原子吸收法	0.25 2.5
Cu	$HCl-HNO_3-HClO_4$ 消化 $HNO_3-HF-HClO_4$ 消化	原子吸收法 原子吸收法	1.0 1.0
Hg	$H_2SO_4-KMnO_4$ 消化 $HNO_3-H_2SO_4-V_2O_5$ 消化	冷原子吸收法 冷原子吸收法	0.007 0.002
Mn	$HNO_3-HF-HClO_4$ 消化	原子吸收法	5.0
Pb	$HCl-HNO_3-HClO_4$ 消化 $HNO_3-HF-HClO_4$ 消化	原子吸收法 石墨炉原子吸收法	1.0 1.0
氟化物	$Na_2CO_3-Na_2O_2$ 熔融法	F-选择电极法	5.0
硫化物	盐酸蒸馏分离法	对氨基二甲基苯胺比色法	2.0
有机氯农药 (DDT\六六六)	石油醚-丙酮萃取分离法	气相色谱法(电子捕获检测器)	40
有机磷农药	三氯甲烷萃取分离法	气相色谱法(氮、磷检测器)	40
氰化物	$Zn(AC)_2$-酒石酸蒸馏分离法	异烟酸-吡唑啉酮分光光度法	0.05

四、土壤成分的测定

(一) 土壤含水量测定

土壤水分是土壤生物及作物生长必需的物质,无论用新鲜土样或风干土样,都需测定土壤含水量,以便计算土壤中各种成分按烘干土为基准的测定结果。

对于风干土样,用感量 0.001 g 的天平称取适量通过 1 mm 孔径筛的土样,置于已恒重的铝盒中;对于新鲜土样,用感量 0.01 g 的天平称取土样 20～30 g,置于已恒重的铝盒中。将风干土样或新鲜土样放入烘箱内,在(105±2)℃下烘 4～5 h 至恒重。按式(4-1)计算水分重量占烘干土质量的百分比。

$$水分含量(分析基)\% = (m_1 - m_2)/(m_1 - m_0) \times 100 \tag{4-1}$$

$$水分含量(烘干基)\% = (m_1 - m_2)/(m_2 - m_0) \times 100 \tag{4-2}$$

式中　m_0——烘至恒重的空铝盒重量,g;

　　　m_1——铝盒及土样烘干前的重量,g;

　　　m_2——铝盒及土样烘至恒重时的重量,g。

(二) 土壤中重金属污染物测定

1. 土壤中重金属元素的测定

根据我国《土壤环境监测标准》(GB 15618—1995)规定,土壤中重金属污染常规监测项目有镉、汞、铜、铅、铬、锌、镍、锰几种,其测定方法、检测范围和仪器见表 4-3。

表 4-3　土壤中重金属元素的测定

项目	测 定 方 法	监测范围 (mg/kg)	仪　　器
镉	土样经盐酸-硝酸-高氯酸消解后, ① 萃取-火焰原子吸收法测定; ② 石墨炉原子吸收分光光度法测定	≥0.025 ≥0.005	原子吸收分光光度计
汞	土样经盐酸-硝酸-五氧化二钒或硫酸-硝酸-高锰酸钾消解后,冷原子吸收法测定	≥0.004	测汞仪(汞蒸气吸收 253.7 nm 的紫外光)
铜	土样经盐酸-硝酸-高氯酸消解后,火焰原子吸收分光光度法测定	≥1.0	可见分光光度计(440 nm)
铅	土样经盐酸-硝酸-氢氟酸-高氯酸消解后, ① 萃取-火焰原子吸收法测定; ② 石墨炉原子吸收分光光度法测定	≥0.4 ≥0.06	可见分光光度计(510 nm)
铬	土样经盐酸-硝酸-氢氟酸消解后, ① 高锰酸钾氧化,二苯碳酰二肼分光光度法测定; ② 加氯化铵溶液,火焰原子吸收分光光度法测定	≥1.0 ≥2.5	可见分光光度计
锌	土样经盐酸-硝酸-高氯酸消解后,火焰原子吸收分光光度法测定	≥0.5	可见分光光度计(528 nm)
镍		≥2.5	原子吸收分光光度计
锰	土样经盐酸-硝酸-高氯酸消解后,原子吸收法测定	≥0.005	

2. 土壤中重金属的形态分析

在国内外现行标准中,土壤重金属污染物测定主要是针对重金属元素的总量进行测定。然而,金属污染物的迁移和转化规律并不取决于污染物的总浓度或总量,而是取决于其在土壤环境中存在的化学形态。由于不同化学形态的重金属其毒理特性不同,对土壤环境中重金属元素还要进行形态分析。土壤中重金属的形态分析一般采用五步连续提取法,步骤如下。

（1）可交换态

2 g试样中加入1 mol/L氯化镁16 mL,室温下振荡1 h,离心10 min,吸出上层清液分析。

（2）碳酸盐结合态

经处理后的残余物,将pH值调至5.0,在室温下用16 mol/L乙酸钠提取,振荡8 h,离心,吸出上层清液分析。

（3）铁锰氧化结合态

经处理后的残余物加入0.4 mol/L盐酸羟胺16 mL,在20%（体积分数）乙酸中提取,提取温度为(96 ± 3)℃,时间为4 h,离心,吸出上层清液分析。

（4）有机结合态

经处理后的残余物加入3 mL 0.02 mol/L硝酸和5 mL 30%（体积分数）过氧化氢,用硝酸调节pH值至2.0,将混合物加热至(85 ± 2)℃,保温2 h,并在加热中间振荡几次;再加入5 mL过氧化氢,调节pH值至2.0,再将混合物放在(85 ± 2)℃加热3 h,并在加热间段振荡。冷却后,加入5 mL 3.2 mol/L乙酸铵的20%硝酸溶液中,稀释到20 mL,振荡20 min,离心,吸出上层清液分析。

（5）残渣态

对处理后的残余物,用硝酸-高氯酸-氢氟酸-高氯酸消解法进行消解分析。

一般来说,可交换态和碳酸盐结合态金属易迁移转化,铁锰氧化结合态和有机结合态较稳定,残渣态的重金属在自然条件下不易释放出来。

（三）土壤中非金属无机污染物测定

土壤中非金属无机污染物测定包括氰化物、氟化物、硫化物和砷化物等,其测定方法、检测范围和仪器见表4-4。

表4-4　土壤中非金属无机化合物的测定

项　目	测　定　方　法	监测范围（mg/kg）	仪　器
砷化物	① 土样经硫酸-硝酸-高氯酸消解后,二乙基二硫代氨基甲酸银分光光度法测定 ② 土样经硝酸-盐酸-高氯酸消解后,硼氢化钾-硝酸银分光光度法测定	≥0.5 ≥0.1	分光光度计
氰化物	土样在ZnAc及酒石酸溶液中蒸馏分离,异烟酸-吡唑啉酮分光光度法测定	≥0.000 05	可见分光光度计

续表

项　目	测　定　方　法	监测范围 （mg/kg）	仪　器
氟化物	① 硫酸-磷酸消解后，氟试剂分光光度法测定 ② 氢氧化钠 600 ℃ 熔融 30 min，浓盐酸调至 pH 值为 8～9，离子选择性电极法测定	≥0.000 5 ≥0.1	可见分光光度计氟离子选择性电极
硫化物	① 盐酸消解土样蒸馏，对氨基二甲苯胺分光光度法测定 ② 硫酸消解后，间接碘量法测定	≥0.002 ≥0.016	分光光度计滴定分析

摘自：税永红《环境监测技术》2009 年

（四）土壤中持久有机污染物测定

土壤环境介质中主要有有机氯农药、多氯联苯(PCBs)、多环芳烃(PAHs)、烷基酚、卤代酚、二噁英等持久性有机污染物，其监测分析方法涉及采样、提取、净化等多种制样技术和气相色谱(GC)、液相色谱(HPLC)、气相色谱-质谱(GC-MS)、液相色谱-质谱(HPI-C-MS)等分析技术。其中，土壤质量有机氯农药的测定采用气相色谱-质谱法、加速溶剂萃取-气相色谱-质谱法和双 ECD 气相色谱法；多氯联苯的测定采用索氏提取（微波萃取/超声波萃取）双 ECD 气相色谱法、气相色谱-质谱联用法；二噁英的测定采用同位素稀释/HRGC-LRMS 法、同位素稀释-高分辨气相色谱-高分辨质谱法；多环芳烃的测定采用气相色谱-质谱法、液相色谱法；烷基酚及卤代酚的测定采用气相色谱法、气相色谱-质谱联用法、液相色谱-紫外法、液相色谱-质谱法等。

工作步骤

1. 碱解与蒸馏

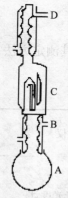

图 4-4　蒸馏装置示意图

准确称取 10～40 g 风干土样（同时另称一份 20 g 左右于 60 ℃ 烘干 24 h，测其水分含量），放入 10 mL 圆底烧瓶中，加入 250 mL 浓度为 1 mol/L的氢氧化钾溶液，加少量沸石，按图 4-4 接好 A 与 B，加热回流 1 h（用加热套加热，调压变压器控制温度）。冷却至室温，取下 B 部，在 C 中加入 5 mL 正己烷，将 A、C、D 部连接，加热蒸馏 90 min，每分钟流速 80～100 滴（加热和控温方法同上），蒸馏完毕后冷至室温，将 C 中液体移入分液漏斗中，再将 A、C、D 部连接，从冷凝管上部加入 10 mL 蒸馏水冲洗，再将 C 中的洗涤液并入分液漏斗中，充分振摇，弃去水层，加入少量正己烷洗涤 C 两次，合并正己烷层，将分液漏斗中的正己烷提取液经过底部塞有脱脂棉 5 cm 高的无水硫酸钠脱水柱，分液漏斗用少量正己烷洗涤 3 次，每次均通过脱水柱，收集于 10 mL 容量瓶中定容，供色谱分析。

杂质多时需要用硫酸净化，即加入与正己烷等体积的硫酸，振摇 1 min，静止分层后，弃去硫酸层，净化次数视提取液中杂质多少而定，一般 1～3 次，然后加入与正己烷等体积的

0.1 mol/L氢氧化钾溶液,振摇 1 min,静止分层后弃去下部水层。

2. 定量测定

将 PCB 标准溶液稀释不同浓度,定量进样以确定电子捕获检测器的线性范围。试样进样时,定量进样所得峰高(应在线性范围内)与相近浓度标准溶液的峰高比较,求出 PCB 含量。

3. 数据处理

$$多氯联苯含量(\mu g/g) = \frac{c_标 V_标 h_样 V}{h_标 V_样 W} \qquad (4-3)$$

式中　$c_标$——标准液浓度,$\mu g/mL$;

$\quad\quad$ $V_标$——标准溶液色谱进样体积,μL;

$\quad\quad$ $h_样$——试样萃取液高度,mm;

$\quad\quad$ V——萃取液浓缩后的体积,mL;

$\quad\quad$ $h_标$——标准溶液峰高,mm;

$\quad\quad$ $V_样$——试样萃取液色谱进样体积,μL;

$\quad\quad$ W——样品质量,g(以换算成 60 ℃ 烘干质量计算)。

注意:正己烷(或石油醚)用全玻璃蒸馏器蒸馏,收集 68~70 ℃ 馏分,色谱进样应无干扰峰,如不纯,再次重蒸馏或用中性三氧化二铝纯化。

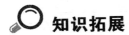 **知识拓展**

固体废物监测

(一) 样品的采集与制备

1. 工业固体废物的采集

(1) 采样前的准备

为使采集的固废样品具有足够的代表性,在采集之前首先要进行调查,对固体废物的来源、生产工艺过程、废物的类型、排放数量、堆积历史、危害程度和综合利用等情况进行研究,在此基础上制订详细的采样方案。如果采集有害废物还应根据其有害特性采取相应的安全措施。

(2) 采样工具

常用的采样工具有尖头钢锹、钢尖镐(腰斧)、采样探子、采样钻、气动和真空探针、采样铲(采样器)、具盖采样桶或内衬塑料薄膜的采样袋等。

(3) 采样程序

根据工业固体废物采样制样技术规范(HJ/T 20—1998)进行操作,采样程序主要有三个步骤:① 根据固体废物批量大小确定采样单元(采样点)个数;② 根据固体废物的最大粒度(95%以上能通过最小筛孔尺寸)确定采样量;③ 根据固体废弃物的赋存状态,选用不同的采样方法,在每一个采样点上采取一定质量的物料,组成总样(如图 4-5 采样示意图),并认真填写采样记录。

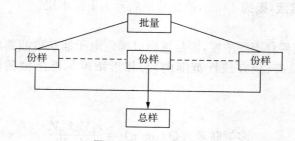

图 4-5 采样示意图

（4）确定采样单元数

采样单元是指由一批废物中的一个点或一个部位，按规定量取出的样品。采样单元的多少取决于两个因素：① 物料的均匀程度：物料越不均匀，采样单元应越多；② 采样的准确度：采样的准确度要求越高，采样单元应越多。最小采样单元数可以根据物料批量的大小进行估计。如表 4-5 所示。

表 4-5 批量大小与最小采样单元数（固体/t；液体/1 000 L）

批量大小	最小采样单元数/个	批量大小	最小采样单元数/个
<1	5	≥100	30
≥1	10	≥500	40
≥5	15	≥1 000	50
≥30	20	≥5 000	60
≥50	25	≥10 000	80

（5）确定采样量

一般地说，采样量的大小主要取决于固体废物颗粒的最大粒径，颗粒越大，均匀性越差，采样量多一些，才有代表性，因此，份样量不能少于某一限度；份样量取决于废物的粒度上限，废物的粒度越大，均匀性越差，份样量就应越多，它大致与废物的最大粒度直径某次方成正比，与废物的不均匀度成正比。采样量可根据切乔特经验公式（又称缩分公式）计算试验所需样品的最小质量。

$$Q = Kd^a \tag{4-4}$$

式中　Q——应采的最小样品量，kg；

　　　d——固体废物最大颗粒直径，mm；

　　　K——缩分系数；

　　　a——经验常数。

K、a 为经验常数，试样均匀度越差，K 值越大，a 一般取 1.5~2.7，由实验确定，d 则根据固体废物的最大粒度（95% 以上能通过的最小筛孔尺寸）确定每个份样应采的最小质量。采取的每个份样量应大致相等，其相对误差不大于 20%。表 4-5 中要求的采样铲容量即保证一次在一个地点或部位能取到足够数量的份样量。液态废物的份样量以不小于 100 mL 采样瓶（或采样器）的容积为宜。

2. 城市生活垃圾的采集

（1）采样工具

50 L 搪瓷盆、100 kg 磅秤、铁锹、竹夹、橡皮手套、剪刀、小铁锤等。

（2）采样步骤

为了使样品具有代表性，采用点面结合确定几个采样点。在市区选择 2～3 个居民生活水平与燃料结构具代表性的居民生活区作为点；再选择一个或几个垃圾堆放场所为面，定期采样。采样点确定后，将 50 L 容器（搪瓷盆）洗净、干燥、称量、记录，然后布置于点上，每个点放置若干个容器，点上采样量为该点 24 h 内的全部生活垃圾，到时间后收回容器，并将同一点上若干容器内的样品全部集中；面上采集时带好备用容器，面上的取样数量以 50 L 为一个单位，要求从当日卸到垃圾堆放场的每车垃圾中进行采样（即每车 5 t），共取 1 m³ 左右（约 20 个垃圾车）。采集的样品中大块物料现场人工破碎，然后用铁锹充分混匀，现场用四分法把样品缩分到 90～100 kg 为止，即为初样品。将初样品装入容器，取回分析。

（3）采样频率和时间

做生活垃圾全面调查分析时，应在无大风、雨、雪的条件下进行，采样频率宜每月 2 次，采样间隔时间大于 10 d。在因环境而引起垃圾变化的时期，可调整部分月份的采样频率或增加采样频率。在同一市区每次各点的采样宜尽可能同时进行。

3. 样品的制备

（1）制样要求

① 在制样的全过程中，应防止样品产生任何化学变化和污染。若制样过程中可能对样品的性质产生显著的影响，则应尽量保持其原来的状态。

② 湿样品应在室温下自然干燥，使其达到适于破碎、筛分、缩分的程度。

③ 制备的样品应按要求过筛（筛孔直径为 5 mm），装瓶备用。

（2）制样工具

粉碎机械（粉碎机、破碎机等）、药碾、研钵、钢锤、标准套筛、十字分样板、机械缩分器等。

（3）工业固体废物样品的制备

原始的固体试样往往数量很大、颗粒大小悬殊、组成不均匀，无法进行实验分析。因此在实验室分析之前，需对原始固体试样进行加工处理，称为制样。制样的目的是将原始试样制成满足实验室分析要求的分析试样，即数量缩减到几百克、组成均匀、粒度细。制样的步骤包括干燥、破碎、筛分、混合、缩分。

① 干燥

将所采样品均匀平铺在洁净、干燥、通风的房间内自然干燥。若房间内有多个样品，可用大张干净滤纸盖在搪瓷盘表面，以避免样品受外界环境污染和交叉污染。

② 破碎

用机械或手工方法把全部样品逐级破碎，以减小样品的粒度通过 5 mm 筛孔。将干燥后的样品根据其硬度和粒径的大小，采用适宜的粉碎机械，分段粉碎至所要求的粒度。不可随意丢弃难于破碎的粗粒。

③ 筛分

使样品保证 95% 以上处于某一粒度范围，根据样品的最大粒径选择相应的筛号，分阶段筛出全部粉碎样品。筛上部分应全部返回粉碎工序重新粉碎，不得随意丢弃。

④ 混合

混合均匀的方法有堆锥法、环锥法、掀角法和机械拌匀法等,使过筛的样品充分混合。

⑤ 缩分

破碎后的样品进行过筛、混匀之后,采用四分法缩分以减少样品的质量。根据制样粒度,使用缩分公式求出保证样品具有代表性前提下应保留的最小质量。采用圆锥四分法进行缩分,即将样品置于洁净、平整板面(聚乙烯板、木板等)上,堆成圆锥形,将圆锥尖顶压平,用十字分样板自上压下,分成四等分,取两个对角的等份,重复操作数次,直至需要的试样量为止,如图 4-6 所示。

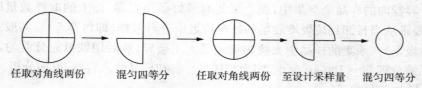

任取对角线两份　　　混匀四等分　　　任取对角线两份　　至设计采样量　　混匀四等分

图 4-6　样品缩分示意图

(4) 城市生活垃圾样品的制备

按《城市生活垃圾采样和物理分析方法》CJ/T 3039—95 的规定制备城市生活垃圾样品。

① 分拣

将采取的生活垃圾样品按表 4-6 的分类方法手工分拣垃圾样品,并记录下各类成分的比例或质量。

表 4-6　垃圾成分分类

类别	有机物		无机物		可 回 收 物						其 他	混 合
	动物	植物	灰土	砖瓦陶瓷	纸类	塑料橡胶	纺织物	玻璃	金属	木竹		

② 粉碎

分别对各类废物进行粉碎。对灰土、砖瓦陶瓷类废物,先用手锤将大块敲碎,然后用粉碎机或其他粉碎工具进行粉碎;对动植物、纸类、纺织物、塑料等废物,剪刀剪碎。粉碎后样品的大小,根据分析测定项目确定。

③ 混合缩分

测定垃圾容重后将大块垃圾破碎至粒径小于 50 mm 的小块,摊铺在水泥地面充分混合搅拌,再用四分法缩分 2 或 3 次至 25~50 kg 样品,置于密闭容器运到分析场地。确实难全部破碎的可预先剔除,在其余部分破碎缩分后,按缩分比例,将剔除垃圾部分破碎加入样品中。

(二)样品 pH 的测定

用与待测样品 pH 相近的标准液体矫正 pH 计或酸度计,并加以温度补偿。对含水量高、呈流态状的稀泥或浆状物料,可直接插入电极进行测量;对黏稠状物料应先离心或过滤后,测其滤液的 pH;对粉、粒、块状物料,可称取制备好的样品 50 g(干基)置于 1 L 塑料瓶中,加入新鲜蒸馏水 250 mL,使固液比为 1∶5,加盖密封后,放在振荡机上连续振荡 30 min,静置 30 min 后,测上清液的 pH。

每种废物取两个平行样品进行测定,差值不得大于 0.15 pH 单位,否则应再取 1~2 个样品重复进行试验,取中位值报告结果。对于高 pH 或低 pH 的样品,两次平行样品 pH 测定结果允许差值不超过 0.2pH 单位。测定结果以实际测定 pH 范围表示,而不是通过计算混合样品平均值表示。

(三) 样品水分的测定

称取样品 20 g 左右,测定无机固体废物时可在 105 ℃ 下干燥,恒重至 ±0.1 g,测定水分含量。测定样品中的有机物时应于 60 ℃ 下干燥 24 h,确定水分含量。固体废物测定结果以干样品计算,当污染物含量小于 0.1% 时以 mg/kg 表示;含量大于 0.1% 时以百分含量表示,并说明是水溶性或总量。

(四) 样品的保存和记录

样品在运送过程中,应避免样品容器的倒置和倒放。制备好的样品应保存在不受外界环境污染的洁净房间内,并密封于容器中保存(容器应对样品不产生吸附,不使样品变质),贴上标签备用。标签上应注明编号、废物名称、采样地点、批量、采样人、制样人、时间等。特殊样品可采取冷冻或充惰性气体等方法保存。制备好的样品,一般有效保存期为三个月,易变质的试样不受此限制。最后填好采样记录表(表 4-7),一式三份,分别存于有关部门。

表 4-7　采样记录表

样品登记号		样品名称	
采样地点		采样数量	
采样时间		废物所属单位名称	
采样现场简述			
废物产生过程简述			
样品可能含有的主要有害成分			
样品保存方式及注意事项			
样品采集人			
接收人			
负责人签字			
备注			

任务二 土壤镉的测定

学习目标

1. 掌握原子吸收分光光度计的操作技能；
2. 掌握土壤中镉的测定方法；
3. 了解土壤环境标准。

任务分析

本任务是土壤中镉的测定，镉是动植物非必需的有毒有害元素，测定土壤中的镉广泛采用原子吸收分光光度法。设备的校正、标准溶液的配制、土样的预处理对实验的结果都会有较大的影响。实验过程中务必遵循实验要求。

 基础知识

镉(Cd)是一种柔软、银白色的稀有金属，在地壳中的含量较少，平均为 0.15 mg/kg，土壤镉的含量范围一般为 0.01~2 mg/kg，世界土壤背景值为 0.35 mg/kg，我国土壤背景值为 0.097 mg/kg。镉是一种危险的环境污染物质，能引起人和动植物的某些疾病，例如震惊世界的日本镉米事件。自然界中很少有纯镉出现，它总是伴生于其他一些金属矿中，例如铅锌矿、铅铜锌矿等。随着这些矿石的开采和冶炼，镉被释放出来，如不妥善处理，就会对周围的生态环境构成严重威胁。因此，自从发现土壤镉污染以来，它就一直是人们研究关注的热点。

工作步骤

（1）称取 5.00 g 通过 2 mm 孔径筛的风干土壤样品，置于 100 mL 具塞锥形瓶中，用移液管加入 25.00 ml DTPA 提取液(二乙三胺五乙酸)，在室温(25±2 ℃左右)下放入水平式往复振荡器 180 次，提取 2 h，取下，离心或干过滤，最初滤液 5~6 mL 弃去，再滤下的滤液上机测定。

（2）采用和上步相同的试剂和步骤，每批样品至少制备两个以上空白溶液。

（3）DPTA 提取剂的配制：称取 1.967 g DPTA 溶于 14.92 g(13.3 mL)TEA 和少量水中，再将 1.11 g 氯化钙溶于水中，一并转入 1 000 mL 容量瓶中，加水至约 950 mL，用 6 mol/L 的盐酸溶液，调节 pH 值至 7.30(每升提取剂约需加 6 mol/L 的盐酸溶液 8.5 mL)最后用水定容，贮存与塑料瓶中。

（4）镉标准储备液的制备：准确称取 1.000 0 g（精确至 0.000 1 g）光谱纯金属镉于 50 mL 烧杯中，加入 20 mL，1＋1 的硝酸溶液（优级纯），微热溶解，冷却后转移至 1 000 mL 容量瓶中，用水定容至标线，摇匀，此时溶液镉的含量为 1 000 mg/L；

（5）镉的标准曲线（火焰法）：吸取镉标准使用液 0.00 mL、0.50 mL、1.00 mL、2.00 mL、3.00 mL、5.00 mL 分别于 6 个 50 mL 容量瓶中，用 DPTA 提取剂稀释至刻度、摇匀。

（6）仪器参考条件

表 4-8　镉原子吸收法仪器参考条件

元　素	Cd
测定波长/mm	228.2
通带宽度/nm	1.3
灯电流/mA	7.5
测量方法	标准曲线
火焰性质	空气-乙炔火焰

（7）测定：将仪器调至最佳工作条件，上机测定，测定顺序为先标准系列各点，然后样品空白试样。

（8）结果表示：

以质量分数 ω 计，数值以 mg/kg 表示，

$$\omega = \frac{(\rho - \rho_0) \times V}{m} \tag{4-5}$$

式中　ρ——从校准曲线上查得有效镉的质量浓度，mg/L；

ρ_0——试剂空白溶液的质量浓度，mg/L；

V——样品所使用提取液的体积，mL；

m——试样质量，g。

重复计算结果以算术平均值表示，保留 3 位有效数值。

（9）本方法测定土壤中有效镉的允许精密度

表 4-9　测定土壤中有效镉的允许精密度

元素	测定范围/(mg·kg^{-1})	实验室内绝对偏差/(mg·kg^{-1})	实验室内相对平均偏差/%	实验室间相对标准偏差/%
Cd	<0.1	0.03	±30	±40
	0.1~0.4	0.08	±20	±30
	>0.4	0.1	±10	±20

情境五

生 物 监 测

教学目标

知识目标

1. 掌握生物监测技术,即采样技术、测试技术和数据处理能力;

2. 掌握生物监测方案制订原则和方法、生物样品的采集方法、生物样品的制备和预处理方法、几种常见的监测方法;

3. 熟悉生态环境保护标准。

能力目标

1. 现场环境调查、监测计划设计、优化布点、样品采集、运送保存的能力;

2. 样品测试、数据处理的能力;

3. 依据测试结果进行环境现状评价的能力。

学习情境

1. 学习地点:实训室、校园内;

2. 主要仪器:气相色谱仪、培养箱、灭菌锅;

3. 学习内容:通过对水中总大肠菌群的测定、粮食中有机氯农药残留量的测定,引导学生自主学习,达到举一反三的目的,学生能通过自学的形式掌握其余生物监测方法。

任务一 总大肠菌群的测定

学习目标

1. 理解水体污染生物监测的原理；
2. 掌握水生生物监测断面和采样点的布设；
3. 掌握利用水生生物监测研究水体污染状况的监测方法；
4. 学会使用多管发酵法进行总大肠菌群的测定。

任务分析

　　总大肠菌群是指那些能在35℃、48 h之内使乳糖发酵产酸、产气、需氧及兼性厌氧的、革兰氏阴性的无芽孢杆菌，以每升水样中所含有的大肠菌群的数目表示。总大肠菌群的测定常采用多管发酵法，发酵法可用于各种水样，它是根据大肠菌群细菌能发酵乳糖、产酸产气以及具备革兰氏染色阴性、无芽孢、呈杆状等特性进行检验的。

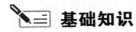 ### 基础知识

一、水体污染生物监测原理

　　要对水体污染科学、全面、综合地分析和评价，仅对水体的物理和化学指标的监测是不完善的，还要对水体中的水生生物进行监测获取生物指标。水环境中存在着大量的水生生物群落，各类水生生物之间及水生生物与其赖以生存的水环境之间存在着互相依存又互相制约的密切关系。当水体受到污染而使水环境条件改变时，各种不同的水生生物由于对环境的要求和适应能力不同而产生不同的反应，根据水体中水生生物的种类数量和个体数量的变化就能判断水体污染的类型和程度。这就是生物学水质监测方法的工作原理。

　　利用水生生物来监测研究水体污染状况的方法较多，如生物群落法、生产力测定法、残毒测定法、急性毒性试验、细菌学检验等。

　　水生生物监测断面和采样点的布设，也应在对监测区域的自然环境和社会环境进行调查研究的基础上，遵循断面要有代表性，尽可能与化学监测断面相一致，并考虑水环境的整体性、监测工作的连续性和经济性等原则。对于河流，应根据其流经区域的长度，至少设上（对照）、中（污染）、下游（观察）三个断面；采样点数视水面宽、水深、生物分布特点等确定。对于湖泊、水库，一般应在入湖（库）区、中心区、出口区、最深水区、清洁区等处设监测断面。

二、生物群落法

(一) 指示生物

生物群落中生活着各种水生生物,如浮游生物、着生生物、底栖动物、鱼类和细菌等。由于它们的群落结构、种类和数量的变化能反映水质污染状况,故称之为指示生物。

浮游生物是指悬浮在水体中的生物,它们多数个体小,游泳能力弱或完全没有游泳能力,过着随波逐流的生活。浮游生物可分为浮游动物和浮游植物两大类。在淡水中,浮游动物主要由原生动物、轮虫、枝角类和桡足类组成。浮游植物主要是藻类,它们以单细胞、群体或丝状体的形式出现。浮游生物是水生食物链的基础,在水生生态系统中占有重要地位,其中多种对环境变化反应很敏感,可作为水质的指示生物。所以,在水污染调查中,常被列为主要研究对象之一。

着生生物(即周丛生物)是指附着于长期浸没水中的各种基质(植物、动物、石头、人工)表面上的有机体群落。它包括许多生物类别,如细菌、真菌、藻类、原生动物、轮虫、甲壳动物、线虫、寡毛虫类、软体动物、昆虫幼虫,甚至鱼卵和幼鱼等。近年来,着生生物的研究日益受到重视,其中主要因素是由于其可以指示水体的污染程度,对河流水质评价效果尤佳。在监测工作中,多用人工基质法。

底栖动物是栖息在水体底部淤泥内、石块或砾石表面及其间隙中,以及附着在水生植物之间的肉眼可见的水生无脊椎动物。一般认为其体长超过 2 mm,不能通过 40 目分样筛,所以称为底栖大型无脊椎动物。它们广泛分布在江、河、湖、水库、海洋和其他各种小水体中,包括水生昆虫、大型甲壳类、软体动物、环节动物、圆形动物、扁形动物等许多动物门类。底栖动物的移动能力差,故在正常环境下比较稳定的水体中,种类比较多,每个种的个体数量适当,群落结构稳定。当水体受到污染后,其群落结构便发生变化。严重的有机污染和毒物的存在,会使多数较为敏感的种类和不适应缺氧的种类逐渐消失,而仅保留耐污染种类,成为优势种类。应用底栖动物对污染水体进行监测和评价,已被各国广泛应用。

在水生食物链中,鱼类代表着最高营养水平。凡能改变浮游和大型无脊椎动物生态平衡的水质因素,也能改变鱼类种群。同时,由于鱼类和无脊椎动物的生理特点不同,某些污染物对低等生物可能不引起明显变化,但鱼类却可能受到影响。因此,鱼类的状况能够全面反映水体的总体质量。进行鱼类生物调查对评价水质具有重要意义。

(二) 监测方法

按照规定的采样、检验和计数方法获得各生物类群的种类和数量的数据后,如何评价水污染状况,目前尚无统一的方法,下面介绍几种比较有代表性的方法。

1. 污水生物系统(saprobien system)法

该方法将受有机物污染的河流按其污染程度和自净过程划分为几个互相连续的污染带,每一带生存着各自独特的生物(指示生物),据此评价水质状况。1960 年,Hyness 绘制了污水排入河流后有机污染物浓度变化情况和生态模式图。在此基础上,经过许多专家增补和修改,使该方法得到较广泛的应用。

根据河流的污染程度,通常将其划分为四个污染带,即多污带、α-中污带、β-中污带和寡污带。各污染带水体内存在特有的生物种群及其生物学、化学特征。

污水生物系统法注重用某些生物种群评价水体污染状况,需要熟练的生物学分类知识,工作量大,耗时多,并且有指示生物出现异常情况的现象,故给准确判断带来一定困难。环境生物学者根据生物种群结构变化与水体污染关系的研究成果,提出了生物指数法。

2. 生物指数法

生物指数是指运用数学公式反映生物种群或群落结构的变化,以评价环境质量的数值。

贝克(Beek)1955 年首先提出一个简易地计算生物指数的方法。他将调查发现的底栖动物分成 A 和 B 两大类,A 为敏感种类,在污染状况下从未发现;B 为耐污种类,在污染状况下才出现的动物。在此基础上,按式(5-1)计算生物指数。

$$生物指数(BI) = 2nA + nB \qquad (5-1)$$

式中 n 为底栖大型无脊椎动物的种类。当 BI 值为 0 时,属严重污染区域;BI 值为 1~6 时为中等有机物污染区域;BI 值为 10~40 时为清洁水区。1974 年,津田松苗在对贝克指数进行多次修改的基础上,提出不限于在采集点采集,而是在拟评价或监测的河段把各种底栖大型无脊椎动物尽量采到,再用贝克公式计算,所得数值与水质的关系为:BI>30 为清洁水区;BI=15~29 为较清洁水区;BI=6~14 为不清洁水区;BI=0~5 为极不清洁水区。

沙农-威尔姆(Shannon-Wilhm)根据对底栖大型无脊椎动物调查结果,提出用种类多样性指数评价水质。该指数的特点是能定量反映生物群落结构的种类、数量及群落中种类组成比例变化的信息。在清洁的环境中,通常生物种类极其多样,但由于竞争,各种生物又仅以有限的数量存在,且相互制约而维持着生态平衡。当水体受到污染后,不能适应的生物或者死亡淘汰,或者逃离;能够适应的生物生存下来。由于竞争生物的减少,使生存下来的少数生物种类的个体数大大增加。这种清洁水域中生物种类多,每一种的个体数少,而污染水域中生物种类少,每一种的个体数大大增加的规律是建立种类多样性指数式的基础。沙农提出的种类多样性指数计算式如式(5-2):

$$d = -\sum_{i=1}^{S} \frac{n_i}{N} \log_2 \frac{n_i}{N} \qquad (5-2)$$

式中　d ——种类多样性指数;

　　　N ——单位面积样品中收集到的各类动物的总个数;

　　　n_i ——单位面积样品中第 i 种动物的个数;

　　　S ——收集到的动物种类数。

式(5-2)表明动物种类越多,d 值越大,水质越好;反之,种类越少,d 值越小,水体污染越严重。威尔姆对美国十几条河流进行了调查,总结出 d 值与水样污染程度的关系如下:

① $d<1.0$ 为严重污染;

② $d=1.0~3.0$ 为中等污染;

③ $d>3.0$ 为清洁。

三、细菌学检验法

细菌能在各种不同的自然环境中生长。地表水、地下水,甚至雨水和雪水都含有多种细菌。当水体受到人畜粪便、生活污水或某些工农业废水污染时,细菌就大量增加。因此,水的细菌学检验,特别是肠道细菌的检验,在卫生学上具有重要的意义。但是,直接检验水中各种病源菌,方法较复杂,有的难度大,且结果也不能保证绝对安全。所以,在实际工作中,经常以检验细菌总数,特别是检验作为粪便污染的指示细菌,来间接判断水的卫生学质量。

(一)水样的采集

采集细菌学检验用水样,必须严格按照无菌操作要求进行;防止在运输过程中被污染,并应迅速进行检验。一般从采样到检验不宜超过 2 h;在 10 ℃以下冷藏保存不得超过 6 h。采样方法如下:

(1)采集自来水样,首先用酒精灯灼烧水龙头灭菌或用 70% 的酒精消毒,然后放水 3 分钟,再采集约为采样瓶容积的 80% 左右的水量。

(2)采集江、河、湖、库等水样,可将采样瓶沉入水面下 10~15 cm 处,瓶口朝水流上游方向,使水样灌入瓶内。需要采集一定深度的水样时,用采水器采集。

(二)细菌总数的测定

细菌总数是指 1 mL 水样在营养琼脂培养基中,于 37 ℃经 24 h 培养后,所生长的细菌菌落的总数。它是判断饮用水、水源水、地表水等污染程度的标志。其主要测定程序如下:

(1)用作细菌检验的器皿、培养基等均需按方法要求进行灭菌,以保证所检出的细菌皆属被测水样所有。

(2)制备营养琼脂培养基。

(3)以无菌操作方法用 1 mL 灭菌吸管吸取混合均匀的水样(或稀释水样)注入灭菌平皿中,倾注约 15 mL 已融化并冷却到 45 ℃左右的营养琼脂培养基,并旋摇平皿使其混合均匀。每个水样应做两份,还应另用一个平皿只倾注营养琼脂培养基作空白对照。待琼脂培养基冷却凝固后,翻转平皿,置于 37 ℃恒温箱内培养 24 h,然后进行菌落计数。

(4)用肉眼或借助放大镜观察,对平皿中的菌落进行计数,求出 1 mL 水样中的平均菌落数。报告菌落计数时,若菌落数在 100 以内,按实有数字报告;若大于 100 时,采用两位有效数字,用 10 的指数来表示。例如,菌落总数为 37 750 个/毫升,记作 3.8×10^4 个/毫升。

(三)总大肠菌群的测定

粪便中存在有大量的大肠菌群细菌,其在水体中存活时间和对氯的抵抗力等与肠道致病菌,如沙门氏菌、志贺氏菌等相似,因此将总大肠菌群作为粪便污染的指示菌是合适的。但在某些水质条件下,大肠菌群细菌在水中能自行繁殖。

总大肠菌群是指那些能在 35 ℃、48 h 之内使乳糖发酵产酸、产气、需氧及兼性厌氧的、革兰氏阴性的无芽孢杆菌,以每升水样中所含有的大肠菌群的数目表示。

总大肠菌群的检验方法有发酵法和滤膜法。发酵法可用于各种水样(包括底泥),但操作较繁琐,费时间。滤膜法操作简便、快速,但不适用于浑浊水样。因为这种水样常会把滤膜堵塞,异物也可能干扰菌种生长。

1. 多管发酵法

多管发酵法是根据大肠菌群细菌能发酵乳糖、产酸产气以及具备革兰氏染色阴性、无芽孢、呈杆状等特性进行检验的。其检验程序分以下五步。

(1) 配制培养基：检验大肠菌群需用多种培养基，有乳糖蛋白胨培养液、三倍浓缩乳糖蛋白胨培养液、品红亚硫酸钠培养基、伊红美蓝培养基。

(2) 初步发酵试验：该试验基于大肠菌群能分解乳糖生成二氧化碳等气体的特征，而水体中某些细菌不具备此特点。但是，能产酸、产气的绝非仅属于大肠菌群，故还需进行复发酵试验予以证实。初步发酵试验方法是在灭菌操作条件下，分别取不同量水样于数支装有三倍浓缩乳糖蛋白胨培养液或乳糖蛋白胨培养液的试管中（内有倒管），得到不同稀释度的水样培养液，于 37℃ 恒温培养 24 h。

(3) 平板分离：水样经初步发酵试验培养 24 h 后，将产酸、产气及只产酸的发酵管分别接种于品红亚硫酸钠培养基或伊红美蓝培养基上，于 37℃ 恒温培养 24 h，挑选出符合下列特征的菌落，取菌落的一小部分进行涂片、革兰氏染色、镜检。

品红亚硫酸钠培养基上的菌落：紫红色，具有金属光泽的菌落；深红色，不带或略带金属光泽的菌落；淡红色，中心色较深的菌落。

伊红美蓝培养基上的菌落：深紫黑色，具有金属光泽的菌落；紫黑色，不带或略带金属光泽的菌落；淡紫红色，中心色较深的菌落。

(4) 复发酵试验：上述涂片镜检的菌落如为革兰氏阴性无芽孢杆菌，则取该菌落的另一部分再接种于装有乳糖蛋白胨培养液的试管（内有倒管）中，每管可接种分离自同一初发酵管的最典型菌落 1～3 个，于 37℃ 恒温培养 24 h，有产酸产气者，即证实有大肠菌群存在。

(5) 大肠菌群计数：根据证实有大肠菌群存在的阳性管数，查总大肠菌群数检数表（略），报告每升水样中的总大肠菌群数。

对不同类型的水，视其总大肠菌群数的多少，用不同稀释度的水样试验，以便获得较准确的结果。

2. 滤膜法

将水样注入已灭菌、放有微孔滤膜（孔径 0.45 μm）的滤器中，经抽滤，细菌被截留在膜上，将该滤膜贴于品红亚硫酸钠培养基上，37℃ 恒温培养 24 h，对符合发酵法所述特征的菌落进行涂片、革兰氏染色和镜检。凡属革兰氏阴性无芽孢杆菌者，再接种于乳糖蛋白胨培养液或乳糖蛋白胨半固体培养基中，在 37℃ 恒温条件下，前者经 24 h 培养产酸产气者，或后者经 6～8 h 培养产气者，则判定为总大肠菌群阳性。

由滤膜上生长的大肠菌群菌落总数和所取过滤水样量，按式(5-3)计算 1 升水中总大肠菌群数：

$$总大肠菌群数/L = \frac{所计数的大肠杆菌菌落数 \times 1\,000}{过滤水样量(mL)} \qquad (5-3)$$

四、水生生物毒性试验

进行水生生物毒性试验可用鱼类、溞类、藻类等，其中以鱼类毒性试验应用较广泛。

鱼类对水环境的变化反应十分灵敏，当水体中的污染物达到一定浓度或强度时，就会引起一系列中毒反应。例如,行为异常、生理功能紊乱、组织细胞病变,直至死亡。鱼类毒性试验的主要目的是寻找某种毒物或工业废水对鱼类的半致死浓度与安全浓度,为制定水质标准和废水排放标准提供科学依据;测试水体的污染程度;检查废水处理效果和水质标准的执行情况。有时鱼类毒性试验也用于一些特殊目的,如比较不同化学物质毒性的高低,测试不同种类鱼对毒物的相对敏感性,测试环境因素对废水毒性的影响等。这种试验可以在实验室内进行,也可以在现场进行。

根据试验水所含毒物浓度的高低和暴露时间的长短,毒性试验可分为急性试验和慢性试验。急性试验是一种使受试鱼种在短时间内显示中毒反应或死亡的毒性试验。所用毒物浓度高,持续时间短,一般是 4 天或 7~10 天。其目的是在短时间内获得毒物或废水对鱼类的致死浓度范围,为进一步进行试验研究提供必要的资料。慢性试验是指在实验室中进行的低毒物浓度、长时间的毒性试验,以观察毒物与生物反应之间的关系,验证急性毒性试验结果,估算安全浓度或最大容许浓度。慢性试验更接近于自然环境的真实情况。

毒性试验方法可分为静水式试验和流水式试验两大类。前者适用于测定和评价由相对稳定、挥发性小,且不过量耗氧的物质所造成的毒性,所需设备简单,毒物及稀释水消耗量少,但鱼类的代谢产物积累在试验水内,毒物浓度会因被代谢产物、器壁吸附等而降低。实际工作中,常采取每隔一定时间换一次试验水的方法。流水式试验方法是连续不断地更新试验用水,适用于 BOD 负荷高、毒物挥发性大或不稳定的水样。试验过程中溶解氧含量充足,毒物浓度稳定,可将代谢产物连续排出,实验条件更接近于鱼类所习惯的自然生活条件。但是,这种方法需要较复杂的设备,试验水消耗量大。中、长期的慢性试验一般都采用流水式试验法。

工作步骤

1. 初发酵试验

在两个装有已灭菌的 50 mL 三倍浓缩乳糖蛋白胨培养液的大试管或烧瓶中(内有倒管),以无菌操作各加入已充分混匀的水样 100 mL。在 10 支装有已灭菌的 5 mL 三倍浓缩乳糖蛋白胨培养液的试管中(内有倒管),以无菌操作加入充分混匀的水样 10 mL,混匀后置于 37 ℃恒温箱内培养 24 h。

2. 平板分离

上述各发酵管经培养 24 h 后,将产酸、产气及只产酸的发酵管分别接种于伊红美蓝培养基或品红亚硫酸钠培养基上,置于 37 ℃恒温箱内培养 24 h,挑选符合下列特征的菌落。

(1)伊红美蓝培养基上:深紫黑色,具有金属光泽的菌落;紫黑色,不带或略带金属光泽的菌落;淡紫红色,中心色较深的菌落。

(2)品红亚硫酸钠培养基上:紫红色,具有金属光泽的菌落;深红色,不带或略带金属光泽的菌落;淡红色,中心色较深的菌落。

3. 取有上述特征的群落进行革兰氏染色

(1)用已培养 18~24 h 的培养物涂片,涂层要薄。

(2)将涂片在火焰上加温固定,待冷却后滴加结晶紫溶液,1 min 后用水洗去。

(3)滴加助染剂,1 min 后用水洗去。

（4）滴加脱色剂,摇动玻片,直至无紫色脱落为止(约 20～30 s),用水洗去。

（5）滴加复染剂,1 min 后用水洗去,晾干、镜检,呈紫色者为革兰氏阳性菌,呈红色者为阴性菌。

4. 复发酵试验

上述涂片镜检的菌落如为革兰氏阴性无芽孢的杆菌,则挑选该菌落的另一部分接种于装有普通浓度乳糖蛋白胨培养液的试管中(内有倒管),每管可接种分离自同一初发酵管(瓶)的最典型菌落 1～3 个,然后置于 37 ℃恒温箱中培养 24 h,有产酸、产气者(不论倒管内气体多少皆作为产气论),即证实有大肠菌群存在。根据证实有大肠菌群存在的阳性管(瓶)数查"大肠菌群检数表",报告每升水样中的大肠菌群数。

表 5-1 为总大肠菌群数检数表,接种水样总量 300 mL(100 mL 2 份,10 mL 10 份)。

表 5-1　总大肠菌群检数表

10 mL 水量的阳性管数	100 mL 水量的阳性瓶数		
	0	1	2
	1 L 水样中大肠菌群数	1 L 水样中大肠菌群数	1 L 水样中大肠菌群数
0	<3	4	11
1	3	8	18
2	7	13	27
3	18	38	—
4	14	24	52
5	18	30	70
6	22	36	92
7	27	43	120
8	31	51	161
9	36	60	230
10	40	69	>230

 知识拓展

一、大气污染生物监测原理

生物监测法是通过生物(动物、植物及微生物)在环境中的分布、生长、发育状况及生理生化指标和生态系统的变化来研究环境污染情况,测定污染物毒性的一类监测方法。对比理化监测方法,这种方法具有特定的优点。例如,可以确切反映污染因子对人和生物的危害及环境污染的综合影响;有些生物对特定污染物很敏感,在危害人体之前可起到"早期诊断"作用;对污染物具有富集作用等。当然,这种方法也有其固有的局限性。例如,对污染因子的敏感性随生活在污染环境中时间的增长而降低,专一性差,用来进行定量测定困难,费时等。

监测大气污染的生物可以用动物,也可以用植物,但由于动物的管理比较困难,目前尚未形成比较完整的监测方法,而植物分布范围广、容易管理,当遭受污染物侵袭时,有不少种植物显示明显受害症状,因此广泛用于大气污染监测。

二、植物在污染环境中的受害症状

大气污染物通过叶面上进行气体交换的气孔或孔隙进入植物体内,侵袭细胞组织,并发生一系列生化反应,从而使植物组织遭受破坏,呈现受害症状。这些症状虽然随污染物的种类、浓度以及受害植物的品种、曝露时间不同而有差异,但具有某些共同特点,如叶绿素被破坏,叶细胞组织脱水,进而发生叶面失去光泽,出现不同颜色(灰白色、黄色或褐色)的斑点,叶片脱落,甚至全株枯死等异常现象。

(一) SO_2 污染的危害症状

当空气中的 SO_2 浓度较高时,就会使一些植物的叶脉间产生不整齐的变色斑块(俗称烟斑)。当植物受到 SO_2 污染时,一般其叶脉间叶肉最先出现淡棕红色斑点,经过一系列的颜色变化,最后出现漂白斑点,危害严重时叶片边缘及叶肉全部枯黄,仅留叶脉仍为绿色。当用显微镜观察产生烟斑叶子的切片时,可以看到最初的危害只在栅栏组织细胞处出现,危害加重则罹及海绵组织的细胞和表皮组织细胞。当受害细胞的叶绿素被破坏改变颜色时,原生质从细胞分离出来,从而使细胞干燥枯萎。在叶片外部观察时,可观察到烟斑部分逐渐枯萎变薄,最后枯死。硫酸雾危害症状则为叶片边缘光滑。受害较轻时,叶面上呈现分散的浅黄色透光斑点;受害严重时则成孔洞,这是由于硫酸雾以细雾状水滴附着于叶片上所致。圆点或孔洞大小不一,直径多在 1 mm 左右。

(二) NO_x 污染时危害症状

NO_x 对植物构成危害的浓度要大于 SO_2 等污染物。一般很少出现 NO_x 浓度达到能直接伤害植物的程度,但它往往与 O_3 或 SO_2 混合在一起显示危害症状,首先在叶片上出现密集的深绿色水浸蚀斑痕,随后这种斑痕逐渐变成淡黄色或青铜色。损伤部位主要出现在较大的叶脉之间,但也会沿叶缘发展。

(三) 氟化物污染的危害症状

一般植物对氟化物气体很敏感,其危害特点是先在植物的特定部位呈现伤斑,例如,单子叶植物和针叶树的叶尖,双子叶植物和阔叶植物的叶缘等。开始这些部位发生萎黄,然后颜色转深形成棕色斑块,在发生萎黄组织与正常组织之间有一条明显分界线,随着受害程度的加重,黄斑向叶片中部及靠近叶柄部分发展,最后,使叶片大部分枯黄,仅叶主脉下部及叶柄附近仍保持绿色。可见,龙爪柳的叶片尖端及前半部的两侧边缘都产生黄斑;箭杆杨的叶片边缘部位产生破损,并沿边缘出现大片黄白斑块,仅叶片中央仍为绿色;洋槐受害后,叶片的上半部边缘黄萎而卷曲。

（四）其他污染物的危害症状

植物的成熟叶片对 O_3 的危害最敏感，故通常总是在老龄叶片上发现危害症状。首先，栅栏组织细胞受害，然后叶肉受害。如出现细小点状烟斑，则是急性伤害的标志，这是栅栏细胞坏死所致。这种烟斑呈银灰色或褐色，并随叶龄增长逐渐脱色，还可以连成一片，变成大片的块斑，使叶子褪绿脱落。植物长时间暴露于低浓度 O_3 中，许多叶片上会出现大片浅褐色或古铜色斑，常导致叶片退绿和脱落。过氧乙酰硝酸酯是大气中的二次污染物，对植物的伤害经常发生在幼龄叶片的尖部及敏感老龄叶片的基部，并随所处环境温度的增高而加重伤害程度。在以植物作为探测器监测污染物时，应注意以下影响其受害程度的因素：

（1）在污染源下风向的植物受害程度比上风向的植物重，并且受害植株往往呈带状或扇形分布；

（2）植物受害程度随离污染源距离增大而减轻，即使在同一植株上，面向污染源一侧的枝叶比背向污染源一侧受害明显。无建筑物等屏障阻挡处的植物比有屏障阻挡处的植物受害程度重；

（3）对大多数植物来说，成熟叶片及老龄叶片较新长出的嫩叶容易受害；

（4）植物受到两种或两种以上有害物质同时作用时，受危害程度可能具有相加、相减或相乘等协同作用。

三、大气污染指示植物的选择

指示植物在受到污染物的侵袭后，应有明显的显示，包括明显的伤害症状、生长和形态的变化、果实或种子的变化及生产力或产量的变化等。指示植物可选择一年生草本植物、多年生木本植物及地衣、苔藓等。下面介绍一些常见污染物的指示植物，在这些植物中，有的能同时显示几种污染物的危害，这就是本节开始所说的"专一性"差的表现。

（一）SO_2 污染指示植物

据资料介绍，对 SO_2 敏感的植物已有几十种之多，如紫花苜蓿、棉株、元麦、大麦、小麦、大豆、芝麻、荞麦、辣椒、菠菜、胡萝卜、烟草、百日菊、麦秆菊、红花鼠尾草、玫瑰、中国石竹、苹果树、雪松、马尾松、白杨、白桦、合欢、杜仲、腊梅等。紫花苜蓿对 SO_2 很敏感，有试验表明，当将它于 SO_2 浓度为 1.2 mg/L 的环境中暴露 1 h，就会显示可见受害症状；若在 20 mg/L 浓度下，只需暴露 10 min，叶面上就会出现灰白色斑点。

（二）氟化物污染指示植物

对氟化物危害比较敏感的指示植物有唐菖蒲、金荞麦、葡萄、玉簪、杏梅、榆树叶、郁金香、山桃树、金丝桃树、慈竹、池柏、南洋楹等。

（三）NO_2 污染指示植物

对 NO_2 污染较敏感的植物有烟草、番茄、秋海棠、向日葵、菠菜等。烟草在 3 mg/L NO_2 环境中经 4～8 h 即可显示受害症状；25 mg/L 浓度下经 7 h 可使番茄的叶子变白。

（四）其他污染物质的指示植物

O_3 的指示植物有烟草、矮牵牛花、马唐、花生、马铃薯、洋葱、萝卜、丁香、牡丹等。

Cl_2 的指示植物有白菜、菠菜、韭菜、葱、番茄、菜豆、繁缕、向日葵、木棉、落叶松等。

氨的指示植物有紫藤、小叶女贞、杨树、悬铃木、杜仲、枫树、刺槐、棉株、芥菜等。

过氧乙酰硝酸酯（PAN）的指示植物有繁缕、早熟禾、矮牵牛花等。

四、大气污染生态监测方法

（一）盆栽植物监测法

先将指示植物在没有污染的环境中盆栽培植，待生长到适宜大小时，移至监测点，观测它们受害症状和程度。例如，用唐菖蒲监测大气中的氟化物，先在非污染区将其球茎栽培在直径 20 cm、高 10 cm 的花盆中，待长出 3～4 片叶后，移至污染区，放在污染源的主导风向下风侧不同距离（如 5、50、300、500、1 150、1 350（m））处，定期观察受害情况。几天之后，如发现部分监测点上的唐菖蒲叶片尖端和边缘产生淡棕黄色片状伤斑，且伤斑部位与正常组织之间有一明显界线，说明这些地方已受到严重污染。根据预先试验获得的氟化物浓度与伤害程度关系，即可估计出大气中氟化物的浓度。如果一周后，除最远的监测点外，都发现了唐菖蒲不同程度的受害症状，说明该地区的污染范围至少达 1 150 m。

利用紫露草微核监测技术可以测定大气、水体等中的三致（致癌、致畸、致突变）物质，目前国外已被广泛应用，我国也已推荐作为生物监测方法之一。紫露草是一种多年生草本植物，单子叶、鸭趾草科、紫露草属，可以盆栽，也可以地栽。用于监测三致物质的原理是它的花粉母细胞在减数分裂过程中的染色体受到污染物攻击和破坏后，在四分体中形成微核，以微核增加的数量作为判断污染程度的指标。测定时，选择紫露草开花盛期的幼期花序，随机采栽一定数量的花枝条（枝长 6～8 cm，带有两片叶子，每个花枝上有 10 个以上花蕾，顶端开第一朵花），插入盛有清洁自来水的杯子中，移到监测点上，经一定时间后，进行固定处理，切下适龄花蕾，剥出花粉并轻压成片，在显微镜下观察形成的微核（呈圆形或椭圆形）数量。

（二）现场调查法

现场调查法是选择监测区域现有植物作为大气污染的指示植物。该方法需先通过调查和试验，确定现场生长的植物对有害气体的抗性等级，将其分为敏感植物、抗性中等植物和抗性较强植物三类。如果敏感植物叶部出现受害症状，表明大气已受到轻度污染；如果抗性中等的植物出现部分受害症状，表明大气已受到中度污染；当抗性中等植物出现明显受害症状，有些抗性较强的植物也出现部分受害症状时，则表明已造成严重污染。同时，根据植物叶片呈现的受害症状和受害面积百分数，可以判断主要污染物和污染程度。

1. 植物群落调查法

调查现场植物群落中各种植物受害症状和程度，估测大气污染情况。表 5-2 为排放 SO_2 的化工厂附近植物群落的调查结果。可见，对 SO_2 抗性强的一些植物如枸树、马齿苋等也受到危害，表明该厂附近的大气已受到严重污染。

表 5－2　排放 SO_2 的某化工厂附近植物群落受害情况

植　　物	受　害　情　况
悬铃木、加拿大白杨	80～100％叶片受害，甚至脱落
桧柏、丝瓜	叶片有明显大块伤斑，部分植株枯死
向日葵、葱、玉米、菊、牵牛花	50％左右叶面积受害，叶片脉间有点、块状伤斑
月季、蔷薇、枸杞、香椿、乌桕	30％左右叶面积受害，叶脉间有轻度点、块状伤斑
葡萄、金银花、枸树、马齿苋	10％左右叶面积受害，叶片上有轻度点状斑
广玉兰、大叶黄杨、栀子花、腊梅	无明显症状

2. 调查地衣和苔藓法

地衣和苔藓是低等植物，分布广泛，但对某些污染物反应敏感。例如，SO_2 的年平均浓度在 0.015～0.105 mg/L 范围内就可以使地衣绝迹；浓度达 0.017 mg/L 时，大多数苔藓植物便不能生存。调查树干上的地衣和苔藓适于大气污染监测。当知道树干上的地衣和苔藓的种类与数量后，就可以估计大气污染程度。在工业城市中，通常距市中心越近，地衣的种类越少，重污染区内一般仅有少数壳状地衣分布，随着污染程度的减轻，便出现枝状地衣；在轻污染区，叶状地衣数量最多。日本学者调查了东京周围苔藓的分布，根据发现的 21 种苔藓分布状况，将该地区分成五个带，各带的大气污染程度不同，如将这些结果绘制在地图上，便得到大气污染分布图。

对于没有适当的树木或石壁观察地衣和苔藓的地方，可以进行人工栽培并放在苔藓监测器中进行监测。苔藓监测器的组成和测定原理与前面介绍的指示植物监测器相同，只是可以更小型化。

3. 调查树木的年轮

剖析树木的年轮，可以了解所在地区大气污染的历史。在气候正常、未曾遭受污染的年份树木的年轮宽，而大气污染严重或气候条件恶劣的年份树木的年轮窄。还可以用 X 射线法对年轮材质进行测定，判断其污染情况，污染严重的年份木质密度小，正常年份的年轮木质密度大，它们对 X 射线的吸收程度不同。

（三）其他监测法

还可以用生产力测定法、指示植物中污染物质含量测定法等来监测大气污染。生产力测定法是利用测定指示植物在污染的大气环境中进行光合作用等生理指标的变化来反映污染状况，如植物进行光合作用产生氧能力的测定；叶绿素 a 的测定等。植物中污染物含量的测定是利用理化监测方法测定植物吸收积累的污染物量来判断污染情况。

任务二　粮食中有机氯农药残留量的测定

学习目标

1. 掌握生物样品的采集和制备方法；
2. 掌握生物样品的预处理方法；
3. 掌握各类污染物的测定方法；
4. 学会使用气相色谱法分析粮食中有机氯农药的残留量。

任务分析

测定粮食中有机氯农药，一般经过提取、纯化、浓缩和测定四步。提取，可用石油醚在索氏脂肪提取器中进行，也可以用振荡法浸取，此时样品中的农药、脂肪类等均提取到有机相中。纯化是用加浓硫酸的方法除去有机相中的脂肪类、有机磷农药及不饱和烃等干扰物质，因为这些杂质与浓硫酸的反应产物溶于水相。所得石油醚提取液经洗涤、无水亚硫酸钠脱水后，如果有机氯农药的浓度不能满足分析方法要求，还要进行浓缩，即蒸发有机溶剂。得到适于测定的试样后，用色谱法（ECD）测定，可测得有机氯农药各种异构体（α-六六六、β-六六六、γ-六六六、δ-六六六、pp'-DDE、op'-DDT、pp'-DDD、pp'-DDT）的总含量。

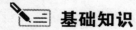 ## 基础知识

一、生物样品的采集和制备

进行生物污染监测和对其他环境样品监测大同小异，首先也要根据监测目的和监测对象的特点，在调查研究的基础上，制订监测方案，确定布点和采样方法、采样时间和频率，采集具有代表性的样品，选择适宜的样品制备、处理和分析测定方法。生物样品种类繁多，下面介绍动、植物样品的采集和制备方法。

（一）植物样品的采集和制备

1. 植物样品的采集

（1）样品的代表性、典型性和适时性

采集的植物样品要具有代表性、典型性和适时性。

代表性系指采集代表一定范围污染情况的植株为样品。这就要求对污染源的分布、污染类型、植物的特征、地形地貌、灌溉出入口等因素进行综合考虑，选择合适的地段作为采样区，再在采样区内划分若干小区，采用适宜的方法布点，确定代表性的植株。不要采集田埂、

地边及距田埂地边 2 米以内的植株。

典型性系指所采集的植株部位要能充分反映通过监测所要了解的情况。根据要求分别采集植株的不同部位,如根、茎、叶、果实,不能将各部位样品随意混合。

适时性系指在植物不同生长发育阶段,施药、施肥前后,适时采样监测,以掌握不同时期的污染状况和对植物生长的影响。

（2）布点方法

在划分好的采样小区内,常采用梅花形布点法或交叉间隔布点法确定代表性的植株,见图 5-1、图 5-2。

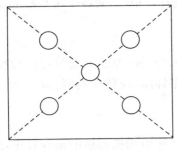
图 5-1　梅花形布点

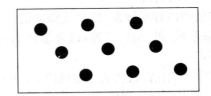
图 5-2　平行交叉布点

（3）采样方法

采集样品的工具有小铲、枝剪、剪刀、布袋或聚乙烯袋、标签、细绳、登记表（见表 5-3）、记录簿等。在每个采样小区内的采样点上,采集 5～10 处的植株混合组成一个代表样品。根据要求,按照植株的根、茎、叶、果、种子等不同部位分别采集,或整株采集后带回实验室再按部位分开处理。

表 5-3　植物样品采集登记表

采样日期	采样地点	样品名称	编号	采样部位	物候期	土壤类别	灌溉情况			分析部位	分析项目	采样人
							成分	浓度	次数			

应根据分析项目数量、样品制备处理要求,重复测定次数等需要,采集足够数量的样品。一般样品经制备后,至少有 20～50 g 干重样品。新鲜样品可按含 80%～90% 的水分计算所需样品量。

若采集根系部位样品,应尽量保持根部的完整。对一般旱作物,在抖掉附在根上的泥土时,注意不要损失根毛;如采集水稻根系,在抖掉附着泥土后,应立即用清水洗净。根系样品带回实验后,及时用清水洗（不能浸泡）,再用纱布拭干。如果采集果树样品,要注意树龄、株型、生长势、载果数量和果实着生的部位及方向。如要进行新鲜样品分析,则在采集后用清洁、潮湿的纱布包住或装入塑料袋,以免水分蒸发而萎缩。对水生植物,如浮萍、藻类等,应采集全株。从污染严重的河、塘中捞取的样品,需用清水洗净,挑去其他水草、小螺等杂物。

采好的样品装入布袋或聚乙烯塑料袋,贴好标签,注明编号、采样地点、植物种类、分析项目,并填写采样登记表。

样品带回实验室后,如测定新鲜样品,应立即处理和分析。当天不能分析完的样品,暂时放于冰箱中保存,其保存时间的长短,视污染物的性质及在生物体内的转化特点和分析测定要求而定。如果测定干样品,则将鲜样放在干燥通风处晾干或于鼓风干燥箱中烘干。

2. 植物样品的制备

从现场带回来的植物样品称为原始样品。要根据分析项目的要求,按植物特性用不同方法进行选取。例如,果实、块根、块茎、瓜类样品,洗净后切成四块或八块,据需要量各取每块的1/8或1/16混合成平均样。粮食、种子等经充分混匀后,平摊于清洁的玻璃板或木板上,用多点取样或四分法多次选取,得到缩分后的平均样。最后,对各个平均样品加工处理,制成分析样品。

(1)鲜样的制备

测定植物内容易挥发、转化或降解的污染物质,如酚、氰、亚硝酸盐等;测定营养成分如维生素、氨基酸、糖、植物碱等,以及多汁的瓜、果、蔬菜样品,应使用新鲜样品。鲜样的制备方法如下:

① 将样品用清水、去离子水洗净,晾干或拭干。

② 将晾干的鲜样切碎、混匀,称取100 g于电动高速组织捣碎机的捣碎杯中,加适量蒸馏水或去离子水,开动捣碎机捣碎1～2 min,制成匀浆。对含水量大的样品,如熟透的西红柿等,捣碎时可以不加水;对含水量少的样品,可以多加水。

③ 对于含纤维多或较硬的样品,如禾木科植物的根、茎秆、叶子等,可用不锈钢刀或剪刀切(剪)成小片或小块,混匀后在研钵中加石英砂研磨。

(2)干样的制备

分析植物中稳定的污染物,如某些金属元素和非金属元素、有机农药等,一般用风干样品,这种样品的制备方法如下:

① 将洗净的植物鲜样尽快放在干燥通风处风干(茎秆样品可以劈开)。如果遇到阴雨天或潮湿气候,可放在40～60 ℃鼓风干燥箱中烘干,以免发霉腐烂,并减少化学和生物变化。

② 将风干或烘干的样品去除灰尘、杂物、用剪刀剪碎(或先剪碎再烘干),再用磨碎机磨碎。谷类作物的种子样品如稻谷等,应先脱壳再粉碎。

③ 将粉碎好的样品过筛。一般要求通过1 mm筛孔即可,有的分析项目要求通过0.25 mm的筛孔。制备好的样品贮存于磨口玻璃广口瓶或聚乙烯广口瓶中备用。

④ 对于测定某些金属含量的样品,应注意避免受金属器械和筛子等污染。因此,最好用玛瑙研钵磨碎,尼龙筛过筛,聚乙烯瓶保存。

3. 分析结果的表示

植物样品中污染物质的分析结果常以干重为基础表示,mg(千克·干重),以便比较各样品某一成分含量的高低。因此,还需要测定样品的含水量,对分析结果进行换算。含水量常用重量法测定,即称取一定量新鲜样品或风干样品,于100～105 ℃烘干至恒重,由其失重计算含水量。对含水量高的蔬菜、水果等,以鲜重表示计算结果为好。

(二)动物样品的采集和制备

动物的尿液、血液、唾液、胃液、乳液、粪便、毛发、指甲、骨骼和脏器等均可作为检验环境污染物的样品。

1. 尿液

绝大多数毒物及其代谢产物主要由肾脏经膀胱、尿道随尿液排出。尿液收集方便,因此,尿检在医学临床检验中应用较广泛。尿液中的排泄物一般早晨浓度较高,可一次收集,也可以收集 8 h 或 24 h 的尿样,测定结果为收集时间内尿液中污染物的平均含量。采集尿液的器具要先用稀硝酸浸泡洗净,再依次用自来水、蒸馏水清洗,烘干备用。

2. 血液

检验血液中的金属毒物及非金属毒物,如微量铅、汞、氟化物、酚等,对判断动物受危害情况具有重要意义。一般用注射器抽取 10 mL 血样于洗净的玻璃试管中,盖好、冷藏备用。有时需加入抗凝剂,如二溴酸盐等。

3. 毛发和指甲

蓄积在毛发和指甲中的污染物质残留时间较长,即使已脱离与污染物接触或停止摄入污染食物,血液和尿液中污染物含量已下降,而在毛发和指甲中仍容易检出。头发中的汞、砷等含量较高,样品容易采集和保存,故在医学和环境分析中应用较广泛。人发样品一般采集 2～5 g,男性采集枕部发,女性原则上采集短发。采样后,用中性洗涤剂洗涤,去离子水冲洗,最后用乙醚或丙酮洗净,室温下充分晾干后保存备用。

4. 组织和脏器

采用动物的组织和脏器作为检验样品,对调查研究环境污染物在肌体内的分布、蓄积、毒性和环境毒理学等方面的研究都有一定的意义。但是,组织和脏器的部位复杂,且柔软、易破裂混合,因此取样操作要细心。以肝为检验样品时,应剥取被膜,取右叶的前上方表面下几公分纤维组织丰富的部位作样品。检验肾时,剥去被膜,分别取皮质和髓质部分作样品,避免在皮质与髓质结合处采样。其他如心、肺等部位组织,根据需要,都可作为检验样品。

检验较大的个体动物受污染情况时,可在躯干的各部位切取肌肉片制成混合样。采集组织和脏器样品后,应放在组织捣碎机中捣碎、混匀,制成浆状鲜样备用。

5. 水产食品

水产品如鱼、虾、贝类等是人们常吃的食物,也是水污染物进入人体的途径之一。

样品从监测区域内水产品产地或最初集中地采集。一般采集产量高、分布范围广的水产品,所采品种尽可能齐全,以较客观地反映水产食品的被污染水平。

从对人体的直接影响考虑,一般只取水产品的可食部分进行检测。对于鱼类,先按种类和大小分类,取其代表性的尾数(如大鱼 3～5 条,小鱼 10～30 条),洗净后沥去水分,去除鱼鳞、鳍、内脏、皮、骨等,分别取每条鱼的厚肉制成混合样,切碎、混匀,或用组织捣碎机捣碎成糊状,立即分析或贮存于样品瓶中,置于冰箱内备用。对于虾类,将原样品用水洗净,剥去虾头、甲壳、肠腺,分别取虾肉捣碎制成混合样;对于毛虾,先捡出原样中的杂草、砂石、小鱼等异物,晾至表面水分刚尽,取整虾捣碎制成混合样。贝类或甲壳类,先用水冲洗去除泥沙,沥干,再剥去外壳,取可食部分制成混合样,并捣碎、混匀,制成浆状鲜样备用。对于海藻类如海带,选取数条洗净,沿中央筋剪开,各取其半,剪碎混匀制成混合样,按四分法缩分至 100～200 g 备用。

二、生物样品的预处理

由于生物样品中含有大量有机物（母质），且所含有害物质一般都在痕量和超痕量级范围，因此测定前必须对样品进行分解，对欲测组分进行富集和分离，或对干扰组分进行掩蔽等。这些工作属于预处理。

（一）消解

消解法又称湿法氧化或消化法。它是将生物样品与一种或两种以上的强酸共煮，将有机物分解为二氧化碳和水除去。为加快氧化速度，常常加入双氧水、高锰酸钾或五氧化二钒等氧化剂、消化剂。常用的消解试剂体系有：硝酸-高氯酸、硝酸-硫酸、硫酸-过氧化氢、硫酸-高锰酸钾、硝酸-硫酸-五氧化二钒等。

（二）灰化

灰化法又称燃烧法或高温分解法。灰化法分解生物样品不使用或少使用化学试剂，并可处理较大称量的样品，故有利于提高测定微量元素的准确度。但是，因为灰化温度一般为450～550 ℃，不宜处理测定易挥发组分的样品。此外，灰化所用时间也较长。

（三）提取

测定生物样品中的农药、石油烃、酚等有机污染物时，需要用溶剂将欲测组分从样品中提取出来，提取效率的高低直接影响测定结果的准确度。常用的提取方法如下。

1. 振荡浸取法

蔬菜、水果、粮食等样品都可使用这种方法。将切碎的生物样品置于容器中，加入适当的溶剂，放在振荡器上振荡浸取一定时间，滤出溶剂后，用新溶剂洗涤样品滤残或再浸取一次，合并浸取液，供分析或进行分离、富集用。

2. 组织捣碎提取

取定量切碎的生物样品，放入组织捣碎杯中，加入适当的提取剂，快速捣碎3～5 min，过滤，滤渣重复提取一次，合并滤液备用。该方法提取效果较好，应用较多，特别是从动植物组织中提取有机污染物质比较方便。

3. 脂肪提取器提取

索格斯列特（Soxhlet）式脂肪提取器，简称索氏提取器或脂肪提取器，常用于提取生物、土壤样品中的农药、石油类、苯并[a]芘等有机污染物质。其提取方法是：将制备好的生物样品放入滤纸筒中或用滤纸包紧，置于提取筒内；在蒸馏烧瓶中加入适当的溶剂，连接好回流装置，并在水浴上加热，则溶剂蒸气经侧管进入冷凝器，凝集的溶剂滴入提取筒，对样品进行浸泡提取。当提取筒内溶剂液面超过虹吸管的顶部时，就自动流回蒸馏瓶内，如此重复进行。因为样品总是与纯溶剂接触，所以提取效率高，且溶剂用量小，提取液中被提取物的浓度大，有利于下一步分析测定。但该方法费时，常用作研究其他提取方法的对照比较方法。

4. 直接球磨提取法

该方法用己烷作提取剂，直接将样品在球磨机中粉碎和提取，可用于提取小麦、大麦、燕麦等粮食中的有机氯及有机磷农药。由于不用极性溶剂提取，可以避免以后费时的洗涤和液-液萃取操作,是一种快速提取方法。提取用的仪器是一个 50 mL 的不锈钢管,钢管内放两个小钢球,放入 1～5 g 样品,加 2～8 g 无水硫酸钠、20 mL 己烷,将钢管盖紧,放在 350 r/min 的摇转机上,粉碎提取 30 min 即可,回收率和重现性都比较好。

(四) 分离

用提取剂从生物样品中提取欲测组分的同时,不可避免地会将其他相关组分提取出来。例如,用石油醚等提取有机氯农药时,也将脂肪、蜡质、色素等一起提取出来。因此,在测定之前,还必须将上述杂质分离出去。常用的分离方法有:液-液萃取法、层析法、磺化法和皂化法、低温冷冻法等。

1. 液-液萃取法

液-液萃取法是依据有机物组分在不同溶剂中分配系数的差异来实现分离的。例如,农药与脂肪、蜡质、色素等一起被提取后,加入一种极性溶剂(如乙腈)振摇,由于农药的极性比脂肪、蜡质、色素要大一些,故可被乙腈萃取。经几次萃取,农药几乎完全可以与脂肪等杂质分离,达到净化的目的。

2. 层析法

层析法分为柱层析法、薄层层析法、纸层析法等。其中,柱层析法在处理生物样品中用得较多。这种方法的原理是将生物样品的提取液通过装有吸附剂的层析柱,则提取物被吸附在吸附剂上,但由于不同物质与吸附剂之间的吸附力大小不同,当用适当的溶剂淋洗时,则按照一定的顺序被淋洗出来,吸附力小的组分先流出,吸附力大的组分后流出,使它们彼此得以分离。

3. 磺化法和皂化法

磺化法是利用提取液中的脂肪、蜡质等干扰物质能与浓硫酸发生磺化反应,生成极性很强的磺酸基化合物,随硫酸层分离,而达到与提取液中农药分离的目的。然后,经洗去残留的硫酸、脱水,得到纯化的提取液。该方法常用于有机氯农药的净化,对于易被酸分解或与之起反应的有机磷、氨基甲酸酯类农药,则不适用。

皂化法是利用油脂等能与强碱发生皂化反应,生成脂肪酸盐而将其分离的方法。例如,用石油醚提取粮食中的石油烃,同时也将油脂提取出来,如在提取液中加入氢氧化钾-乙醇溶液,油脂与之反应生成脂肪酸钾盐进入水相,而石油烃仍留在石油醚中。

4. 低温冷冻法

该方法基于不同物质在同一溶剂中的溶解度随温度不同而不同的原理进行彼此分离的。例如,将用丙酮提取生物样品中农药的提取液置于 −70℃ 的冰-丙酮冷阱中,则由于脂肪和蜡质的溶解度大大降低而沉淀析出,农药仍留在丙酮中。经过滤除去沉淀,获得经净化的提取液。这种方法的最大优点是有机化合物在净化过程中不发生变化,并且有良好的分离效果。

(五) 浓缩

生物样品的提取液经过分离净化后,其中的污染物浓度往往仍达不到分析方法的要求,这就需要进行浓缩。常用的浓缩方法有:蒸馏或减压蒸馏法、K-D 浓缩器浓缩法、蒸发法等。其中,K-D 浓缩器法是浓缩有机污染物的常用方法。K-D 浓缩器是一种高效浓缩仪器。早期的仪器在常压下浓缩,近些年加上了毛细管,可进行减压浓缩,提高了浓缩速度。生物样品中的农药、苯并[a]芘等极毒、致癌性有机污染物含量都很低,其提取液经净化分离后,都可以用这种方法浓缩。为防止待测物损失或分解,加热 K-D 浓缩器的水浴温度一般控制在 50 ℃以下,最高不超过 80 ℃。特别要注意不能把提取液蒸干。若需进一步浓缩,需用微温蒸发。如用改进后的微型 Snyder 柱再浓缩,可将提取液浓缩至 0.1~0.2 mL。

三、污染物的测定方法

生物样品经过预处理后,即可进行污染物的测定。因为生物体中的污染物质含量一般在痕量或超痕量级,故需要用高灵敏度的分析仪器和分析方法。常用的分析方法有:光谱分析法、色谱分析法、电化学分析法、放射分析法等。

(一)光谱分析法

用于测定生物样品中污染物质的光谱分析法有可见-紫外分光光度法、红外分光光度法、荧光分光光度法、原子吸收分光光度法、发射光谱分析法、X 射线荧光分析法等。

可见-紫外分光光度法已用于测定多种农药(如有机氯、有机磷和有机硫农药),含汞、砷、铜和酚类杀虫剂,芳香烃、共轭双键等不饱和烃,以及某些重金属(如铬、镉、铅等)和非金属(如氟、氰等)化合物等。红外分光光度法是鉴别有机污染物结构的有力工具,并可对其进行定量测定。原子吸收分光光度法适用于镉、汞、铅、铜、锌、镍、铬等有害金属元素的定量测定,具有快速、灵敏的优点。发射光谱法适用于对多种金属元素进行定性和定量分析,特别是等离子体发射光谱法(ICP-AES),可对样品中多种微量元素进行同时分析测定。X 射线荧光光谱分析也是环境分析中近代分析技术之一,适用于生物样品中多元素的分析,特别是对硫、磷等轻元素很容易测定,而其他光谱法则比较困难。

(二)色谱分析法

色谱分析法是对有机污染物进行分离检测的重要手段,包括薄层层析法、气相色谱法、高压液相色谱法等。

薄层层析法是应用层析板对有机污染物进行分离、显色和检测的简便方法,可对多种农药进行定性和半定量分析。如果与薄层扫描仪联用或洗脱后进一步分析,则可进行定量测定。气相色谱法由于配有多种检测器,提高了选择性和灵敏度,广泛用于粮食等生物样品中烃类、酚类、苯和硝基苯、胺类、多氯联苯及有机氯、有机磷农药等有机污染物的测定。如果气相色谱仪中的填充柱换成分离能力更强的毛细管柱,就可以进行毛细管色谱分析。该方法特别适用于环境样品中多种有机污染物的测定,如食品、蔬菜中多种有机磷农药的测定。高压液相色谱法是环境样品中复杂有机物分析不可缺少的手段,特别适用于相对分子质量大于 300、热稳定性差和离子型化合物的分析。应用于粮食、蔬菜等中的多环芳烃、酚类、异腈酸酯类和取代酯类、苯氧乙酸类等农药的测定可收到良好效果,具有灵敏度和分离效能高、选择性好等优点。

(三)电化学分析法

示波极谱法、阳极溶出伏安法等近代极谱技术可用于测定生物样品中的农药残留量和某些重金属元素。离子选择电极法可用于测定某些金属和非金属污染物。

（四）放射分析法

放射分析法在环境污染研究和污染物分析中具有独特的作用。例如,欲了解污染物在生物体内的代谢途径和降解过程,不能应用上述分析方法,只能用放射性同位素进行示踪模拟试验。用中子活化法测定含汞、锌、铜、砷、铅、溴等农药残留量及某些有害金属污染物,具有灵敏、特效、不破坏试样等优点。

（五）联合检测技术

目前应用较多的联合检测技术有气相色谱-质谱(GC-MS)、气相色谱-傅立叶变换红外光谱(GC-FTIR)、液相色谱-质谱(LC-MS)等。这种分析技术能将组分复杂的样品同时得到分离和鉴定,并可进行定量测定。其方法灵敏、快速、可靠,是对环境样品中有机污染物进行系统分析的理想手段。

四、有机氯农药残留量的测定

工作步骤

1. 样品的制备

采取 500 g 具代表性的(小麦、稻米、玉米等)样品,粉碎,过 40 目筛混匀,装入样品瓶中备用。

2. 样品的提取

A 法:准确称取 10 g 样品,置于 250 mL 具塞三角瓶中,加 60 mL 石油醚浸泡过夜,将上清液转入 250 mL 分液漏斗中,再用 40 mL 石油醚分两次洗涤三角瓶及样品,合并洗涤液于分液漏斗中,待净化。

B 法:准确称取 10 g 样品,置于 250 mL 具塞三角瓶中,加 100 mL 石油醚,于电动振荡器上振荡 1 h,提取液转移入 250 mL 离心杯中(每次用 20 mL 石油醚洗涤三角瓶后,倒入离心杯中离心 10 min),上清液合并于分液漏斗中,待净化。

3. 样品的净化

在盛有石油醚提取液的分液漏斗中,按提取液体积的 1/10 数量加入浓硫酸,振摇 1 min,静置分层后,弃去硫酸层(注意:用硫酸净化过程中,要防止发热爆炸,加硫酸后,开始要慢慢振摇,不断放气,然后剧烈振摇),按上述步骤重复数次,直至加入的石油醚提取液二相界面清晰均呈无色透明时止,然后向石油醚提取液中加入其体积量一半左右的硫酸钠液,振摇十余次,将其静置分层后弃去水层,如此重复至提取液呈中性时止(一般 2~4 次)。石油醚提取液再经过装有 2~3 g 无水硫酸钠的筒形漏斗脱水,滤入适当规格的容量瓶中,定容,供气象色谱测定。

4. 仪器的调整

气化室温度:220 ℃;

柱温度:195 ℃;

检测器温度:245 ℃;

载气速度：40~70 mL/min,根据仪器的情况选用;

记录仪纸速：5 mm/min;

衰减：根据样品中被测组分含量适当调节记录器衰减。

5. 标准样品的制备

准确称取一定量的色谱纯标准样品每种 100 mg,溶于异辛烷,在容量瓶中定容至 100 mL,在 4 ℃下贮存。

6. 标准工作液的配置

先配置中间溶液：用移液管量取八种储备液,移至 100 mL 容量瓶中,用异辛烷稀释至刻度,八种储备液取的体积比为：$V_{\alpha\text{-}六六六} : V_{\gamma\text{-}六六六} : V_{\beta\text{-}六六六} : V_{\delta\text{-}六六六} : V_{pp'\text{-DDE}} : V_{op'\text{-DDT}} : V_{pp'\text{-DDD}} : V_{pp'\text{-DDT}} = 1:1:3.5:1:3.5:5:3:8$。再根据检测器的灵敏度及线性要求,用石油醚稀释中间溶液,配置成几种浓度的标准工作液,在 4 ℃下贮存。

7. 进样试验

注射进样,一次进样量 3~5 μL。用清洁注射器在待测样品中抽吸几次,排除所有气泡后,抽取所需进样体积,迅速注射入色谱仪中,并立即拔出注射器。

8. 定性分析

组分的出峰次序：α-六六六、γ-六六六、β-六六六、δ-六六六、pp'-DDE、op'-DDT、pp'-DDD、pp'-DDT

9. 定量分析

以峰的起点和终点的连线作为峰底,以峰高极大值对时间轴作垂线,对应的时间即为保留时间,此线从峰顶至峰底间的线段即为峰高。

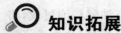 **知识拓展**

其他生物监测实例

(一) 粮食作物中几种有害金属及类金属元素测定

粮食作物中铜、锌、镉、铅、铬的测定方法列于表 5-4。

表 5-4　粮食中几种有害金属元素的测定方法

元素	预处理方法	分析方法	测定方法原理	仪器
铜	(1) HNO₃-HClO₄ 湿法消解	(1) 原子吸收分光光度法	试液中铜在空气-乙炔火焰或石墨炉中原子化,用铜空心阴极灯于 324.75 nm 测吸光度,标准曲线法定量	原子吸收分光光度法
	(2) 490 ℃干灰化,残渣用 HNO₃-HClO₄ 处理	(2) 阳极溶出伏安法	试液中铜在镀汞膜固体电极上富集,记录溶出曲线,以峰高定量	笔录式极谱仪或示波极谱仪
		(3) 双乙醛草酰二腙分光光度法	Cu^{2+} 与双乙醛草酰二腙生成紫色络合物,于 540 nm 测吸光度,标准曲线法定量	分光光度法

元素	预处理方法	分析方法	测定方法原理	仪　器
锌	(1) HNO_3－$HClO_4$ 湿法消解	(1) 原子吸收分光光度法	试液中锌在空气-乙炔火焰或石墨炉中原子化,用锌空心阴极灯于213.86 nm测吸光度,标准曲线法定量	原子吸收分光光度法
	(2) 490 ℃干灰化,残渣用 HNO_3－$HClO_4$ 处理	(2) 阳极溶出伏安法	与铜相同	与铜相同
		(3) 双硫腙分光光度法	在 pH4.0～5.5介质中,Zn^{2+} 与双硫腙生成红色络合物,用 CCl_4 萃取,测吸光度(535 nm),标准曲线法定量	分光光度法
镉	(1) HNO_3－$HClO_4$ 湿法消解	(1) 原子吸收分光光度法	试液中 Cd^{2+} 在 pH 为 4.2～4.5时与APDC生成络合物,用 MIBK 萃取,在空气-乙炔火焰或石墨炉中原子化,用镉空心阴极灯于 228.80 nm 测吸光度	原子吸收分光光度法
	(2) 490 ℃干灰化,残渣用 HNO_3－$HClO_4$ 处理	(2) 阳极溶出伏安法	与铜相同	与铜相同
		(3) 双硫腙分光光度法	在碱性介质中,Cd^{2+} 与双硫腙生成紫红色络合物,用 CCl_4 或 $CHCl_3$ 萃取,于518 nm 测吸光度,标准曲线法定量	分光光度法
铅	(1) HNO_3－$HClO_4$ 湿法消解	(1) 原子吸收分光光度法	试液中 Pb^{2+} 用 APDC-MIBK 络合萃取,火焰或石墨炉法原子化,铅空心阴极灯于 283.3 nm 测吸光度	原子吸收分光光度法
	(2) 490 ℃干灰化,残渣用 HNO_3－$HClO_4$ 处理	(2) 阳极溶出伏安法	与铜相同	与铜相同
		(3) 双硫腙分光光度法	在 pH 为 8.6～9.2介质中,Pb^{2+} 与双硫腙生成红色络合物,用苯萃取,于520 nm 测吸光度,标准曲线法定量	分光光度法

(二) 植物中氟化物的测定

测定植物中的氟化物可用氟试剂分光光度法或离子选择电极法。样品预处理方法有干灰化和浸提法。干灰法用碳酸钠作为氟的固定剂,在 500～600 ℃灰化,残渣洗出后,加入浓 H_2SO_4,用水蒸气蒸馏法蒸馏(温度控制在 137 ± 2 ℃),收集馏出液,加入氟试剂显色,于620 nm 处测定吸光度,对照标准溶液定量。也可以用离子选择电极法测定。

浸提法是将制备好的样品用 0.05 mol/L 硝酸浸取,再用 0.1 mol/L 氢氧化钠溶液继续浸取,使样品中的氟转入浸取液中。以柠檬酸溶液作离子强度调节缓冲剂,用氟离子选择电极在 pH5～6 范围直接测定。这种方法不能测定难溶氟化物和有机氟化物。

(三) 鱼组织中有机汞和无机汞的测定

1. 巯基棉富集-冷原子吸收测定法

该方法可以分别测定样品中的有机汞和无机汞,其测定要点如下:称取适量制备好的鱼组织样品，加 1 mol/L 盐酸浸提出有机汞和无机汞化合物。将提取液的 pH 值调至 3，用巯基棉富集两种形态的汞，然后用 2 mol/L 盐酸洗脱有机汞化合物，再用氯化钠饱和的 6 mol/L 盐酸洗脱无机汞，分别收集并用冷原子吸收法测定。

2．气相色谱法测定甲基汞

鱼组织中的有机汞化合物和无机汞化合物用 1 mol/L 盐酸提取后，用巯基棉富集和盐酸溶液洗脱，并用苯萃取，洗脱液中的甲基汞，用无水硫酸钠除去有机相中的残留水分，最后，用气相色谱法（ECD）测定甲基汞的含量。

（四）粮食中石油烃的测定

测定粮食中石油烃的方法有重量法、非色散红外线吸收-紫外分光光度法等。当其含量大于 100 mg/L 时，一般采用重量法，小于 100 mg/L 时用非色散红外线吸收-紫外分光光度法。非色散红外吸收-紫外分光光度法测定要点如下：

（1）称取适量粮食样品，在索氏提取器中用氢氧化钾-乙醇皂化和石油醚提取，则样品中所含油脂类干扰物质生成甘油和脂肪酸钾（皂化），皂化产物易溶于水，进入水相，而石油烃不能被皂化，仍留在石油醚（有机相）中。

（2）将石油醚提取液通过已用纯石油醚洗过的无水硫酸钠和活性氧化铝（吸附剂）分离柱，用适量石油醚洗脱吸附在分离柱上的烷烃和环烷烃，收集于烧杯中，经浓缩、烘干，备作红外吸收法测定。用适量苯-环己烷继续洗脱分离柱上的芳香烃，收集于烧杯中，经浓缩、烘干，备作紫外分光光度法测定。

（3）将烷烃、环烷烃浓缩产物用四氯化碳溶解，在非色散红外线吸收分析仪上以四氯化碳为参比液，测其对 3.4 μm 特征光的吸收，对烷烃进行定量测定。用己烷溶解芳香烃浓缩产物，以己烷为参比液，在紫外分光光度计上于 256 nm 处测其吸光度，对芳香烃进行定量测定。

（五）作物中苯并[a]芘的测定

米、小麦、玉米等作物中苯并[a]芘通常采用荧光分光光度法测定。其测定要点是称取适量经制备的样品，放入脂肪提取器中，加入石油醚（或正己烷）与氢氧化钾-乙醇溶液进行皂化和提取，其中，油脂等杂质被皂化而进入水相，苯并[a]芘等非皂化物仍留在有机相中，用二甲基亚砜液相分配提取或用氧化铝填充柱层析纯化（以纯苯洗脱）。将提取液或洗脱液移入 K-D 浓缩器中，加热浓缩至 0.05 mL，点于乙酰化纸上进行层析分离，所得苯并[a]芘斑点用丙酮洗脱，于荧光分光光度计上在激发波长 367 nm，荧光发射波长 402 nm、405 nm、408 nm 处分别测定洗脱液的荧光强度，计算苯并[a]芘的相对荧光强度，对照标准苯并[a]芘样品的相对荧光强度计算出作物中苯并[a]芘的含量。

附　　录

 ## 附录1　环境空气质量监测规范

（公告 2007 年第 4 号）

第一章　总则

第一条　为防治空气污染,规范环境空气质量监测工作,根据《中华人民共和国环境保护法》《中华人民共和国大气污染防治法》和《国务院关于落实科学发展观加强环境保护的决定》的有关规定,制定本规范。

第二条　本规范规定了环境空气质量监测网的设计和监测点位设置要求、环境空气质量手工监测和自动监测的方法和技术要求以及环境空气质量监测数据的管理和处理要求。

本规范适用于国家和地方各级环境保护行政主管部门为确定环境空气质量状况,防治空气污染所进行的常规例行环境空气质量监测活动。

第三条　国务院环境保护行政主管部门负责国家环境空气质量监测网的组织和管理,各县级以上地方人民政府环境保护行政主管部门可参照本规范对地方环境空气质量监测网进行组织和管理。

第二章　环境空气质量监测网

第四条　设计环境空气质量监测网,应能客观反映环境空气污染对人类生活环境的影响,并以本地区多年的环境空气质量状况及变化趋势、产业和能源结构特点、人口分布情况、地形和气象条件等因素为依据,充分考虑监测数据的代表性,按照监测目的确定监测网的布点。

监测网的设计,首先应考虑所设监测点位的代表性。常规环境空气质量监测点可分为 4类:污染监控点、空气质量评价点、空气质量对照点和空气质量背景点。

第五条　国家根据环境管理的需要,为开展环境空气质量监测活动,设置国家环境空气质量监测网,其监测目的为:

（一）确定全国城市区域环境空气质量变化趋势,反映城市区域环境空气质量总体水平;

（二）确定全国环境空气质量背景水平以及区域空气质量状况;

（三）判定全国及各地方的环境空气质量是否满足环境空气质量标准的要求;

（四）为制定全国大气污染防治规划和对策提供依据。

第六条　各地方应根据环境管理的需要,按本规范规定的原则,设置省(自治区、直辖市)级或市(地)级环境空气质量监测网(以下称"地方环境空气质量监测网"),其监测目的为:

（一）确定监测网覆盖区域内空气污染物可能出现的高浓度值;

（二）确定监测网覆盖区域内各环境质量功能区空气污染物的代表浓度,判定其环境空气质量是否满足环境空气质量标准的要求;

（三）确定监测网覆盖区域内重要污染源对环境空气质量的影响;

（四）确定监测网覆盖区域内环境空气质量的背景水平;

（五）确定监测网覆盖区域内环境空气质量的变化趋势;

（六）为制定地方大气污染防治规划和对策提供依据。

第七条　环境空气质量常规监测项目应从环境空气质量标准规定的污染物中选取。国家环境空气质量监测网的测点,须开展必测项目的监测(必测和选测项目见附件一);国家环境空气质量背景点以及区域环境空气质量对照点,还应开展部分或全部选测项目的监测。地方环境空气质量监测网的测点,可根据各地环境管理工作的实际需要及具体情况参照本条规定确定其必测和选测项目。

第三章　环境空气质量监测网点位的设置与调整

第八条　国家环境空气质量监测网应设置环境空气质量评价点、环境空气质量背景点以及区域环境空气质量对照点。

第九条　国家环境空气质量评价点可从根据国家环境管理需要确定的地方空气质量评价点中选取。

国家环境空气质量评价点的点位设置应符合下列要求:

（一）位于各城市的建成区内,并相对均匀分布,覆盖全部建成区。

（二）全部空气质量评价点的污染物浓度计算出的算术平均值应代表所在城市建成区污染物浓度的区域总体平均值。区域总体平均值可用该区域加密网格点(单个网格应不大于 2 千米×2 千米)实测或模拟计算的算术平均值作为其估计值,用全部空气质量评价点在同一时期的污染物浓度计算出的平均值与该估计值相对误差应在 10％以内。

（三）用该区域加密网格点(单个网格应不大于 2 千米×2 千米)实测或模拟计算的算术平均值作为区域总体平均值计算出 30、50、80 和 90 百分位数的估计值;用全部空气质量评价点在同一时期的污染物浓度平均值计算出的 30、50、80 和 90 百分位数与这些估计值比较时,各百分位数的相对误差在 15％以内。

（四）各城市区域内国家环境空气质量评价点的设置数量应符合附件二的要求。

（五）根据附件二,按城市人口和按建成区面积确定的最少点位数不同时,取两者中的较大值。

（六）对于必测项目中存在年平均浓度连续 3 年超过国家环境空气质量标准二级标准 20％以上的城市区域,空气质量评价点的最少数量应为附件二规定数量的 1.5 倍以上。

第十条　国家环境空气质量背景点和区域环境空气质量对照点应根据我国的大气环流特征,在远离污染源,不受局部地区环境影响的地方设置,也可在符合上述要求的地方环境空气质量监测点中选取。空气质量背景点原则上应离开主要污染源及城市建成区 50 千米以上,区域环境空气质量对照点原则上应离开主要污染源及城市建成区 20 千米以上。

第十一条　地方环境空气质量监测网应设置空气质量评价点、并根据需要设置污染监控点和空气质量对照点。

地方环境空气质量评价点的设置数量应不少于国家环境空气质量评价点在相应城市的

设置数量,其覆盖范围为城市建成区。在划定环境空气质量功能区的地区,每类功能区至少应有1个监测点。

污染监控点和地方环境空气质量对照点的数量由地方环境保护行政主管部门组织各地环境监测机构根据本地区环境管理的需要设置。其数据可用于分析空气污染来源、作为环境规划依据,但不参加城市环境空气质量平均值计算。

地方环境空气质量对照点应离开主要污染源、城市居民密集区20千米以上,并设置在城市主导风向的上风向。

第十二条　应根据本地区的污染源资料、气象资料和地理条件等因素,确定本地区开展环境空气质量状况调查的方式,并根据调查数据筛选出适合的地方环境空气质量评价点。所筛选出的点位应符合下列要求:

(一)位于各城市建成区内,并相对均匀分布,覆盖全部建成区。

(二)用全部空气质量评价点的污染物浓度计算出的算术平均值应代表所在城市建成区污染物浓度的区域总体平均值。区域总体平均值可用该区域加密网格点(单个网格应不大于2千米×2千米)实测或模拟计算的算术平均值作为其估计值,用全部空气质量评价点在同一时期测得的污染物浓度计算出的平均值与该估计值相对误差应在10%以内。

(三)用该区域加密网格点(单个网格应不大于2千米×2千米)实测或模拟计算的算术平均值作为区域总体计算出30、50、80和90百分位数的估计值;用全部空气质量评价点在同一时期的污染物浓度计算出的30、50、80和90百分位数与这些估计值比较时,各百分位数的相对误差在15%以内。

第十三条　除本规范第九、十、十一、十二条规定的要求外,环境空气质量监测点位的设置还应符合下列要求:

(一)具有较好的代表性,能客观反映一定空间范围内的环境空气污染水平和变化规律;

(二)各监测点之间设置条件尽可能一致,使各个监测点获取的数据具有可比性;

(三)监测点应尽可能均匀分布,同时在布局上应反映城市主要功能区和主要大气污染源的污染现状及变化趋势;

(四)应结合城市规划考虑监测点的布设,使确定的监测点能兼顾未来城市发展的需要;

(五)为监测道路交通污染源或其他重要污染源对环境空气质量影响而设置的污染监控点,应设在可能对人体健康造成影响的污染物高浓度区域。

监测点周围环境和采样口设置的具体要求见附件三。

第十四条　各城市所设置的污染监控点可根据地方环境管理工作的需要以及城市发展的实际情况增加、变更和撤消。

纳入国家环境空气质量监测网的空气质量评价点和各城市所设置的空气质量评价点和空气质量对照点原则上不应变更,各城市应采取措施保证监测点附近100米内的土地使用状况相对稳定。存在本规范第十五条所列情况时,可申请增加、变更和撤消监测点位。增加和变更监测点位的具体要求见附件四。在增加、变更和撤消监测点位后,城市建成区内的监测点应满足本规范第九条和第十二条的规定。

因各种原因,造成原设置的环境空气质量对照点不再适合作为环境空气质量对照点的,可按环境空气质量对照点的设置要求重新选择,原环境空气质量对照点是否纳入城市环境空气质量监测网,应按新增设点位的要求重新确认。

第十五条　当存在下列情况时,可增加、变更和撤消监测点位:

(一)因城市建成区面积扩大或行政区划变动,导致现有监测点位已不能全面反映城市建成区总体空气质量状况的,可增设点位。

(二)因城市建成区建筑发生较大变化,导致现有监测点位采样空间缩小或采样高度提升而不符合本规范要求的,可变更点位。

(三)因城市建成区建筑发生较大变化,导致现有监测点位采样空间缩小或采样高度提升而不符合本规范,在最近连续 3 年城市建成区内用包括拟撤消点位在内的全部点位计算的各监测项目的年平均值与剔除拟撤消点后计算出的年平均值的最大误差小于 5%,且该城市建成区内的监测点数量在撤消点位后仍能满足本规范要求时,可撤消点位,否则应按本条第二款的要求,变更点位。

第十六条　国家环境空气质量监测网点位调整应报国务院环境保护行政主管部门审批,具体程序另行发布。

第四章　环境空气质量自动和手工监测

第十七条　采用自动监测方法进行环境空气质量监测,应按《环境空气质量自动监测技术规范》(HJ/T 193－2005)所规定的方法和技术要求进行。国家环境空气质量监测网中的空气质量评价点、空气质量背景点上的环境空气质量监测应优先选用自动监测方法。

第十八条　国家环境空气质量背景点上的环境空气质量监测还应具备完善的手工监测能力,并可用手工监测方法进行非常规项目监测。

采用手工监测方法进行环境空气质量监测,应按《环境空气质量手工监测技术规范》(HJ/T 194－2005)所规定的方法和技术要求进行。

第五章　数据管理与处理

第十九条　监测数据的管理应遵守下列要求:

(一)现场监测采样以及样品保存、运输、交接、处理和实验室分析的原始记录是监测工作的重要凭证,应在记录表格上按规定格式填写;

(二)原始记录应使用墨水笔或档案用签字笔书写,字迹端正、清晰、数据更正规范,不得涂改或撕毁原始记录;

(三)监测人员必须具有严肃认真的工作态度,对各项记录负责,及时记录,不得以回忆方式填写;

(四)测试人和审核人在原始记录上签名后方可报出数据;

(五)原始记录应有统一编号,按期归档保存。

第二十条　数值修约按《数值修约规则》(GB/T 8170—87)进行。

进行加法或减法运算时,所得结果的有效数字位数取决于绝对误差最大的数值,即最后结果的有效数字自左起不超过参加计算的近似值中第一个出现的可疑数字。在小数的加减计算中,结果所保留的小数点后的位数与各近似值中小数点后位数最少者相同。在实际计算过程中,保留的位数可比各近似值中小数点后位数最少者多保留一位小数,将计算结果按数值修约规则处理。

进行乘法或除法运算时,所得结果的有效数字位数应与参加运算的各近似值中有效数字位数最小者相同;乘方或开方运算时,计算结果的有效数字位数和原数相同;对数或反对数运算时,所得结果的有效数字位数和真数相同;求四个或四个以上准确度接近的近似值的平均值时,其平均值的有效数字位数可比原数增加一位。

第二十一条　参加统计计算的监测数据,必须是有效监测数据,应满足监测频率、监测周期和监测时间的要求。

超标倍数根据国家、地方颁布的环境空气质量标准计算。

环境空气污染物监测结果的表示和计算方法、超标倍数、某一监测点(某一污染物)和多个监测点监测数据平均值的计算方法见附件五。

第六章　附则

第二十二条　本规范下列用语的含义:

(一)环境空气质量手工监测:在监测点位用采样装置采集一定时段的环境空气样品,将采集的样品在实验室用分析仪器分析、处理的过程。

(二)环境空气质量自动监测:在监测点位采用连续自动监测仪器对环境空气质量进行连续的样品采集、处理、分析的过程。

(三)点式监测仪器:在固定点上通过采样系统将环境空气采入并测定空气污染物浓度的监测分析仪器。

(四)开放光程监测仪器:采用从发射端发射光束经开放环境到接收端的方法测定该光束光程上平均空气污染物浓度的仪器。

(五)污染监控点:为监测地区空气污染物的最高浓度,或主要污染源对当地环境空气质量的影响而设置的监测点。为监测固定工业污染源对环境空气质量影响而设置的污染监控点,其代表范围一般为半径 100～500 米的区域,有时也可扩大到半径 500 米～4 千米(如考虑较高的点源对地面浓度的影响时)的区域;为监测道路交通污染源对环境空气质量影响而设置的污染监控点,其代表范围为人们日常生活和活动场所中受道路交通污染源排放影响的道路两旁及其附近区域。

(六)空气质量评价点:以监测地区的空气质量趋势或各环境质量功能区的代表性浓度为目的而设置的监测点。其代表范围一般为半径 500 米至 4 千米的区域,有时也可扩大到半径 4 千米至几十千米(如对于空气污染物浓度较低,其空间变化较小的地区)的区域。

(七)空气质量对照点:以监测不受当地城市污染影响的城市地区空气质量状况为目的而设置的监测点。其代表范围一般为半径几十千米的区域。

(八)空气质量背景点:以监测国家或大区域范围的空气质量背景水平为目的而设置的监测点。其代表性范围一般为半径 100 千米以上的区域。

(九)加密网格点:将城市的建成区划为规则的正方形网格状,单个网格应不大于 2 千米×2 千米,加密网格点设在网格线的交点上。

第二十三条　本规范自发布之日起施行。

附件一：

国家环境空气质量监测网监测项目

必 测 项 目	选 测 项 目
二氧化硫（SO_2）	总悬浮颗粒物（TSP）
二氧化氮（NO_2）	铅（Pb）
可吸入颗粒物（PM_{10}）	氟化物（F）
一氧化碳（CO）	苯并[a]芘（B[a]P）
臭氧（O_3）	有毒有害有机物

附件二：

国家环境空气质量评价点设置数量要求

建成区城市人口（万人）	建成区面积（km^2）	监 测 点 数
＜10	＜20	1
10～50	20～50	2
50～100	50～100	4
100～200	100～150	6
200～300	150～200	8
＞300	＞200	按每 25～30 km^2 建成区面积设 1 个监测点，并且不少于 8 个点

附件三：

监测点位周围环境与采样口设置的具体要求

一、环境空气质量监测点周围环境应符合下列要求：

（一）监测点周围 50 米范围内不应有污染源；

（二）点式监测仪器采样口周围，监测光束附近或开放光程监测仪器发射光源到监测光束接收端之间不能有阻碍环境空气流通的高大建筑物、树木或其他障碍物。从采样口或监测光束到附近最高障碍物之间的水平距离，应为该障碍物与采样口或监测光束高度差的两倍以上。

（三）采样口周围水平面应保证 270°以上的捕集空间，如果采样口一边靠近建筑物，采样口周围水平面应有 180°以上的自由空间。

（四）监测点周围环境状况相对稳定，安全和防火措施有保障。

（五）监测点附近无强大的电磁干扰，周围有稳定可靠的电力供应，通信线路容易安装和检修。

（六）监测点周围应有合适的车辆通道。

二、采样口位置应符合下列要求：

（一）对于手工间断采样，其采样口离地面的高度应在 1.5～15 米范围内。

（二）对于自动监测，其采样口或监测光束离地面的高度应在 3～15 米范围内。

（三）针对道路交通的污染监控点，其采样口离地面的高度应在 2～5 米范围内。

（四）在保证监测点具有空间代表性的前提下，若所选点位周围半径 300～500 米范围内建筑物平均高度在 20 米以上，无法按满足（一）、（二）条的高度要求设置时，其采样口高度可以在 15～25 米范围内选取。

（五）在建筑物上安装监测仪器时，监测仪器的采样口离建筑物墙壁、屋顶等支撑物表面的距离应大于 1 米。

（六）使用开放光程监测仪器进行空气质量监测时，在监测光束能完全通过的情况下，允许监测光束从日平均机动车流量少于 10 000 辆的道路上空、对监测结果影响不大的小污染源和少量未达到间隔距离要求的树木或建筑物上空穿过，穿过的合计距离，不能超过监测光束总光程长度的 10%。

（七）当某监测点需设置多个采样口时，为防止其他采样口干扰颗粒物样品的采集，颗粒物采样口与其他采样口之间的直线距离应大于 1 米。若使用大流量总悬浮颗粒物（TSP）采样装置进行并行监测，其他采样口与颗粒物采样口的直线距离应大于 2 米。

（八）对于空气质量评价点，应避免车辆尾气或其他污染源直接对监测结果产生干扰，点式仪器采样口与道路之间最小间隔距离应按下表的要求确定：

表　点式仪器采样口与交通道路之间最小间隔距离

道路日平均机动车流量 （日平均车辆数）	采样口与交通道路边缘之间最小距离/m	
	PM_{10}	SO_2、NO_2、CO 和 O_3
≤3 000	25	10
3 000～6 000	30	20
6 000～15 000	45	30
15 000～40 000	80	60
>40 000	150	100

（九）污染监控点的具体设置原则根据监测目的由地方环境保护行政主管部门确定。针对道路交通的污染监控点,采样口距道路边缘距离不得超过 20 米。

（十）开放光程监测仪器的监测光程长度的测绘误差应在±3 米内(当监测光程长度小于 200 米时,光程长度的测绘误差应小于实际光程的±1.5%)。

（十一）开放光程监测仪器发射端到接收端之间的监测光束仰角不应超过 15°。

附件四:

监测点位调整的具体要求

一、增设点位应遵守下列要求:

（一）新建或扩展的城市建成区与原城区不相连,且面积大于 10 平方公里时,可在新建或扩展区按照独立监测网布设监测点位,再与现有监测点位共同组成城市环境空气质量监测网;面积小于 10 平方公里的新、扩建成区原则上不增设监测点位。

（二）新建或扩展的城市建成区与原城区相连成片,且面积大于 25 平方公里或大于原监测点位平均覆盖面积的,可在新建或扩展区增设监测点位,再与现有监测点位共同组成城市环境空气质量监测网。

（三）按照现有城市监测网布设时的建成区面积计算,平均每个点位覆盖面积大于 25 平方公里的,可在原建成区及新、扩建成区增设监测点位。新增点位要结合现有监测网点一并进行技术论证。

二、点位变更时应就近移动点位,但点位移动的直线距离不应超过 1 000 米。变更点位应遵守下列具体要求:

（一）变更后的监测点与原监测点应位于同一类功能区;

（二）变更后的监测点位与原监测点位平均浓度偏差应小于 15%。

附件五:

数据处理方法

一、监测结果表示及计算:

环境空气污染物监测结果,通常以标准状况下的质量浓度(mg/m^3 或 $\mu g/m^3$)表示。按式(1)及式(2)计算:

$$c = W/V_{nd} \tag{1}$$

式中　c——污染物浓度,mg/m^3 或 $\mu g/m^3$;

V_{nd}——标准状况下采样体积,m^3;

W——在相应采样体积中,污染物的含量,mg 或 μg。

在实际工作时,有时也用空气中的体积分数($\times 10^{-6}$)表示气体污染物浓度。两种单位的换算公式如下:

$$c = (M/22.4) \cdot X \tag{2}$$

式中　c——污染物的质量浓度，mg/m^3（或 $\mu g/m^3$）；

M——污染物的摩尔质量，g/mol；

X——污染物的体积分数，$\times 10^{-6}$；

22.4——标准状态下，1 摩尔分子气体污染物的体积，L/mol。

二、监测数据平均值计算：

（一）某一监测点（某一污染物）监测数据在 $i=1,2,\cdots,n$ 时段的平均值计算，如式（3）所示：

$$\bar{c}_j = \frac{1}{n} \sum_{i=1}^{n} c_{ij} \tag{3}$$

式中　$\bar{c}_j$——第 j 监测点在 $i=1,2,\cdots,n$ 时段的平均值；

c_{ij}——第 j 监测点在第 i 个时段的监测数据；

n——监测时段的总数。

若样品浓度低于监测方法检出限时，则该监测数据应标明未检出，并以 1/2 最低检出限报出，同时用该数值参加统计计算。

（二）多个监测点监测数据在 $i=1,2,\cdots,n$ 时段的平均值计算，如式（4）所示。

$$\bar{c} = \frac{1}{n} \sum_{i=1}^{n} \left(\frac{1}{m} \sum_{j=1}^{m} c_{ij} \right) \tag{4}$$

式中　c_{ij}——第 j 监测点在第 i 个时段的监测数据；

$\bar{c}$——m 个监测点在 $i=1,2,\cdots,n$ 时段的监测数据平均值；

m——监测点数目；

n——监测时段的总数。

三、超标倍数的计算：

按式（5）计算：

$$r = \frac{c - c_0}{c_0} \tag{5}$$

式中　r——超标倍数；

c——监测数据浓度值；

c_0——相应的环境空气质量标准值。

附录2 土壤环境监测技术规范

（HJ/T166—2004）

1 范围

本规范规定了土壤环境监测的布点采样、样品制备、分析方法、结果表征、资料统计和质量评价等技术内容。

本规范适用于全国区域土壤背景、农田土壤环境、建设项目土壤环境评价、土壤污染事故等类型的监测。

2 引用标准

下列标准所包含的条文，通过本规范中引用而构成本规范的条文。本规范出版时，所示版本均为有效。所有标准都会被修订，使用本标准的各方应探讨使用下列标准最新版本的可能性。

GB6266	土壤中氧化稀土总量的测定 对马尿酸偶氮氯膦分光光度法
GB7859	森林土壤pH测定
GB8170	数值修约规则
GB10111	利用随机数骰子进行随机抽样的办法
GB13198	六种特定多环芳烃测定 高效液相色谱法
GB15618	土壤环境质量标准
GB/T1.1	标准化工作导则 第一部分：标准的结构和编写规则
GB/T14550	土壤质量 六六六和滴滴涕的测定 气相色谱法
GB/T17134	土壤质量 总砷的测定 二乙基二硫代氨基甲酸银分光光度法
GB/T17135	土壤质量 总砷的测定 硼氢化钾-硝酸银分光光度法
GB/T17136	土壤质量 总汞的测定 冷原子吸收分光光度法
GB/T17137	土壤质量 总铬的测定 火焰原子吸收分光光度法
GB/T17138	土壤质量 铜、锌的测定 火焰原子吸收分光光度法
GB/T17140	土壤质量 铅、镉的测定 KI-MIBK萃取火焰原子吸收分光光度法
GB/T17141	土壤质量 铅、镉的测定 石墨炉原子吸收分光光度法
JJF1059	测量不确定度评定和表示
NY/T395	农田土壤环境质量监测技术规范
GHZB XX	土壤环境质量调查采样方法导则（报批稿）
GHZB XX	土壤环境质量调查制样方法（报批稿）

3 术语和定义

本规范采用下列术语和定义。

3.1　土壤(soil)

连续覆被于地球陆地表面具有肥力的疏松物质,是随着气候、生物、母质、地形和时间因素变化而变化的历史自然体。

3.2　土壤环境(soil environment)

地球环境由岩石圈、水圈、土壤圈、生物圈和大气圈构成,土壤位于该系统的中心,既是各圈层相互作用的产物,又是各圈层物质循环与能量交换的枢纽。受自然和人为作用,内在或外显的土壤状况称之为土壤环境。

3.3　土壤背景(soil background)

区域内很少受人类活动影响和不受或未明显受现代工业污染与破坏的情况下,土壤原来固有的化学组成和元素含量水平。但实际上目前已经很难找到不受人类活动和污染影响的土壤,只能去找影响尽可能少的土壤。不同自然条件下发育的不同土类或同一种土类发育于不同的母质母岩区,其土壤环境背景值也有明显差异;就是同一地点采集的样品,分析结果也不可能完全相同,因此土壤环境背景值是统计性的。

3.4　农田土壤(soil in farmland)

用于种植各种粮食作物、蔬菜、水果、纤维和糖料作物、油料作物及农区森林、花卉、药材、草料等作物的农业用地土壤。

3.5　监测单元(monitoring unit)

按地形—成土母质—土壤类型—环境影响划分的监测区域范围。

3.6　土壤采样点(soil sampling point)

监测单元内实施监测采样的地点。

3.7　土壤剖面(soil profile)

按土壤特征,将表土竖直向下的土壤平面划分成的不同层面的取样区域,在各层中部位多点取样,等量混匀。或根据研究的目的采取不同层的土壤样品。

3.8　土壤混合样(soil mixture sample)

在农田耕作层采集若干点的等量耕作层土壤并经混合均匀后的土壤样品,组成混合样的分点数要在5～20个。

3.9　监测类型(monitoring type)

根据土壤监测目的,土壤环境监测有4种主要类型:区域土壤环境背景监测、农田土壤环境质量监测、建设项目土壤环境评价监测和土壤污染事故监测。

4 采样准备

4.1 组织准备

由具有野外调查经验且掌握土壤采样技术规程的专业技术人员组成采样组,采样前组织学习有关技术文件,了解监测技术规范。

4.2 资料收集

收集包括监测区域的交通图、土壤图、地质图、大比例尺地形图等资料,供制作采样工作图和标注采样点位用。

收集包括监测区域土类、成土母质等土壤信息资料。

收集工程建设或生产过程对土壤造成影响的环境研究资料。

收集造成土壤污染事故的主要污染物的毒性、稳定性以及如何消除等资料。

收集土壤历史资料和相应的法律(法规)。

收集监测区域工农业生产及排污、污灌、化肥农药施用情况资料。

收集监测区域气候资料(温度、降水量和蒸发量)、水文资料。

收集监测区域遥感与土壤利用及其演变过程方面的资料等。

4.3 现场调查

现场踏勘,将调查得到的信息进行整理和利用,丰富采样工作图的内容。

4.4 采样器具准备

4.4.1 工具类:铁锹、铁铲、圆状取土钻、螺旋取土钻、竹片以及适合特殊采样要求的工具等。

4.4.2 器材类:GPS、罗盘、照相机、胶卷、卷尺、铝盒、样品袋、样品箱等。

4.4.3 文具类:样品标签、采样记录表、铅笔、资料夹等。

4.4.4 安全防护用品:工作服、工作鞋、安全帽、药品箱等。

4.4.5 采样用车辆

4.5 监测项目与频次

监测项目分常规项目、特定项目和选测项目;监测频次与其相应。

常规项目:原则上为 GB15618《土壤环境质量标准》中所要求控制的污染物。

特定项目:GB15618《土壤环境质量标准》中未要求控制的污染物,但根据当地环境污染状况,确认在土壤中积累较多、对环境危害较大、影响范围广、毒性较强的污染物,或者污染事故对土壤环境造成严重不良影响的物质,具体项目由各地自行确定。

选测项目:一般包括新纳入的在土壤中积累较少的污染物、由于环境污染导致土壤性状发生改变的土壤性状指标以及生态环境指标等,由各地自行选择测定。

土壤监测项目与监测频次见表 4-1。监测频次原则上按表 4-1 执行,常规项目可按当地实际适当降低监测频次,但不可低于 5 年一次,选测项目可按当地实际适当提高监测频次。

表 4-1 土壤监测项目与监测频次

项目类别		监 测 项 目	监 测 频 次
常规项目	基本项目	pH、阳离子交换量	每3年一次 农田在夏收或秋收后采样
	重点项目	镉、铬、汞、砷、铅、铜、锌、镍、六六六、滴滴涕	
特定项目(污染事故)		特 征 项 目	及时采样,根据污染物变化趋势决定监测频次
选测项目	影响产量项目	全盐量、硼、氟、氮、磷、钾等	每3年监测一次 农田在夏收或秋收后采样
	污水灌溉项目	氰化物、六价铬、挥发酚、烷基汞、苯并[a]芘、有机质、硫化物、石油类等	
	POPs与高毒类农药	苯、挥发性卤代烃、有机磷农药、PCB、PAH等	
	其他项目	结合态铝(酸雨区)、硒、钒、氧化稀土总量、钼、铁、锰、镁、钙、钠、铝、硅、放射性比活度等	

5 布点与样品数容量

5.1 "随机"和"等量"原则

样品是由总体中随机采集的一些个体所组成,个体之间存在变异,因此样品与总体之间,既存在同质的"亲缘"关系,样品可作为总体的代表,但同时也存在着一定程度的异质性的,差异愈小,样品的代表性愈好;反之亦然。为了达到采集的监测样品具有好的代表性,必须避免一切主观因素,使组成总体的个体有同样的机会被选入样品,即组成样品的个体应当是随机地取自总体。另一方面,在一组需要相互之间进行比较的样品应当由同样的个体组成,否则样本大的个体所组成的样品,其代表性会大于样本少的个体组成的样品。所以"随机"和"等量"是决定样品具有同等代表性的重要条件。

5.2 布点方法

5.2.1 简单随机

将监测单元分成网格,每个网格编上号码,决定采样点样品数后,随机抽取规定的样品数的样品,其样本号码对应的网格号,即为采样点。随机数的获得可以利用掷骰子、抽签、查随机数表的方法。关于随机数骰子的使用方法可见 GB10111《利用随机数骰子进行随机抽样的办法》。简单随机布点是一种完全不带主观限制条件的布点方法。

5.2.2 分块随机

根据收集的资料,如果监测区域内的土壤有明显的几种类型,则可将区域分成几块,每块内污染物较均匀,块间的差异较明显。将每块作为一个监测单元,在每个监测单元内再随机布点。在正确分块的前提下,分块布点的代表性比简单随机布点好,如果分块不正确,分块布点的效果可能会适得其反。

5.2.3 系统随机

将监测区域分成面积相等的几部分(网格划分),每网格内布设一采样点,这种布点称为系统随机布点。如果区域内土壤污染物含量变化较大,系统随机布点比简单随机布点所采样品的代表性要好。

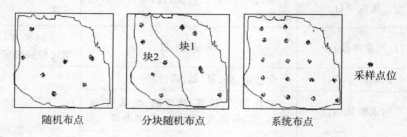

图 5 - 1　布点方式示意图

5.3　基础样品数量

5.3.1　由均方差和绝对偏差计算样品数

用下列公式可计算所需的样品数:

$$N = t^2 s^2 / D^2$$

式中　N——样品数;

　　　t——选定置信水平(土壤环境监测一般选定为 95%)一定自由度下的 t 值(附录 A);

　　　s^2——均方差,可从先前的其他研究或者从极差 $R(s^2 = (R/4)^2)$ 估计;

　　　D——可接受的绝对偏差。

示例:

某地土壤多氯联苯(PCB)的浓度范围 0~13 mg/kg,若 95% 置信度时平均值与真值的绝对偏差为 1.5 mg/kg,s 为 3.25 mg/kg,初选自由度为 10,则

$$N = (2.23)^2 (3.25)^2 / (1.5)^2 = 23$$

因为 23 比初选的 10 大得多,重新选择自由度查 t 值计算得:

$$N = (2.069)^2 (3.25)^2 / (1.5)^2 = 20$$

20 个土壤样品数较大,原因是其土壤 PCB 含量分布不均匀(0~13 mg/kg),要降低采样的样品数,就得牺牲监测结果的置信度(如从 95% 降低到 90%),或放宽监测结果的置信距(如从 1.5 mg/kg 增加到 2.0 mg/kg)。

5.3.2　由变异系数和相对偏差计算样品数

$$N = t^2 s^2 / D^2 \text{ 可变为}: N = t^2 C_v^2 / m^2$$

式中　N——样品数;

　　　t——选定置信水平(土壤环境监测一般选定为 95%)一定自由度下的 t 值(附录 A);

　　　C_v——变异系数,%,可从先前的其他研究资料中估计;

　　　m——可接受的相对偏差,%,土壤环境监测一般限定为 20%~30%。

没有历史资料的地区、土壤变异程度不太大的地区,一般 C_v 可用 $10\%\sim30\%$ 粗略估计,有效磷和有效钾变异系数 C_v 可取 50%。

5.4　布点数量

土壤监测的布点数量要满足样本容量的基本要求,即上述由均方差和绝对偏差、变异系数和相对偏差计算样品数是样品数的下限数值,实际工作中土壤布点数量还要根据调查目的、调查精度和调查区域环境状况等因素确定。

一般要求每个监测单元最少设 3 个点。

区域土壤环境调查按调查的精度不同可从 2.5 km、5 km、10 km、20 km、40 km 中选择网距网格布点,区域内的网格结点数即为土壤采样点数量。

农田采集混合样的样点数量见"6.2.3.2　混合样"。

建设项目采样点数量见"6.3　建设项目土壤环境评价监测采样"。

城市土壤采样点数量见"6.4　城市土壤采样"。

土壤污染事故采样点数量见"6.5　污染事故监测土壤采样"。

6　样品采集

样品采集一般按三个阶段进行。

前期采样:根据背景资料与现场考察结果,采集一定数量的样品分析测定,用于初步验证污染物空间分异性和判断土壤污染程度,为制定监测方案(选择布点方式和确定监测项目及样品数量)提供依据,前期采样可与现场调查同时进行。

正式采样:按照监测方案,实施现场采样。

补充采样:正式采样测试后,发现布设的样点没有满足总体设计需要,则要进行增设采样点补充采样。

面积较小的土壤污染调查和突发性土壤污染事故调查可直接采样。

6.1　区域环境背景土壤采样

6.1.1　采样单元

采样单元的划分,全国土壤环境背景值监测一般以土类为主,省、自治区、直辖市级的土壤环境背景值监测以土类和成土母质母岩类型为主,省级以下或条件许可或特别工作需要的土壤环境背景值监测可划分到亚类或土属。

6.1.2　样品数量

各采样单元中的样品数量应符合"5.3　基础样品数量"要求。

6.1.3　网格布点

网格间距 L 按下式计算:

$$L = (A/N)^{1/2}$$

式中　L——网格间距;

　　　A——采样单元面积;

　　　N——采样点数(同"5.3　样品数量")。

A 和 L 的量纲要相匹配,如 A 的单位是 km^2 则 L 的单位就为 km。根据实际情况可适当减小网格间距,适当调整网格的起始经纬度,避开过多网格落在道路或河流上,使样品更具代表性。

6.1.4 野外选点

首先采样点的自然景观应符合土壤环境背景值研究的要求。采样点选在被采土壤类型特征明显的地方,地形相对平坦、稳定、植被良好的地点;坡脚、洼地等具有从属景观特征的地点不设采样点;城镇、住宅、道路、沟渠、粪坑、坟墓附近等处人为干扰大,失去土壤的代表性,不宜设采样点,采样点离铁路、公路至少 300 m 以上;采样点以剖面发育完整、层次较清楚、无侵入体为准,不在水土流失严重或表土被破坏处设采样点;选择不施或少施化肥、农药的地块作为采样点,以使样品点尽可能少受人为活动的影响;不在多种土类、多种母质母岩交错分布、面积较小的边缘地区布设采样点。

6.1.5 采样

采样点可采表层样或土壤剖面。一般监测采集表层土,采样深度 0~20 cm,特殊要求的监测(土壤背景、环评、污染事故等)必要时选择部分采样点采集剖面样品。剖面的规格一般为长 1.5 m,宽 0.8 m,深 1.2 m。挖掘土壤剖面要使观察面向阳,表土和底土分两侧放置。

一般每个剖面采集 A、B、C 三层土样。地下水位较高时,剖面挖至地下水出露时为止;山地丘陵土层较薄时,剖面挖至风化层。

对 B 层发育不完整(不发育)的山地土壤,只采 A、C 两层;

干旱地区剖面发育不完善的土壤,在表层 5~20 cm、心土层 50 cm、底土层 100 cm 左右采样。

水稻土按照 A 耕作层、P 犁底层、C 母质层(或 G 潜育层、W 潴育层)分层采样(图 6-1),对 P 层太薄的剖面,只采 A、C 两层(或 A、G 层或 A、W 层)。

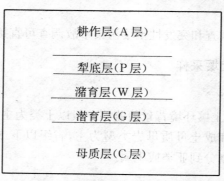

| 耕作层(A 层) |
| 犁底层(P 层) |
| 潴育层(W 层) |
| 潜育层(G 层) |
| 母质层(C 层) |

图 6-1 水稻土剖面示意图

对 A 层特别深厚,沉积层不甚发育,一米内见不到母质的土类剖面,按 A 层 5~20 cm、A/B 层 60~90 cm、B 层 100~200 cm 采集土壤。草甸土和潮土一般在 A 层 5~20 cm、C_1 层(或 B 层)50 cm、C_2 层 100~120 cm 处采样。

采样次序自下而上,先采剖面的底层样品,再采中层样品,最后采上层样品。测量重金属的样品尽量用竹片或竹刀去除与金属采样器接触的部分土壤,再用其取样。

剖面每层样品采集 1 kg 左右,装入样品袋,样品袋一般由棉布缝制而成,如潮湿样品可内衬塑料袋(供无机化合物测定)或将样品置于玻璃瓶内(供有机化合物测定)。采样的同时,由专人填写样品标签、采样记录;标签一式两份,一份放入袋中,一份系在袋口,标签上标注采样时间、地点、样品编号、监测项目、采样深度和经纬度。采样结束,需逐项检查采样记录、样袋标签和土壤样品,如有缺项和错误,及时补齐更正。将底土和表土按原层回填到采样坑中,方可离开现场,并在采样示意图上标出采样地点,避免下次在相同处采集剖面样。

标签和采样记录格式见表 6-1、表 6-2 和图 6-2。

表 6-1　土壤样品标签样式

土壤样品标签
样品编号:
采用地点: 　　　东经　　　　　　　　北纬
采样层次:
特征描述:
采样深度:
监测项目:
采样日期:
采样人员:

表 6-2　土壤现场记录

采用地点			东经		北纬	
样品编号			采样日期			
样品类别			采样人员			
采样层次			采样深度(cm)			
样品描述	土壤颜色		植物根系			
	土壤质地		砂砾含量			
	土壤湿度		其他异物			
采样点示意图			自下而上 植被描述			

注1:土壤颜色可采用门塞尔比色卡比色,也可按土壤颜色三角表进行描述。颜色描述可采用双名法,主色在后,副色在前,如黄棕、灰棕等。颜色深浅还可以冠以暗、淡等形容词,如浅棕、暗灰等。

图 6 - 2　土壤颜色三角表

注 2：土壤质地分为砂土、壤土（砂壤土、轻壤土、中壤土、重壤土）和黏土，野外估测方法为取小块土壤，加水潮润，然后揉搓，搓成细条并弯成直径为 2.5～3 cm 的土环，据土环表现的性状确定质地。

砂土：不能搓成条；

砂壤土：只能搓成短条；

轻壤土：能搓直径为 3 mm 直径的条，但易断裂；

中壤土：能搓成完整的细条，弯曲时容易断裂；

重壤土：能搓成完整的细条，弯曲成圆圈时容易断裂；

黏土：能搓成完整的细条，能弯曲成圆圈。

注 3：土壤湿度的野外估测，一般可分为五级：

干：土块放在手中，无潮润感觉；

潮：土块放在手中，有潮润感觉；

湿：手捏土块，在土团上塑有手印；

重潮：手捏土块时，在手指上留有湿印；

极潮：手捏土块时，有水流出。

注 4：植物根系含量的估计可分为五级：

无根系：在该土层中无任何根系；

少量：在该土层每 50 cm² 内少于 5 根；

中量：在该土层每 50 cm² 内有 5～15 根；

多量：该土层每 50 cm² 内多于 15 根；

根密集：在该土层中根系密集交织。

注 5：石砾含量以石砾量占该土层的体积百分数估计。

6.2　农田土壤采样

6.2.1　监测单元

土壤环境监测单元按土壤主要接纳污染物途径可划分为：

（1）大气污染型土壤监测单元；

（2）灌溉水污染监测单元；

（3）固体废物堆污染型土壤监测单元；

（4）农用固体废物污染型土壤监测单元；

（5）农用化学物质污染型土壤监测单元；

（6）综合污染型土壤监测单元（污染物主要来自上述两种以上途径）。

监测单元划分要参考土壤类型、农作物种类、耕作制度、商品生产基地、保护区类型、行政区划等要素的差异，同一单元的差别应尽可能地缩小。

6.2.2　布点

根据调查目的、调查精度和调查区域环境状况等因素确定监测单元。部门专项农业产品生产土壤环境监测布点按其专项监测要求进行。

大气污染型土壤监测单元和固体废物堆污染型土壤监测单元以污染源为中心放射状布点,在主导风向和地表水的径流方向适当增加采样点(离污染源的距离远于其他点);灌溉水污染监测单元、农用固体废物污染型土壤监测单元和农用化学物质污染型土壤监测单元采用均匀布点;灌溉水污染监测单元采用按水流方向带状布点,采样点自纳污口起由密渐疏;综合污染型土壤监测单元布点采用综合放射状、均匀、带状布点法。

6.2.3 样品采集

6.2.3.1 剖面样

特定的调查研究监测需了解污染物在土壤中的垂直分布时采集土壤剖面样,采样方法同 6.1.5 节。

6.2.3.2 混合样

一般农田土壤环境监测采集耕作层土样,种植一般农作物采 0～20 cm,种植果林类农作物采 0～60 cm。为了保证样品的代表性,减低监测费用,采取采集混合样的方案。每个土壤单元设 3～7 个采样区,单个采样区可以是自然分割的一个田块,也可以由多个田块所构成,其范围以 200 m×200 m 左右为宜。每个采样区的样品为农田土壤混合样。混合样的采集主要有四种方法。

(1) 对角线法:适用于污灌农田土壤,对角线分 4 等份,以等分点为采样分点;

(2) 梅花点法:适用于面积较小,地势平坦,土壤组成和受污染程度相对比较均匀的地块,设分点 5 个左右;

(3) 棋盘式法:适宜中等面积、地势平坦、土壤不够均匀的地块,设分点 10 个左右;受污泥、垃圾等固体废物污染的土壤,分点应在 20 个以上;

(4) 蛇形法:适宜于面积较大、土壤不够均匀且地势不平坦的地块,设分点 15 个左右,多用于农业污染型土壤。各分点混匀后用四分法取 1 kg 土样装入样品袋,多余部分弃去。样品标签和采样记录等要求同 6.1.5 节。

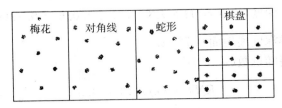

图 6-3　混合土壤采样点布设示意图

6.3 建设项目土壤环境评价监测采样

每 100 公顷占地不少于 5 个且总数不少于 5 个采样点,其中小型建设项目设 1 个柱状样采样点,大中型建设项目不少于 3 个柱状样采样点,特大性建设项目或对土壤环境影响敏感的建设项目不少于 5 个柱状样采样点。

6.3.1 非机械干扰土

如果建设工程或生产没有翻动土层,表层土受污染的可能性最大,但不排除对中下层土壤的影响。生产或者将要生产导致的污染物,以工艺烟雾(尘)、污水、固体废物等形式污染周围土壤环境,采样点以污染源为中心放射状布设为主,在主导风向和地表水的径流方向适当增加采样点(离污染源的距离远于其他点);以水污染型为主的土壤按水流方向带状布点,采样点自纳污口起由密渐疏;综合污染型土壤监测布点采用综合放射状、均匀、带状布点法。此类监测不采混合样,混合样虽然能降低监测费用,但损失了污染物空间分布的信息,不利于掌握工程及生产对土壤影响状况。

表层土样采集深度0~20 cm;每个柱状样取样深度都为100 cm,分取三个土样:表层样(0~20 cm),中层样(20~60 cm),深层样(60~100 cm)。

6.3.2 机械干扰土

由于建设工程或生产中,土层受到翻动影响,污染物在土壤纵向分布不同于非机械干扰土。采样点布设同6.3.1节。各点取1 kg装入样品袋,样品标签和采样记录等要求同6.1.5节。采样总深度由实际情况而定,一般同剖面样的采样深度,确定采样深度有3种方法可供参考。

6.3.2.1 随机深度采样

本方法适合土壤污染物水平方向变化不大的土壤监测单元,采样深度由下列公式计算:

$$深度＝剖面土壤总深\times RN$$

式中$RN=0~1$之间的随机数。RN由随机数骰子法产生,GB10111推荐的随机数骰子是由均匀材料制成的正20面体,在20个面上,0~9各数字都出现两次,使用时根据需产生的随机数的位数选取相应的骰子数,并规定好每种颜色的骰子各代表的位数。对于本规范用一个骰子,其出现的数字除以10即为RN,当骰子出现的数为0时规定此时的RN为1。

示例:

土壤剖面深度(H)1.2 m,用一个骰子决定随机数。

若第一次掷骰子得随机数(n_1)6,则

$$RN_1 = (n_1)/10 = 0.6$$

$$采样深度(H_1) = H \times RN_1 = 1.2 \times 0.6 = 0.72(m)$$

即第一个点的采样深度离地面0.72 m;

若第二次掷骰子得随机数(n_2)3,则

$$RN_2 = (n_2)/10 = 0.3$$

$$采样深度(H_2) = H \times RN_2 = 1.2 \times 0.3 = 0.36(m)$$

即第二个点的采样深度离地面0.36 m;

若第三次掷骰子得随机数(n_3)8,同理可得第三个点的采样深度离地面0.96 m;

若第四次掷骰子得随机数(n_4)0,则

$$RN_4 = 1(规定当随机数为0时RN取1)$$

$$采样深度(H_4) = H \times RN_4 = 1.2 \times 1 = 1.2(m)$$

即第四个点的采样深度离地面1.2 m;

以此类推,直至决定所有点采样深度为止。

6.3.2.2 分层随机深度采样

本采样方法适合绝大多数的土壤采样,土壤纵向(深度)分成三层,每层采一样品,每层的采样深度由下列公式计算:

$$深度 = 每层土壤深 \times RN$$

式中 $RN=0\sim1$ 之间的随机数,取值方法同 6.3.2.1 节中的 RN 取值。

6.3.2.3 规定深度采样

本采样适合预采样(为初步了解土壤污染随深度的变化,制定土壤采样方案)和挥发性有机物的监测采样,表层多采,中下层等间距采样。

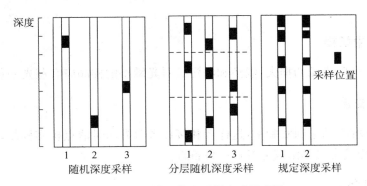

图 6-4 机械干扰土采样方式示意图

6.4 城市土壤采样

城市土壤是城市生态的重要组成部分,虽然城市土壤不用于农业生产,但其环境质量对城市生态系统影响极大。城区内大部分土壤被道路和建筑物覆盖,只有小部分土壤栽植草木,本规范中城市土壤主要是指后者,由于其复杂性分两层采样,上层(0~30 cm)可能是回填土或受人为影响大的部分,另一层(30~60 cm)为人为影响相对较小部分。两层分别取样监测。

城市土壤监测点以网距 2000 m 的网格布设为主,功能区布点为辅,每个网格设一个采样点。对于专项研究和调查的采样点可适当加密。

6.5 污染事故监测土壤采样

污染事故不可预料,接到举报后立即组织采样。现场调查和观察,取证土壤被污染时间,根据污染物及其对土壤的影响确定监测项目,尤其是污染事故的特征污染物是监测的重点。据污染物的颜色、印渍和气味以及结合考虑地势、风向等因素初步界定污染事故对土壤的污染范围。

如果是固体污染物抛洒污染型,等打扫后采集表层 5 cm 土样,采样点数不少于 3 个。

如果是液体倾翻污染型,污染物向低洼处流动的同时向深度方向渗透并向两侧横向方向扩散,每个点分层采样,事故发生点样品点较密,采样深度较深,离事故发生点相对远处样品点较疏,采样深度较浅。采样点不少于 5 个。

如果是爆炸污染型,以放射性同心圆方式布点,采样点不少于 5 个,爆炸中心采分层样,周围采表层土(0～20 cm)。

事故土壤监测要设定 2～3 个背景对照点,各点(层)取 1 kg 土样装入样品袋,有腐蚀性或要测定挥发性化合物,改用广口瓶装样。含易分解有机物的待测定样品,采集后置于低温(冰箱)中,直至运送、移交到分析室。

7 样品流转

7.1 装运前核对

在采样现场样品必须逐件与样品登记表、样品标签和采样记录进行核对,核对无误后分类装箱。

7.2 运输中防损

运输过程中严防样品的损失、混淆和沾污。对光敏感的样品应有避光外包装。

7.3 样品交接

由专人将土壤样品送到实验室,送样者和接样者双方同时清点核实样品,并在样品交接单上签字确认,样品交接单由双方各存一份备查。

8 样品制备

8.1 制样工作室要求

分设风干室和磨样室。风干室朝南(严防阳光直射土样),通风良好,整洁,无尘,无易挥发性化学物质。

8.2 制样工具及容器

风干用白色搪瓷盘及木盘;

粗粉碎用木锤、木滚、木棒、有机玻璃棒、有机玻璃板、硬质木板、无色聚乙烯薄膜;

磨样用玛瑙研磨机(球磨机)或玛瑙研钵、白色瓷研钵;

过筛用尼龙筛,规格为 2～100 目;

装样用具塞磨口玻璃瓶,具塞无色聚乙烯塑料瓶或特制牛皮纸袋,规格视量而定。

8.3 制样程序

制样者与样品管理员同时核实清点,交接样品,在样品交接单上双方签字确认。

8.3.1 风干

在风干室将土样放置于风干盘中,摊成 2～3 cm 的薄层,适时地压碎、翻动,拣出碎石、砂砾、植物残体。

8.3.2 样品粗磨

在磨样室将风干的样品倒在有机玻璃板上,用木锤敲打,用木滚、木棒、有机玻璃棒再次压碎,拣出杂质,混匀,并用四分法取压碎样,过孔径 0.25 mm(20 目)尼龙筛。过筛后的样品全部置无色聚乙烯薄膜上,并充分搅拌混匀,再采用四分法取其两份,一份交样品库存放,另一份作样品的细磨用。粗磨样可直接用于土壤 pH、阳离子交换量、元素有效态含量等项目的分析。

8.3.3　细磨样品

用于细磨的样品再用四分法分成两份,一份研磨到全部过孔径 0.25 mm(60 目)筛,用于农药或土壤有机质、土壤全氮量等项目分析;另一份研磨到全部过孔径 0.15 mm(100 目)筛,用于土壤元素全量分析。制样过程见图 8-1。

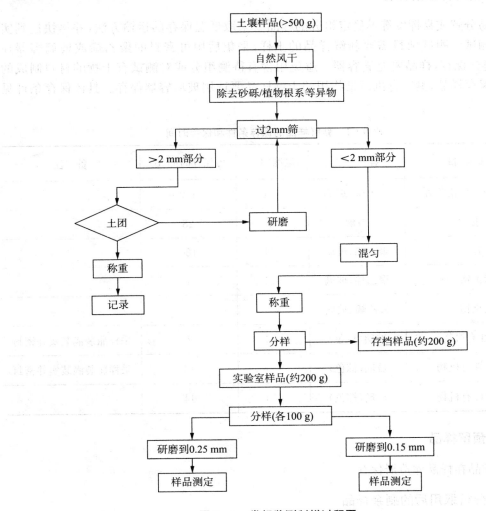

图 8-1　常规监测制样过程图

8.3.4　样品分装

研磨混匀后的样品,分别装于样品袋或样品瓶,填写土壤标签一式两份,瓶内或袋内一份,瓶外或袋外贴一份。

8.3.5　注意事项

制样过程中采样时的土壤标签与土壤始终放在一起,严禁混错,样品名称和编码始终不

变;制样工具每处理一份样后擦抹(洗)干净,严防交叉污染;

分析挥发性、半挥发性有机物或可萃取有机物无需上述制样,用新鲜样按特定的方法进行样品前处理。

9 样品保存

按样品名称、编号和粒径分类保存。

9.1 新鲜样品的保存

对于易分解或易挥发等不稳定组分的样品要采取低温保存的运输方法,并尽快送到实验室分析测试。测试项目需要新鲜样品的土样,采集后用可密封的聚乙烯或玻璃容器在4℃以下避光保存,样品要充满容器。避免用含有待测组分或对测试有干扰的材料制成的容器盛装保存样品,测定有机污染物用的土壤样品要选用玻璃容器保存。具体保存条件见表9-1。

表9-1 新鲜样品的保存条件和保存时间

测 试 项 目	容器材质	温度(℃)	可保存时间(d)	备 注
金属(汞和六价铬除外)	聚乙烯、玻璃	<4	180	
汞	玻璃	<4	28	
砷	聚乙烯、玻璃	<4	180	
六价铬	聚乙烯、玻璃	<4	1	
氰化物	聚乙烯、玻璃	<4	2	
挥发性有机物	玻璃(棕色)	<4	7	采样瓶装满装实并密封
半挥发性有机物	玻璃(棕色)	<4	10	采样瓶装满装实并密封
难挥发性有机物	玻璃(棕色)	<4	14	

9.2 预留样品

预留样品在样品库造册保存。

9.3 分析取用后的剩余样品

分析取用后的剩余样品,待测定全部完成数据报出后,也移交样品库保存。

9.4 保存时间

分析取用后的剩余样品一般保留半年,预留样品一般保留2年。特殊、珍稀、仲裁、有争议样品一般要永久保存。

新鲜土样保存时间见"9.1 新鲜样品的保存"。

9.5　样品库要求

保持干燥、通风、无阳光直射、无污染;要定期清理样品,防止霉变、鼠害及标签脱落。样品入库、领用和清理均需记录。

10　土壤分析测定

10.1　测定项目

分常规项目、特定项目和选测项目,见"4.5　监测项目与频次"。

10.2　样品处理

土壤与污染物种类繁多,不同的污染物在不同土壤中的样品处理方法及测定方法各异。同时要根据不同的监测要求和监测目的,选定样品处理方法。

仲裁监测必须选定《土壤环境质量标准》中选配的分析方法规定的样品处理方法,其他类型的监测优先使用国家土壤测定标准,如果《土壤环境质量标准》中没有的项目或国家土壤测定方法标准暂缺项目则可使用等效测定方法中的样品处理方法。样品处理方法见"10.3　分析方法",按选用的分析方法中规定进行样品处理。

由于土壤组成的复杂性和土壤物理化学性状(pH、Eh 等)差异,造成重金属及其他污染物在土壤环境中形态的复杂和多样性。金属不同形态,其生理活性和毒性均有差异,其中以有效态和交换态的活性、毒性最大,残留态的活性、毒性最小,而其他结合态的活性、毒性居中。部分形态分析的样品处理方法见附录 D。

一般区域背景值调查和《土壤环境质量标准》中重金属测定的是土壤中的重金属全量(除特殊说明,如六价铬),其测定土壤中金属全量的方法见相应的分析方法,其等效方法也可参见附录 D。测定土壤中有机物的样品处理方法见相应分析方法,原则性的处理方法参见附录 D。

10.3　分析方法

10.3.1　第一方法:标准方法(即仲裁方法),按土壤环境质量标准中选配的分析方法(表 10-1)。

表 10-1　土壤常规监测项目及分析方法

监测项目	监测仪器	监测方法	方法来源
镉	原子吸收光谱仪	石墨炉原子吸收分光光度法	GB/T17141—1997
	原子吸收光谱仪	KI-MIBK 萃取原子吸收分光光度法	GB/T17140—1997
汞	测汞仪	冷原子吸收法	GB/T17136—1997
砷	分光光度计	二乙基二硫代氨基甲酸银分光光度法	GB/T17134—1997
	分光光度计	硼氢化钾-硝酸银分光光度法	GB/T17135—1997

监测项目	监测仪器	监测方法	方法来源
铜	原子吸收光谱仪	火焰原子吸收分光光度法	GB/T17138—1997
铅	原子吸收光谱仪	石墨炉原子吸收分光光度法	GB/T17141—1997
	原子吸收光谱仪	KI-MIBK 萃取原子吸收分光光度法	GB/T17140—1997
铬	原子吸收光谱仪	火焰原子吸收分光光度法	GB/T17137—1997
锌	原子吸收光谱仪	火焰原子吸收分光光度法	GB/T17138—1997
镍	原子吸收光谱仪	火焰原子吸收分光光度法	GB/T17139—1997
六六六和滴滴涕	气相色谱仪	电子捕获气相色谱法	GB/T14550—1993
六种多环芳烃	液相色谱仪	高效液相色谱法	GB13198—91
稀土总量	分光光度计	对马尿酸偶氮氯膦分光光度法	GB6262
pH	pH 计	森林土壤 pH 测定	GB7859—87
阳离子交换量	滴定仪	乙酸铵法	①

注：①《土壤理化分析》，1978，中国科学院南京土壤研究所编，上海科技出版社。

10.3.2 第二方法：由权威部门规定或推荐的方法。

10.3.3 第三方法：根据各地实情，自选等效方法，但应作标准样品验证或比对实验，其检出限、准确度、精密度不低于相应的通用方法要求水平或待测物准确定量的要求。

土壤监测项目与分析第一方法、第二方法和第三方法汇总见表 10 - 2。

表 10 - 2 土壤监测项目与分析方法

监测项目	推荐方法	等效方法
砷	COL	HG-AAS、HG-AFS、XRF
镉	GF-AAS	POL、ICP-MS
钴	AAS	GF-AAS、ICP-AES、ICP-MS
铬	AAS	GF-AAS、ICP-AES、XRF、ICP-MS
铜	AAS	GF-AAS、ICP-AES、XRF、ICP-MS
氟	ISE	
汞	HG-AAS	HG-AFS
锰	AAS	ICP-AES、INAA、ICP-MS
镍	AAS	GF-AAS、XRF、ICP-AES、ICP-MS
铅	GF-AAS	ICP-MS、XRF

监测项目	推荐方法	等效方法
硒	HG-AAS	HG-AFS、DAN荧光、GC
钒	COL	ICP-AES、XRF、INAA、ICP-MS
锌	AAS	ICP-AES、XRF、INAA、ICP-MS
硫	COL	ICP-AES、ICP-MS
pH	ISE	
有机质	VOL	
PCBs、PAHs	LC、GC	
阳离子交换量	VOL	
VOC	GC、GC-MS	
SVOC	GC、GC-MS	
除草剂和杀虫剂	GC、GC-MS、LC	
POPs	GC、GC-MS、LC、LC-MS	

注：ICP-AES：等离子发射光谱；XRF：X-荧光光谱分析；AAS：火焰原子吸收；GF-AAS：石墨炉原子吸收；HG-AAS：氢化物发生原子吸收法；HG-AFS：氢化物发生原子荧光法；POL：催化极谱法；ISE：选择性离子电极；VOL：容量法；POT：电位法；INAA：中子活化分析法；GC：气相色谱法；LC：液相色谱法；GC-MS：气相色谱-质谱联用法；COL：分光比色法；LC-MS：液相色谱-质谱联用法；ICP-MS：等离子体质谱联用法。

11　分析记录与监测报告

11.1　分析记录

分析记录一般要设计成记录本格式，页码、内容齐全，用碳素墨水笔填写详实，字迹要清楚，需要更正时，应在错误数据（文字）上画一横线，在其上方写上正确内容，并在所画横线上加盖修改者名章或者签字以示负责。

分析记录也可以设计成活页，随分析报告流转和保存，便于复核审查。

分析记录也可以是电子版本式的输出物（打印件）或存有其信息的磁盘、光盘等。

记录测量数据，要采用法定计量单位，只保留一位可疑数字，有效数字的位数应根据计量器具的精度及分析仪器的示值确定，不得随意增添或删除。

11.2　数据运算

有效数字的计算修约规则按 GB8170 执行。采样、运输、储存、分析失误造成的离群数据应剔除。

11.3　结果表示

平行样的测定结果用平均数表示，一组测定数据用 Dixon 法、Grubbs 法检验剔除离群值后以平均值报出；低于分析方法检出限的测定结果以"未检出"报出，参加统计时按二分之一最低检出限计算。

土壤样品测定一般保留三位有效数字，含量较低的镉和汞保留两位有效数字，并注明检出限数值。分析结果的精密度数据，一般只取一位有效数字，当测定数据很多时，可取两位有效数字。表示分析结果的有效数字的位数不可超过方法检出限的最低位数。

11.4 监测报告

报告名称，实验室名称，报告编号，报告每页和总页数标识，采样地点名称，采样时间、分析时间，检测方法，监测依据，评价标准，监测数据，单项评价，总体结论，监测仪器编号，检出限（未检出时需列出），采样点示意图，采样（委托）者，分析者，报告编制、复核、审核和签发者及时间等内容。

12 土壤环境质量评价

土壤环境质量评价涉及评价因子、评价标准和评价模式。评价因子数量与项目类型取决于监测的目的和现实的经济和技术条件。评价标准常采用国家土壤环境质量标准、区域土壤背景值或部门（专业）土壤质量标准。评价模式常用污染指数法或者与其有关的评价方法。

12.1 污染指数、超标率(倍数)评价

土壤环境质量评价一般以单项污染指数为主，指数小污染轻，指数大污染则重。当区域内土壤环境质量作为一个整体与外区域进行比较或与历史资料进行比较时除用单项污染指数外，还常用综合污染指数。土壤由于地区背景差异较大，用土壤污染累积指数更能反映土壤的人为污染程度。土壤污染物分担率可评价确定土壤的主要污染项目，污染物分担率由大到小排序，污染物主次也同此序。除此之外，土壤污染超标倍数、样本超标率等统计量也能反映土壤的环境状况。污染指数和超标率等计算公式如下：

土壤单项污染指数＝土壤污染物实测值/土壤污染物质量标准

土壤污染累积指数＝土壤污染物实测值/污染物背景值

土壤污染物分担率（％）＝（土壤某项污染指数/各项污染指数之和）×100％

土壤污染超标倍数＝（土壤某污染物实测值－某污染物质量标准）/某污染物质量标准

土壤污染样本超标率（％）＝（土壤样本超标总数/监测样本总数）×100％

12.2 内梅罗污染指数评价

$$内梅罗污染指数(P_N) = \{[(PI_{均}{}^2) + (PI_{最大}{}^2)]/2\}^{1/2}$$

式中 $PI_{均}$ 和 $PI_{最大}$ 分别是平均单项污染指数和最大单项污染指数。

内梅罗指数反映了各污染物对土壤的作用，同时突出了高浓度污染物对土壤环境质量的影响，可按内梅罗污染指数，划定污染等级。内梅罗指数土壤污染评价标准见表12-1。

表 12-1　土壤内梅罗污染指数评价标准

等　级	内梅罗污染指数	污染等级
Ⅰ	$P_N \leqslant 0.7$	清洁（安全）
Ⅱ	$0.7 < P_N \leqslant 1.0$	尚清洁（警戒限）
Ⅲ	$1.0 < P_N \leqslant 2.0$	轻度污染
Ⅳ	$2.0 < P_N \leqslant 3.0$	中度污染
Ⅴ	$P_N > 3.0$	重污染

12.3　背景值及标准偏差评价

用区域土壤环境背景值$(x)95\%$置信度的范围$(x \pm 2s)$来评价：

若土壤某元素监测值$x_1 < x - 2s$，则该元素缺乏或属于低背景土壤。

若土壤某元素监测值在$x \pm 2s$，则该元素含量正常。

若土壤某元素监测值$x_1 > x + 2s$，则土壤已受该元素污染，或属于高背景土壤。

12.4　综合污染指数法

综合污染指数（CPI）包含了土壤元素背景值、土壤元素标准（附录 B）尺度因素和价态效应综合影响。其表达式：

$$CPI = X \cdot (1 + RPE) + Y \cdot DDMB/(Z \cdot DDSB)$$

式中，CPI 为综合污染指数，X，Y 分别为测量值超过标准值和背景值的数目，RPE 为相对污染当量，DDMB 为元素测定浓度偏离背景值的程度，DDSB 为土壤标准偏离背景值的程度，Z 为用作标准元素的数目。主要有下列计算过程：

（1）计算相对污染当量（RPE）

$$RPE = \Big[\sum_{i=1}^{N} (c_i/c_{is})^{1/n} \Big]/N$$

式中，N 是测定元素的数目，c_i 是测定元素 i 的浓度，c_{is} 是测定元素 i 的土壤标准值，n 为测定元素 i 的氧化数。对于变价元素，应考虑价态与毒性的关系，在不同价态共存并同时用于评价时，应在计算中注意高低毒性价态的相互转换，以体现由价态不同所构成的风险差异性。

（2）计算元素测定浓度偏离背景值的程度（DDMB）

$$DDMB = \Big[\sum_{i=1}^{N} c_i/c_{iB} \Big]^{1/n}/N$$

式中，c_{iB} 是元素 i 的背景值，其余符号的意义同上。

（3）计算土壤标准偏离背景值的程度（DDSB）

$$DDSB = \Big[\sum_{i=1}^{Z} c_{is}/c_{iB} \Big]^{1/n}/Z$$

式中，Z 为用于评价元素的个数，其余符号的意义同上。

（4）综合污染指数计算（CPI）

（5）评价

用 CPI 评价土壤环境质量指标体系见表 12－2。

表 12－2　综合污染指数(CPI)评价

X	Y	CPI	评　　价
0	0	0	背景状态
0	≥1	0<CPI<1	未污染状态，数值大小表示偏离背景值相对程度
≥1	≥1	≥1	污染状态，数值越大表示污染程度相对越严重

（6）污染表征

$$_N T_{CPI}^X(a,b,c,\cdots)$$

式中，X 是超过土壤标准的元素数目，a、b、c 等是超标污染元素的名称，N 是测定元素的数目，CPI 为综合污染指数。

13　质量保证和质量控制

质量保证和质量控制的目的是为了保证所产生的土壤环境质量监测资料具有代表性、准确性、精密性、可比性和完整性。质量控制涉及监测的全部过程。

13.1　采样、制样质量控制

布点方法及样品数量见"5　布点与样品数容量"。

样品采集及注意事项见"6　样品采集"。

样品流转见"7　样品流转"。

样品制备见"8　样品制备"。

样品保存见"9　样品保存"。

13.2　实验室质量控制

13.2.1　精密度控制

13.2.1.1　测定率

每批样品每个项目分析时均须做 20%平行样品；当 5 个样品以下时，平行样不少于1 个。

13.2.1.2　测定方式

由分析者自行编入的明码平行样，或由质控员在采样现场或实验室编入的密码平行样。

13.2.1.3　合格要求

平行双样测定结果的误差在允许误差范围之内者为合格。允许误差范围见表 13－1。对未列出允许误差的方法，当样品的均匀性和稳定性较好时，参考表 13－2 的规定。当平行双样测定合格率低于 95%时，除对当批样品重新测定外再增加样品数 10%～20%的平行样，直至平行双样测定合格率大于 95%。

表 13 - 1　土壤监测平行双样测定值的精密度和准确度允许误差

监测项目	样品含量范围（mg/kg）	精密度		准确度			适用的分析方法
		室内相对标准偏差（%）	室间相对标准偏差（%）	加标回收率（%）	室内相对误差（%）	室间相对误差（%）	
镉	<0.1 0.1~0.4 >0.4	±35 ±30 ±25	±40 ±35 ±30	75~110 85~110 90~105	±35 ±30 ±25	±40 ±35 ±30	原子吸收光谱法
汞	<0.1 0.1~0.4 >0.4	±35 ±30 ±25	±40 ±35 ±30	75~110 85~110 90~105	±35 ±30 ±25	±40 ±35 ±30	冷原子吸收法 原子荧光法
砷	<10 10~20 >20	±20 ±15 ±15	±30 ±25 ±20	85~105 90~105 90~105	±20 ±15 ±15	±30 ±25 ±20	原子荧光法 分光光度法
铜	<20 20~30 >30	±20 ±15 ±15	±30 ±25 ±20	85~105 90~105 90~105	±20 ±15 ±15	±30 ±25 ±20	原子吸收光谱法
铅	<20 20~40 >40	±30 ±25 ±20	±35 ±30 ±25	80~110 85~110 90~105	±30 ±25 ±20	±35 ±30 ±25	原子吸收光谱法
铬	<50 50~90 >90	±25 ±20 ±15	±30 ±30 ±25	85~110 85~110 90~105	±25 ±20 ±15	±30 ±30 ±25	原子吸收光谱法
锌	<50 50~90 >90	±25 ±20 ±15	±30 ±30 ±25	85~110 85~110 90~105	±25 ±20 ±15	±30 ±30 ±25	原子吸收光谱法
镍	<20 20~40 >40	±30 ±25 ±20	±35 ±30 ±25	80~110 85~110 90~105	±30 ±25 ±20	±35 ±30 ±25	原子吸收光谱法

表 13 - 2　土壤监测平行双样最大允许相对偏差

含量范围/(mg·kg^{-1})	最大允许相对偏差/%
>100	±5
10~100	±10
1.0~10	±20
0.1~1.0	±25
<0.1	±30

13.2.2 准确度控制

13.2.2.1 使用标准物质或质控样品

例行分析中,每批要带测质控平行双样,在测定的精密度合格的前提下,质控样测定值必须落在质控样保证值(在95%的置信水平)范围之内,否则本批结果无效,需重新分析测定。

13.2.2.2 加标回收率的测定

当选测的项目无标准物质或质控样品时,可用加标回收实验来检查测定准确度。

加标率:在一批试样中,随机抽取10%~20%试样进行加标回收测定。样品数不足10个时,适当增加加标比率。每批同类型试样中,加标试样不应小于1个。

加标量:加标量视被测组分含量而定,含量高的加入被测组分含量的0.5~1.0倍,含量低的加2~3倍,但加标后被测组分的总量不得超出方法的测定上限。加标浓度宜高,体积应小,不应超过原试样体积的1%,否则需进行体积校正。

合格要求:加标回收率应在加标回收率允许范围之内。加标回收率允许范围见表13-2。当加标回收合格率小于70%时,对不合格者重新进行回收率的测定,并另增加10%~20%的试样作加标回收率测定,直至总合格率大于或等于70%以上。

13.2.3 质量控制图

必测项目应作准确度质控图,用质控样的保证值 X 与标准偏差 S,在95%的置信水平,以 X 作为中心线、$X \pm 2S$ 作为上下警告线、$X \pm 3S$ 作为上下控制线的基本数据,绘制准确度质控图,用于分析质量的自控。

每批所带质控样的测定值落在中心附近、上下警告线之内,则表示分析正常,此批样品测定结果可靠;如果测定值落在上下控制线之外,表示分析失控,测定结果不可信,检查原因,纠正后重新测定;如果测定值落在上下警告线和上下控制线之间,虽分析结果可接受,但有失控倾向,应予以注意。

13.2.4 土壤标准样品

土壤标准样品是直接用土壤样品或模拟土壤样品制得的一种固体物质。土壤标准样品具有良好的均匀性、稳定性和长期的可保存性。土壤标准物质可用于分析方法的验证和标准化,校正并标定分析测定仪器,评价测定方法的准确度和测试人员的技术水平,进行质量保证工作,实现各实验室内及实验室间,行业之间,国家之间数据可比性和一致性。

我国已经拥有多种类的土壤标准样品,如 ESS 系列和 GSS 系列等。使用土壤标准样品时,选择合适的标样,使标样的背景结构、组分、含量水平应尽可能与待测样品一致或近似。如果与标样在化学性质和基本组成差异很大,由于基体干扰,用土壤标样作为标定或校正仪器的标准,有可能产生一定的系统误差。

13.2.5 监测过程中受到干扰时的处理

检测过程中受到干扰时,按有关处理制度执行。一般要求如下:

停水、停电、停气等,凡影响到检测质量时,全部样品重新测定。

仪器发生故障时,可用相同等级并能满足检测要求的备用仪器重新测定。无备用仪器时,将仪器修复,重新检定合格后重测。

13.3 实验室间质量控制

参加实验室间比对和能力验证活动,确保实验室检测能力和水平,保证出具数据的可靠性和有效性。

13.4　土壤环境监测误差源剖析

土壤环境监测的误差由采样误差、制样误差和分析误差三部分组成。

13.4.1　采样误差(SE)

13.4.1.1　基础误差(FE)

由于土壤组成的不均匀性造成土壤监测的基础误差,该误差不能消除,但可通过研磨成小颗粒和混合均匀而减小。

13.4.1.2　分组和分割误差(GE)

分组和分割误差来自土壤分布不均匀性,它与土壤组成、分组(监测单元)因素和分割(减少样品量)因素有关。

13.4.1.3　短距不均匀波动误差(CE_1)

此误差产生在采样时,由组成和分布不均匀复合而成,其误差呈随机和不连续性。

13.4.1.4　长距不均匀波动误差(CE_2)

此误差有区域趋势(倾向),呈连续和非随机特性。

13.4.1.5　其间不均匀波动误差(CE_3)

此误差呈循环和非随机性质,其绝大部分的影响来自季节性的降水。

13.4.1.6　连续选择误差(CE)

连续选择误差由短距不均匀波动误差、长距不均匀波动误差和循环误差组成。

$$CE = CE_1 + CE_2 + CE_3$$

或表示为
$$CE = (FE + GE) + CE_2 + CE_3$$

13.4.1.7　增加分界误差(DE)

来自不正确地规定样品体积的边界形状。分界基于土壤沉积或影响土壤质量的污染物的维数,零维为影响土壤的污染物样品全部取样分析(分界误差为零);一维分界定义为表层样品或减少体积后的表层样品;二维分界定义为上下分层,上下层间有显著差别;三维定义为纵向和横向均有差别。土壤环境采样以一维和二维采集方式为主,即采集土壤的表层样和柱状(剖面)样。三维采集在方法学上是一个难题,划分监测单元使三维问题转化成二维问题。增加分界误差是理念上的。

13.4.1.8　增加抽样误差(EE)

由于理念上的增加分界误差的存在,同时实际采样时不能正确地抽样,便产生了增加抽样误差,该误差不是理念上的而是实际的。

13.4.2　制样误差(PE)

来自研磨、筛分和贮存等制样过程中的误差,如样品间的交叉污染、待测组分的挥发损失、组分价态的变化、贮存样品容器对待测组分的吸附等。

13.4.3　分析误差(AE)

此误差来自样品的再处理和实验室的测定误差。在规范管理的实验室内该误差主要是随机误差。

13.4.4 总误差(TE)

综上所述,土壤监测误差可分为采样误差(SE)、制样误差(PE)和分析误差(AE)三类,通常情况下 SE>PE>AE,总误差(TE)可表达为:

$$TE=SE+PE+AE$$

或

$$TE=(CE+DE+EE)+PE+AE$$

即

$$TE=[(FE+GE+EC_2+EC_3)+DE+EE]+PE+AE$$

13.5 测定不确定度

一般土壤监测对测定不确定度不作要求,但如有必要仍需计算。土壤测定不确定度来源于称样、样品消化(或其他方式前处理)、样品稀释定容、稀释标准及由标准与测定仪器响应的拟合直线。对各个不确定度分量的计算合成得出被测土壤样品中测定组分的标准不确定度和扩展不确定度。测定不确定度的具体过程和方法见国家计量技术规范《测量不确定度评定和表示》(JJF1059)。

14 主要参考文献

[1] 熊毅. 中国土壤. 北京:科学出版社,1987.

[2] 魏复盛. 土壤元素的近代分析. 北京:中国环境科学出版社,1992.

[3] EPA,Preparation of soil sampling protocols. sampling techniques and strategies, section 2,1992.

[4] M. R. Carter. Soil sampling and methods of analysis, Canadian Society of Soil Science. Lewis Publishers,1993.

[5] 夏家淇. 土壤环境质量标准详解. 北京:中国环境科学出版社,1996.

[6] 陈怀满. 土壤中化学物质的行为与环境质量. 北京:科学出版社,2002.

[7] 日本環境省. 土壤污染对策法施行规则. 平成 14 年.

附录 A

（资料性附录）

t 分布表

df	置信度（%）：$1-a$/双尾							
	20	40	60	80	90	95	98	99
	置信度（%）：$1-a$/单尾							
	60	70	80	90	95	97.5	99	99.5
1	0.325	0.727	1.376	3.078	6.314	12.706	31.821	63.657
2	0.289	0.617	1.061	1.886	2.920	4.303	6.965	9.925
3	0.277	0.584	0.978	1.638	2.353	3.182	4.541	5.641
4	0.271	0.569	0.941	1.533	2.132	2.776	3.747	4.064
5	0.267	0.559	0.920	1.476	2.015	2.571	3.365	4.032
6	0.265	0.553	0.906	1.440	1.943	2.447	3.143	3.707
7	0.263	0.549	0.896	1.415	1.895	2.365	2.998	3.499
8	0.262	0.546	0.889	1.397	1.860	2.306	2.896	3.355
9	0.261	0.543	0.883	1.383	1.833	2.262	2.821	3.250
10	0.260	0.542	0.879	1.372	1.812	2.228	2.764	3.169
11	0.260	0.540	0.876	1.363	1.796	2.201	2.718	3.106
12	0.259	0.539	0.873	1.356	1.782	2.179	2.681	3.055
13	0.258	0.538	0.870	1.350	1.771	2.160	2.650	3.012
14	0.258	0.537	0.868	1.345	1.761	2.145	2.624	2.977
15	0.258	0.536	0.866	1.341	1.753	2.131	2.602	2.947
16	0.258	0.535	0.865	1.337	1.746	2.120	2.583	2.921
17	0.257	0.534	0.863	1.333	1.740	2.110	2.567	2.898
18	0.257	0.534	0.862	1.330	1.734	2.101	2.552	2.878
19	0.257	0.533	0.861	1.328	1.729	2.093	2.539	2.861
20	0.257	0.533	0.860	1.325	1.725	2.386	2.528	2.845
21	0.257	0.532	0.859	1.323	1.721	2.080	2.518	2.831
22	0.256	0.532	0.858	1.321	1.717	2.074	2.508	2.819
23	0.256	0.532	0.858	1.319	1.714	2.069	2.500	2.807
24	0.256	0.531	0.857	1.318	1.711	2.064	2.492	2.797
25	0.256	0.531	0.856	1.316	1.708	2.060	2.485	2.787
26	0.256	0.531	0.856	1.315	1.706	2.056	2.479	2.779
27	0.256	0.531	0.855	1.314	1.703	2.052	2.473	2.771
28	0.256	0.530	0.855	1.313	1.701	2.045	2.467	2.763
29	0.256	0.530	0.854	1.311	1.699	2.042	2.462	2.756
30	0.256	0.530	0.854	1.310	1.697	2.021	2.457	2.750
40	0.255	0.529	0.851	1.303	1.684	2.000	2.423	2.704
60	0.254	0.527	0.848	1.296	1.671	1.980	2.390	2.660
120	0.254	0.526	0.845	1.289	1.658	1.960	2.358	2.617
∞	0.253	0.524	0.842	1.282	1.645		2.326	2.576

附录 B

（资料性附录）

中国土壤分类

中国土壤分类采用六级分类制，即土纲、土类、亚类、土属、土种和变种。前三级为高级分类单元，以土类为主；后三级为基层分类单元，以土种为主。土类是指在一定的生物气候条件、水文条件或耕作制度下形成的土壤类型。将成土过程有共性的土壤类型归成的类称为土纲。全国 40 多个土类归纳为 10 个土纲。

中国土壤分类表

土　纲	土　类	亚　　类
铁铝土	砖红壤	砖红壤、暗色砖红壤、黄色砖红壤
	赤红壤	赤红壤、暗色赤红壤、黄色赤红壤、赤红壤性土
	红壤	红壤、暗红壤、黄红壤、褐红壤、红壤性土
	黄壤	黄壤、表潜黄壤、灰化黄壤、黄壤性土
淋溶土	黄棕壤	黄棕壤、黏盘黄棕壤
	棕壤	棕壤、白浆化棕、潮棕壤、棕壤性土
	暗棕壤	暗棕壤、草甸暗棕壤、潜育暗棕壤、白浆化暗棕壤
	灰黑土	淡灰黑土、暗灰黑土
	漂灰土	漂灰土、腐殖质淀积漂灰土、棕色针叶林土、棕色暗针叶林土
半淋溶土	燥红土	
	褐土	褐土、淋溶褐土、石灰性褐土、潮褐土、褐土性土
	塿土	
	灰褐土	淋溶灰褐土、石灰性灰褐土
钙层土	黑垆土	黑垆土、黏化黑垆土、轻质黑垆土、黑麻垆土
	黑钙土	黑钙土、淋溶黑钙土、草甸黑钙土、表灰性黑钙土
	栗钙土	栗钙土、暗栗钙土、淡栗钙土、草甸栗钙土
	棕钙土	棕钙土、淡棕钙土、草甸棕钙土、松沙质原始棕钙土
	灰钙土	灰钙土、草甸灰钙土、灌溉灰钙土
石膏盐层土	灰漠土	灰漠土、龟裂灰漠土、盐化灰漠土、碱化灰漠土
	灰棕漠土	灰棕漠土、石膏灰棕漠土、碱化灰棕漠土
	棕漠土	棕漠土、石膏棕漠土、石膏盐棕漠土、龟裂棕漠土

土　纲	土　类	亚　类
半水成土	黑土	黑土、草甸黑土、白浆化黑土、表潜黑土
	白浆土	白浆土、草甸白浆土、潜育白浆土
	潮土	黄潮土、盐化潮土、碱化潮土、褐土化潮土、湿潮土、灰潮土
	砂姜黑土	砂姜黑土、盐化砂姜黑土、碱化砂姜黑土
	灌淤土	
	绿洲土	绿洲灰土、绿洲白土、绿洲潮土
	草甸土	草甸土、暗草甸土、灰草甸土、林灌草甸土、盐化草甸土、碱化草甸土
水成土	沼泽土	草甸沼泽土、腐殖质沼泽土、泥炭腐殖质沼泽土、泥炭沼泽土、泥炭土
	水稻土	淹育性（氧化型）水稻土、潴育性（氧化还原型）水稻土、潜育性（还原型）水稻土、漂洗型水稻土、沼泽型水稻土、盐渍型水稻土
盐碱土	盐土	草甸盐土、滨海盐土、沼泽盐土、洪积盐土、残积盐土、碱化盐土
	碱土	草甸碱土、草原碱土、龟裂碱土
岩成土	紫色土	
	石灰土	黑色石灰土、棕色石灰土、黄色石灰土、红色石灰土
	磷质石灰土	磷质石灰土、硬盘磷质石灰土、潜育磷质石灰土、盐渍磷质石灰土
	黄绵土	
	风沙土	
	火山灰土	
高山土	山地草甸土	
	亚高山草甸土	亚高山草甸土、亚高山灌丛草甸土
	高山草甸土	
	亚高山草原土	亚高山草原土、亚高山草甸草原土
	高山草原土	高山草原土、高山草甸草原土
	亚高山漠土	
	高山漠土	
	高山寒冻土	

附录C

（资料性附录）

中国土壤水平分布

中国土壤的水平地带性分布，在东部湿润、半湿润区域，表现为自南向北随气温带而变化的规律，热带为砖红壤，南亚热带为赤红壤，中亚热带为红壤和黄壤，北亚热带为黄棕壤，暖温带为棕壤和褐土，温带为暗棕壤，寒温带为漂灰土，其分布与纬度变化基本一致。中国北部干旱、半干旱区域，自东而西干燥度逐渐增加，土壤依次为暗棕壤、黑土、灰色森林土（灰黑土）、黑钙土、栗钙土、棕钙土、灰漠土、灰棕漠土，其分布与经度变化基本一致。

Ⅰ. 富铝土区域

Ⅰ₁ 砖红壤带

Ⅰ$_{1(1)}$ 南海诸岛磷质石灰土区

Ⅰ$_{1(2)}$ 琼南砖红壤、水稻土区

Ⅰ$_{1(3)}$ 琼北、雷州半岛砖红壤、水稻土区

Ⅰ$_{1(4)}$ 河口、西双版纳砖红壤、水稻土区

Ⅰ₂ 赤红壤带

Ⅰ$_{2(1)}$ 台湾中、北部山地丘陵赤红壤、水稻土区

Ⅰ$_{2(2)}$ 华南低山丘陵赤红壤、水稻土区

Ⅰ$_{2(3)}$ 珠江三角洲水稻土、赤红壤区

Ⅰ$_{2(4)}$ 文山、德保石灰土、赤红壤区

Ⅰ$_{2(5)}$ 横断山脉南段赤红壤、燥红壤区

Ⅰ₃ 红壤、黄壤带

Ⅰ$_{3(1)}$ 江南山地红壤、黄壤、水稻土区

Ⅰ$_{3(2)}$ 桂中、黔南石灰区、红壤区

Ⅰ$_{3(3)}$ 云南高原红壤、水稻土区

Ⅰ$_{3(4)}$ 江南丘陵红壤、水稻土区

Ⅰ$_{3(5)}$ 鄱阳湖平原水稻土区

Ⅰ$_{3(6)}$ 洞庭湖平原水稻土区

Ⅰ$_{3(7)}$ 四川盆地周围山地、贵州高原黄壤、石灰土、水稻土区

Ⅰ$_{3(8)}$ 四川盆地紫色土、水稻土区

Ⅰ$_{3(9)}$ 成都平原水稻土区

Ⅰ$_{3(10)}$ 察隅、墨脱红壤、黄壤区

Ⅰ₄ 黄棕壤带

Ⅰ$_{4(1)}$ 长江下游平原水稻土区

Ⅰ$_{4(2)}$ 江淮丘陵黄棕壤、水稻土区

Ⅰ$_{4(3)}$ 大别山、大洪山黄棕壤、水稻土区

I $_{4(4)}$ 江汉平原水稻土、灰潮土区

I $_{4(5)}$ 壤阳谷地黄棕壤、水稻土区

I $_{4(6)}$ 汉中、安康盆地黄棕壤区

II. 硅铝土区域

II $_1$ 棕壤、褐土、黑垆土

II $_{1(1)}$ 辽东、山东半岛棕壤褐土区

II $_{1(2)}$ 黄淮海平原潮土、盐碱土、砂姜黑土区

II $_{1(3)}$ 辽河下游平原潮土区

II $_{1(4)}$ 秦岭、伏牛山、南阳盆地黄棕壤、黄褐土区

II $_{1(5)}$ 华北山地褐土、粗骨褐土山地棕壤土

II $_{1(6)}$ 汾、渭谷地潮土、楼土、褐土区

II $_{1(7)}$ 黄土高原黄绵土、褐垆土区

II $_2$ 暗棕壤、黑土、黑钙土带

II $_{2(1)}$ 长白山暗棕壤、暗色草甸土、白浆土区

II $_{2(2)}$ 兴安岭暗棕壤、黑土区

II $_{2(3)}$ 三江平原暗色草甸土、白浆土、沼泽土区

II $_{2(4)}$ 松辽平原东部黑土、白浆土区

II $_{2(5)}$ 辽河下游平原灌淤土、风沙土区

II $_{2(6)}$ 松辽平原西部黑钙土、暗色草甸土区

II $_{2(7)}$ 大兴安岭西部黑钙土、暗栗钙土区

II $_3$ 漂灰土带

II $_{3(1)}$ 大兴安岭北端漂灰土区

III. 干旱土区域

III $_1$ 栗钙土、棕钙土、灰钙土带

III $_{1(1)}$ 内蒙古高原栗钙土、盐碱土、风沙土区

III $_{1(2)}$ 阴山、贺兰山棕钙土、栗钙土、灰钙土区

III $_{1(3)}$ 河套、银川平原灌淤土、盐碱土区

III $_{1(4)}$ 鄂尔多斯高原风沙土、栗钙土、棕钙土区

III $_{1(5)}$ 内蒙古高原西部灰钙土、黄绵土区

III $_{1(6)}$ 青海高原东部灰钙土、栗钙土区

III $_2$ 灰棕漠土带

III $_{2(1)}$ 阿拉善高原灰棕漠土、风沙土区

III $_{2(2)}$ 准噶尔盆地风沙土、灰漠土、灰棕漠土区

III $_{2(3)}$ 北疆山前伊宁盆地灰钙土、灰漠土、绿洲土、盐土区

III $_{2(4)}$ 阿尔泰山灰黑土、亚高山草甸土区

III $_{2(5)}$ 天山灰褐土、亚高山草甸土、棕钙土区

III $_3$ 棕漠土带

III $_{3(1)}$ 河西走廊灰棕漠、绿洲土区

III $_{3(2)}$ 祁连山及柴达木盆地高山草甸土、棕漠土、盐土区

Ⅲ$_{3(3)}$塔里木盆地、罗布泊棕漠土、风沙土区

Ⅲ$_{3(4)}$塔里木盆地边缘绿洲土、棕钙土、盐土区

Ⅳ.高山土区域

Ⅳ$_1$亚高山草甸带

Ⅳ$_{1(1)}$松潘、马尔康高原高山草甸土、沼泽土区

Ⅳ$_{1(2)}$甘孜、昌都高原亚高山草甸土、亚高山灌丛草甸土区

Ⅳ$_2$亚高山草原带

Ⅳ$_{2(1)}$雅鲁藏布河谷山地灌丛草原土、亚高山草甸土区

Ⅳ$_{2(2)}$中喜马拉雅山北侧亚高山草原土区

Ⅳ$_{2(3)}$中喜马拉雅山北侧山地灌丛草原土、亚高山草甸土区

Ⅳ$_3$高山草甸土带

Ⅳ$_4$高山草原土带

Ⅳ$_5$高山漠土带

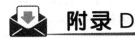

附录 D

（资料性附录）

土壤样品预处理方法

D.1　全分解方法

D.1.1　普通酸分解法

准确称取 0.5 g（准确到 0.1 mg，以下都与此相同）风干土样于聚四氟乙烯坩埚中，用几滴水润湿后，加入 10 mL HCl（$\rho=1.19$ g/mL），于电热板上低温加热，蒸发至约剩 5 mL 时加入 15 mL HNO$_3$（$\rho=1.42$ g/mL），继续加热蒸至近黏稠状，加入 10 mL HF（$\rho=1.15$ g/mL）并继续加热，为了达到良好的除硅效果应经常摇动坩埚。最后加入 5 mL HClO$_4$（$\rho=1.67$ g/mL），并加热至白烟冒尽。对于含有机质较多的土样应在加入 HClO$_4$ 之后加盖消解，土壤分解物应呈白色或淡黄色（含铁较高的土壤），倾斜坩埚时呈不流动的黏稠状。用稀酸溶液冲洗内壁及坩埚盖，温热溶解残渣，冷却后，定容至 100 mL 或 50 mL，最终体积依待测成分的含量而定。

D.1.2　高压密闭分解法

称取 0.5 g 风干土样于内套聚四氟乙烯坩埚中，加入少许水润湿试样，再加入 HNO$_3$（$\rho=1.42$ g/mL）、HClO$_4$（$\rho=1.67$ g/mL）各 5 mL，摇匀后将坩埚放入不锈钢套筒中，拧紧。放在 180 ℃的烘箱中分解 2 h。取出，冷却至室温后，取出坩埚，用水冲洗坩埚盖的内壁，加入 3 mL HF（$\rho=1.15$ g/mL），置于电热板上，在 100～120 ℃加热除硅，待坩埚内剩下约 2～3 mL 溶液时，调高温度至 150 ℃，蒸至冒浓白烟后再缓缓蒸至近干，按 1.1 同样操作定容后进行测定。

D.1.3　微波炉加热分解法

微波炉加热分解法是以被分解的土样及酸的混合液作为发热体，从内部进行加热使试样受到分解的方法。目前报道的微波加热分解试样的方法，有常压敞口分解和仅用厚壁聚四氟乙烯容器的密闭式分解法，也有密闭加压分解法。这种方法以聚四氟乙烯密闭容器作内筒，以能透过微波的材料如高强度聚合物树脂或聚丙烯树脂作外筒，在该密封系统内分解试样能达到良好的分解效果。微波加热分解也可分为开放系统和密闭系统两种。开放系统可分解多量试样，且可直接和流动系统相组合实现自动化，但由于要排出酸蒸气，所以分解时使用酸量较大，易受外环境污染，挥发性元素易造成损失，费时间且难以分解多数试样。密闭系统的优点较多，酸蒸气不会逸出，仅用少量酸即可，在分解少量试样时十分有效，不受外部环境的污染。在分解试样时不用观察及特殊操作，由于压力高，所以分解试样很快，不会受外筒金属的污染（因为用树脂做外筒）。可同时分解大批量试样。其缺点是需要专门的分解器具，不能分解量大的试样，如果疏忽会有发生爆炸的危险。在进行土样的微波分解时，无论使用开放系统或密闭系统，一般使用 HNO$_3$ - HCl - HF - HClO$_4$、HNO$_3$ - HF - HClO$_4$、HNO$_3$ - HCl - HF - H$_2$O$_2$、HNO$_3$ - HF - H$_2$O$_2$ 等体系。当不使用 HF 时（限于测定常量元素且称样量小于 0.1 g),可将分解试样的溶液适当稀释后直接测定。若使用 HF 或 HClO₄ 对待测微量元素有干扰时,可将试样分解液蒸至近干,酸化后稀释定容。

D.1.4　碱融法

D.1.4.1　碳酸钠熔融法(适合测定氟、钼、钨)

称取 0.500 0～1.000 0 g 风干土样放入预先用少量碳酸钠或氢氧化钠垫底的高铝坩埚中(以充满坩埚底部为宜,以防止熔融物粘底),分次加入 1.5～3.0 g 碳酸钠,并用圆头玻璃棒小心搅拌,使与土样充分混匀,再放入 0.5～1 g 碳酸钠,使平铺在混合物表面,盖好坩埚盖。移入马弗炉中,于 900～920 ℃ 熔融 0.5 h。自然冷却至 500 ℃ 左右时,可稍打开炉门(不可开缝过大,否则高铝坩埚骤然冷却会开裂)以加速冷却,冷却至 60～80 ℃ 用水冲洗坩埚底部,然后放入 250 mL 烧杯中,加入 100 mL 水,在电热板上加热浸提熔融物,用水及 HCl(1+1) 将坩埚及坩埚盖洗净取出,并小心用 HCl(1+1) 中和、酸化(注意盖好表面皿,以免大量 CO₂ 冒泡引起试样的溅失),待大量盐类溶解后,用中速滤纸过滤,用水及 5% HCl 洗净滤纸及其中的不溶物,定容待测。

D.1.4.2　碳酸锂-硼酸、石墨粉坩埚熔样法(适合铝、硅、钛、钙、镁、钾、钠等元素分析)

土壤矿质全量分析中土壤样品分解常用酸溶剂,酸溶试剂一般用氢氟酸加氧化性酸分解样品,其优点是酸度小,适用于仪器分析测定,但对某些难熔矿物分解不完全,特别对铝、钛的测定结果会偏低,且不能测定硅(已被除去)。

碳酸锂-硼酸在石墨粉坩埚内熔样,再用超声波提取熔块,分析土壤中的常量元素,速度快,准确度高。

在 30 mL 瓷坩埚内充满石墨粉,置于 900 ℃ 高温电炉中灼烧半小时,取出冷却,用乳钵棒压一空穴。准确称取经 105 ℃ 烘干的土样 0.200 0 g 于定量滤纸上,与 1.5 g Li₂CO₃ - H₃BO₃(Li₂CO₃∶H₃BO₃=1∶2)混合试剂均匀搅拌,捏成小团,放入瓷坩埚内石墨粉洞穴中,然后将坩埚放入已升温到 950 ℃ 的马弗炉中,20 min 后取出,趁热将熔块投入盛有 100 mL 4% 硝酸溶液的 250 mL 烧杯中,立即于 250 W 功率清洗槽内超声(或用磁力搅拌),直到熔块完全溶解;将溶液转移到 200 mL 容量瓶中,并用 4% 硝酸定容。吸取 20 mL 上述样品液移入 25 mL 容量瓶中,并根据仪器的测量要求决定是否需要添加基体元素及添加浓度,最后用 4% 硝酸定容,用光谱仪进行多元素同时测定。

D.2　酸溶浸法

D.2.1　HCl - HNO₃ 溶浸法

准确称取 2.000 g 风干土样,加入 15 mL 的 HCl(1+1) 和 5 mL HNO₃(ρ=1.42 g/mL),振荡 30 min,过滤定容至 100 mL,用 ICP 法测定 P、Ca、Mg、K、Na、Fe、Al、Ti、Cu、Zn、Cd、Ni、Cr、Pb、Co、Mn、Mo、Ba、Sr 等。

或采用下述溶浸方法:准确称取 2.000 g 风干土样于干烧杯中,加少量水润湿,加入 15 mL HCl (1+1)和 5 mL HNO₃(ρ=1.42 g/mL)。盖上表面皿于电热板上加热,待蒸发至约剩 5 mL,冷却,用水冲洗烧杯和表面皿,用中速滤纸过滤并定容至 100 mL,用原子吸收法或 ICP 法测定。

D.2.2　HNO₃ - H₂SO₄ - HClO₄ 溶浸法

方法特点是 H₂SO₄、HClO₄ 沸点较高,能使大部分元素溶出,且加热过程中液面比较平静,没有迸溅的危险。但 Pb 等易与 SO_4^{2-} 形成难溶性盐类的元素,测定结果偏低。操作步骤是:准确称取 2.500 0 g 风干土样于烧杯中,用少许水润湿,加入 HNO_3 - H_2SO_4 - $HClO_4$ 混合酸(5+1+20)12.5 mL,置于电热板上加热,当开始冒白烟后缓缓加热,并经常摇动烧杯,蒸发至近干。冷却,加入 5 mL HNO_3($\rho=1.42$ g/mL)和 10 mL 水,加热溶解可溶性盐类,用中速滤纸过滤,定容至 100 mL,待测。

D.2.3　HNO_3 溶浸法

准确称取 2.000 0 g 风干土样于烧杯中,加少量水润湿,加入 20 mL HNO_3($\rho=1.42$ g/mL)。盖上表面皿,置于电热板或砂浴上加热,若发生迸溅,可采用每加热 20 min 关闭电源 20 min 的间歇加热法。待蒸发至约剩 5 mL,冷却,用水冲洗烧杯壁和表面皿,经中速滤纸过滤,将滤液定容至 100 mL,待测。

D.2.4　Cd、Cu、As 等的 0.1 mol/L HCl 溶浸法

土壤中 Cd、Cu、As 的提取方法,其中 Cd、Cu 操作条件是:准确称取 10.000 0 g 风干土样于 100 mL 广口瓶中,加入 0.1 mol/L HCl 50.0 mL,在水平振荡器上振荡。振荡条件是温度 30 ℃、振幅 5~10 cm、振荡频次 100~200 次/min,振荡 1 h。静置后,用倾斜法分离出上层清液,用干滤纸过滤,滤液经过适当稀释后用原子吸收法测定。

As 的操作条件是:准确称取 10.000 0 g 风干土样于 100 mL 广口瓶中,加入 0.1 mol/L HCl 50.0 mL,在水平振荡器上振荡。振荡条件是温度 30 ℃、振幅 10 cm、振荡频次 100 次/min,振荡 30 min。用干滤纸过滤,取滤液进行测定。

除用 0.1 mol/L HCl 溶浸 Cd、Cu、As 以外,还可溶浸 Ni、Zn、Fe、Mn、Co 等重金属元素。0.1 mol/L HCl 溶浸法是目前使用最多的酸溶浸方法,此外也有使用 CO_2 饱和的水、0.5 mol/L KCl - HAc(pH=3)、0.1mol/ L $MgSO_4$ - H_2SO_4 等酸性溶浸方法。

D.3　形态分析样品的处理方法

D.3.1　有效态的溶浸法

D.3.1.1　DTPA 浸提

DTPA(二乙三胺五乙酸)浸提液可测定有效态 Cu、Zn、Fe 等。浸提液的配制:其成分为 0.005 mol/L DTPA - 0.01 mol/L $CaCl_2$ - 0.1 mol/L TEA(三乙醇胺)。称取 1.967 g DTPA 溶于 14.92 g TEA 和少量水中;再将 1.47 g $CaCl_2$·$2H_2O$ 溶于水,一并转入 1 000 mL 容量瓶中,加水至约 950 mL,用 6 mol/L HCl 调节 pH 至 7.30(每升浸提液约需加 6 mol/L HCl 8.5 mL),最后用水定容。贮存于塑料瓶中,几个月内不会变质。浸提手续:称取 25.00 g 风干过 20 目筛的土样放入 150 mL 硬质玻璃三角瓶中,加入 50.0 mL DTPA 浸提剂,在 25 ℃用水平振荡机振荡提取 2 h,干滤纸过滤,滤液用于分析。DTPA 浸提剂适用于石灰性土壤和中性土壤。

D.3.1.2　0.1 mol/L HCl 浸提

称取 10.00 g 风干过 20 目筛的土样放入 150 mL 硬质玻璃三角瓶中,加入 50.0 mL 1 mol/L HCl 浸提液,用水平振荡器振荡 1.5 h,干滤纸过滤,滤液用于分析。酸性土壤适合用 0.1 mol/L HCl 浸提。

D.3.1.3　水浸提

土壤中有效硼常用沸水浸提,操作步骤:准确称取 10.00 g 风干过 20 目筛的土样于

250 mL 或 300 mL 石英锥形瓶中，加入 20.0 mL 无硼水。连接回流冷却器后煮沸 5 min，立即停止加热并用冷却水冷却。冷却后加入 4 滴 0.5 mol/L CaCl$_2$ 溶液，移入离心管中，离心分离出清液备测。

关于有效态金属元素的浸提方法较多，例如：有效态 Mn 用 1 mol/L 乙酸铵-对苯二酚溶液浸提。有效态 Mo 用草酸-草酸铵、(24.9 g 草酸铵与 12.6 g 草酸溶解于 1 000 mL 水中)溶液浸提，固液比为 1∶10。硅用 pH4.0 的乙酸-乙酸钠缓冲溶液、0.02 mol/L H$_2$SO$_4$、0.025% 或 1% 的柠檬酸溶液浸提。酸性土壤中有效硫用 H$_3$PO$_4$ - HAc 溶液浸提，中性或石灰性土壤中有效硫用 0.5 mol/L NaHCO$_3$ 溶液(pH8.5)浸提。用 1 mol/L NH$_4$Ac 浸提土壤中有效钙、镁、钾、钠以及用 0.03 mol/L NH$_4$F - 0.025 mol/L HCl 或 0.5 mol/L NaHCO$_3$ 浸提土壤中有效态磷等。

D.3.2 碳酸盐结合态、铁-锰氧化结合态等形态的提取

D.3.2.1 可交换态

浸提方法是在 1 g 试样中加入 8 mL MgCl$_2$ 溶液(1 mol/L MgCl$_2$，pH7.0)或者乙酸钠溶液(1 mol/L NaAc，pH8.2)，室温下振荡 1 h。

D.3.2.2 碳酸盐结合态

经 3.2.1 处理后的残余物在室温下用 8 mL 1 mol/L NaAc 浸提，在浸提前用乙酸把 pH 调至 5.0，连续振荡，直到估计所有提取的物质全部被浸出为止(一般用 8 h 左右)。

D.3.2.3 铁锰氧化物结合态

浸提过程是在经 3.2.2 处理后的残余物中，加入 20 mL 0.3 mol/L Na$_2$S$_2$O$_3$ - 0.175 mol/L 柠檬酸钠 - 0.025 mol/L 柠檬酸混合液，或者用 0.04 mol/L NH$_2$OH·HCl 在 20%(V/V)乙酸中浸提。浸提温度为 96 ℃±3 ℃，时间可自行估计，到完全浸提为止，一般在 4 h 以内。

D.3.2.4 有机结合态

在经 3.2.3 处理后的残余物中，加入 3 mL 0.02 mol/L HNO$_3$、5mL 30% H$_2$O$_2$，然后用 HNO$_3$ 调节 pH=2，将混合物加热至 85 ℃±2 ℃，保温 2 h，并在加热中间振荡几次。再加入 3 mL 30% H$_2$O$_2$，用 HNO$_3$ 调至 pH=2，再将混合物在 85 ℃±2 ℃ 加热 3 h，并间断地振荡。冷却后，加入 5 mL 3.2 mol/L 乙酸铵 20%(V/V) HNO$_3$ 溶液，稀释至 20 mL，振荡 30 min。

D.3.2.5 残余态

经 3.2.1~3.2.4 四部分提取之后，残余物中将包括原生及次生的矿物，它们除了主要组成元素之外，也会在其晶格内夹杂、包藏一些痕量元素，在天然条件下，这些元素不会在短期内溶出。残余态主要用 HF - HClO$_4$ 分解，主要处理过程参见土壤全分解方法之普通酸分解法(1.1)。

上述各形态的浸提都在 50 L 聚乙烯离心试管中进行，以减少固态物质的损失。在互相衔接的操作之间，用 10 000 转/min(12 000 g 重力加速度)离心处理 30 min，用注射器吸出清液，分析痕量元素。残留物用 8 mL 去离子水洗涤，再离心 30 min，弃去洗涤液，洗涤水要尽量少用，以防止损失可溶性物质，特别是有机物的损失。离心效果对分离影响较大，要切实注意。

D.4　有机污染物的提取方法

D.4.1　常用有机溶剂

D.4.1.1　有机溶剂的选择原则

根据相似相溶的原理,尽量选择与待测物极性相近的有机溶剂作为提取剂。提取剂必须与样品能很好地分离,且不影响待测物的纯化与测定;不能与样品发生作用,毒性低、价格便宜;此外,还要求提取剂沸点范围在45～80 ℃之间为好。

还要考虑溶剂对样品的渗透力,以便将土样中待测物充分提取出来。当单一溶剂不能成为理想的提取剂时,常用两种或两种以上不同极性的溶剂以不同的比例配成混合提取剂。

D.4.1.2　常用有机溶剂的极性

常用有机溶剂的极性由强到弱的顺序为:(水);乙腈;甲醇;乙酸;乙醇;异丙醇;丙酮;二氧六环;正丁醇;正戊醇;乙酸乙酯;乙醚;硝基甲烷;二氯甲烷;苯;甲苯;二甲苯;四氯化碳;二硫化碳;环己烷;正己烷(石油醚)和正庚烷。

D.4.1.3　溶剂的纯化

纯化溶剂多用重蒸馏法。纯化后的溶剂是否符合要求,最常用的检查方法是将纯化后的溶剂浓缩100倍,再用与待测物检测相同的方法进行检测,无干扰即可。

D.4.2　有机污染物的提取

D.4.2.1　振荡提取

准确称取一定量的土样(新鲜土样加1～2倍量的无水 Na_2SO_4 或 $MgSO_4 \cdot H_2O$ 搅匀,放置15～30 min,固化后研成细末),转入标准口三角瓶中加入约2倍体积的提取剂振荡30 min,静置分层或抽滤、离心分出提取液,样品再分别用1倍体积提取液提取2次,分出提取液,合并,待净化。

D.4.2.2　超声波提取

准确称取一定量的土样(或取30.0 g新鲜土样加30～60 g无水 Na_2SO_4 混匀)置于400 mL烧杯中,加入60～100 mL提取剂,超声振荡3～5 min,真空过滤或离心分出提取液,固体物再用提取剂提取2次,分出提取液合并,待净化。

D.4.2.3　索氏提取

本法适用于从土壤中提取非挥发及半挥发有机污染物。

准确称取一定量土样或取新鲜土样20.0 g加入等量无水 Na_2SO_4 研磨均匀,转入滤纸筒中,再将滤纸筒置于索氏提取器中。在有1～2粒干净沸石的150 mL圆底烧瓶中加100 mL提取剂,连接索氏提取器,加热回流16～24 h即可。

D.4.2.4　浸泡回流法

用于一些与土壤作用不大且不易挥发的有机物的提取。

D.4.2.5　其他方法

近年来,吹扫蒸馏法(用于提取易挥发性有机物)、超临界提取法(SFE)都发展很快。尤其是SFE法由于其快速、高效、安全性(不需任何有机溶剂),因而是具有很好发展前途的提取法。

D.4.3　提取液的净化

使待测组分与干扰物分离的过程为净化。当用有机溶剂提取样品时,一些干扰杂质可能与待测物一起被提取出,这些杂质若不除掉将会影响检测结果,甚至使定性定量无法进行,严重时还可使气相色谱的柱效减低、检测器沾污,因而提取液必须经过净化处理。净化的原则是尽量完全除去干扰物,而使待测物尽量少损失。常用的净化方法为:

D.4.3.1　液-液分配法

液-液分配的基本原理是在一组互不相溶的溶剂中对溶解某一溶质成分,该溶质以一定的比例分配(溶解)在溶剂的两相中。通常把溶质在两相溶剂中的分配比称为分配系数。在同一组溶剂对中,不同的物质有不同的分配系数;在不同的溶剂对中,同一物质也有着不同的分配系数。利用物质和溶剂对之间存在的分配关系,选用适当的溶剂通过反复多次分配,便可使不同的物质分离,从而达到净化的目的,这就是液-液分配净化法。采用此法进行净化时一般可得较好的回收率,不过分配的次数须是多次方可完成。

液-液分配过程中若出现乳化现象,可采用如下方法进行破乳:① 加入饱和硫酸钠水溶液,以其盐析作用而破乳;② 加入硫酸(1+1),加入量从 10 mL 逐步增加,直到消除乳化层,此法只适于对酸稳定的化合物;③ 离心机离心分离。

液-液分配中常用的溶剂对有:乙腈-正己烷;N,N-二甲基甲酰胺(DMF)-正己烷;二甲亚砜-正己烷等。通常情况下正己烷可用廉价的石油醚(60~90 ℃)代替。

D.4.3.2　化学处理法

用化学处理法净化能有效地去除脂肪、色素等杂质。常用的化学处理法有酸处理法和碱处理法。

D.4.3.2.1　酸处理法

用浓硫酸或硫酸(1+1):发烟硫酸直接与提取液(酸与提取液体积比 1:10)在分液漏斗中振荡进行磺化,以除掉脂肪、色素等杂质。其净化原理是脂肪、色素中含有碳—碳双键,如脂肪中不饱和脂肪酸和叶绿素中含一双键的叶绿醇等,这些双键与浓硫酸作用时产生加成反应,所得的磺化产物溶于硫酸,这样便使杂质与待测物分离。

这种方法常用于强酸条件下稳定的有机物如有机氯农药的净化,而对于易分解的有机磷、氨基甲酸酯农药则不可使用。

D.4.3.2.2　碱处理法

一些耐碱的有机物如农药艾氏剂、狄氏剂、异狄氏剂可采用氢氧化钾-助滤剂柱代替皂化法。提取液经浓缩后通过柱净化,用石油醚洗脱,有很好的回收率。

D.4.3.3　吸附柱层析法

主要有氧化铝柱、弗罗里硅土柱、活性炭柱等。

参 考 文 献

[1] 奚旦立,等. 环境监测. 北京:高等教育出版社,2004.

[2] 王英健,等. 环境监测. 北京:化学工业出版社,2009.

[3] 崔树军. 环境监测. 北京:中国环境科学出版社,2008.

[4] 国家环保局. 地表水和污水监测技术规范. 北京:中国环境科学出版社,2003.

[5] 国家环保局. 空气和废气监测分析方法. 4 版. 北京:中国环境科学出版社,2003.

[6] 国家环保局. 水和废水监测分析方法. 4 版. 北京:中国环境科学出版社,2002.

[7] 国家环保局. 室内环境空气质量监测技术规范. 北京:中国环境科学出版社出版,2004.

[8] 姚运先. 水环境监测. 北京:化学工业出版社,2005.

[9] 聂麦茜. 环境监测与分析实践教程. 北京:化学工业出版社,2003.

[10] 李倦生,王怀宇. 环境监测实训. 北京:高等教育出版社,2008.

[11] 汪葵. 噪声污染控制技术. 北京:中国人力资源和劳动社会保障部出版社,2010.

[12] 王怀宇,李倦生. 环境监测. 北京:高等教育出版社,2007.

[13] 吴忠标. 环境监测. 北京:化学工业出版社,2003.

[14] 李国刚. 空气和土壤中持久性有机污染物监测分析方法. 北京:中国环境科学出版社,2008.

[15] 邓益群,彭凤仙,周敏. 固体废物及土壤监测. 北京:化学工业出版社,2006.

[16] 税永红. 环境监测技术. 北京:科学出版社,2009.